Word Excel PPT PS WPS 移动办公 六合一

潘禄生 吴军强 李敏 / 著

U0244327

中国青年出版社

策划编辑 张 鹏
责任编辑 张 军
封面设计 乌 兰

图书在版编目(CIP)数据

Word Excel PPT PS WPS 移动办公六合一/潘禄生, 吴军强,
李敏著. -- 北京: 中国青年出版社, 2020.12
ISBN 978-7-5153-6179-6

I. ①W... II. ①潘... ②吴... ③李... III. ①办公自动化-应用软件
IV. ①TP317.1

中国版本图书馆CIP数据核字(2020)第173499号

Word Excel PPT PS WPS 移动办公六合一

潘禄生 吴军强 李敏 / 著

出版发行: 中国青年出版社
地 址: 北京市东四十二条21号
邮政编码: 100708
电 话: (010)59231565
传 真: (010)59231381
企 划: 北京中青雄狮数码传媒科技有限公司
印 刷: 天津融正印刷有限公司
开 本: 710 x 1000 1/16
印 张: 25
版 次: 2021年1月北京第1版
印 次: 2021年1月第1次印刷
书 号: ISBN 978-7-5153-6179-6
定 价: 88.00元(附赠独家秘料,关注封底公众号获取)

本书如有印装质量等问题,请与本社联系
电话:(010)59231565
读者来信: reader@cypmedia.com
投稿邮箱: author@cypmedia.com
如有其他问题请访问我们的网站: http://www.cypmedia.com

Word、Excel、PowerPoint（简称PPT）、WPS和Photoshop CC（简称PS）都是日常电脑办公中十分常用的软件，这5种软件分别用于文档、表格、幻灯片和图像处理等。随着"移动互联网+"时代的来临，人与人之间的沟通更便捷、业务内容更丰富，所以移动办公成了一种新的办公模式。本书以钉钉和移动版Office为例，介绍移动办公常用的操作，例如客户管理、人脉管理、视频会议以及文本和表格处理等。

本书内容系统、全面，结构设计合理，充分考虑读者的实际需要，具有实用性、针对性和条理性等特点。全书通过模拟真实案例制作的过程，将常用的、重要的知识点融入每个案例中，而且详细介绍案例思路和操作步骤，力求让读者能够轻松、愉快、顺利地学习。

本 书 知 识 结 构

本书知识结构	1. Word应用篇	Word文档的录入与排版
		Word文档的图文混排
		Word的高级应用
	2. Excel应用篇	制作Excel表格
		计算Excel数据
		分析Excel数据
		展示Excel数据
	3. PPT应用篇	PPT幻灯片的编辑和设计
		多媒体动画和放映幻灯片
	4. WPS应用篇	WPS文字、表格和演示的应用
	5. PS应用篇	图像的编辑
		文字、矢量工具和路径的应用
		图像的美化
		图像的合成
	6. 高效移动办公篇	移动办公

内 容 结 构

本书内容在结构上共分为6大部分，分别为Word、Excel、PowerPoint、Photoshop CC和移动办公。此外还包括"操作解迷""知识充电站"和"知识大迁移"体例，"操作解迷"对操作步骤进行更深入讲解；"知识充电站"对操作中相关知识进行补充；在每章结尾"知识大迁移"中针对本章相关的内容进行延伸或补充，让读者学习更系统全面。

篇	章 节	内 容 概 述
Word应用篇	Chapter 01~03	主要讲解Word文档的编辑、排版、图文混排、控件以及高级应用等技能
Excel应用篇	Chapter 04~07	主要讲解Excel表格的制作、美化、数据输入与计算、数据分析以及数据直观化处理等内容
PPT应用篇	Chapter 08~09	主要讲解演示文稿中幻灯片的基本操作、编辑和设计、多媒体动画和放映幻灯片等操作
WPS应用篇	Chapter 10	主要讲解WPS中文字、表格和演示文稿的操作，如文字的编辑排版、表格的制作、数据分析和演示文稿的制作等内容
PS应用篇	Chapter 11~14	主要讲解图像的编辑、选区的操作、矢量工具的应用、滤镜的使用以及图片合成的方法等内容
高效移动办公篇	Chapter 15	主要讲解客户管理、拜访记录、视频会议以及使用移动Office制作文档和表格等内容

配 套 资 源

本书配有丰富多样的教学资源，包括所有案例的教学视频和海量学习资料，具体内容如下：

● **教学视频：** 提供本书配套教学视频，手机扫一扫二维码，在阅读本书的同时，在线观看与该部分对应的视频教程，使学习更轻松。

● **海量学习资料：** 除了赠送本书所有实例素材和效果文件外，还赠送海量资源，包括常用办公模板、办公常用技巧、幻灯片设计元素以及各类平面设计素材等，读者不管是办公还是学习，拿来即用。

本书在写作过程中力求谨慎，第1章至第6章由甘肃畜牧工程职业技术学院潘禄生老师编写，约20万字；本书第7章至第10章由甘肃省教育考试院吴军强老师编写，约20万字；本书第11章至第15章由甘肃省财政学校李敏老师编写，约18万字。由于时间和精力有限，书中纰漏和考虑不周之处在所难免，敬请广大读者予以批评、指正。

编 者

Contents 目录

Part 1 ## Word应用篇

Chapter 03

Word的高级应用 ································ 56

Excel应用篇

Part 3 # PPT应用篇

Part 4 **WPS应用篇**

Chapter 10

WPS文字、表格和演示的应用 ·························220

Part 6 **高效移动办公篇**

Chapter 15

移动办公 ··· 383

Chapter

01

Word文档的录入与排版

本章导读

Word是Microsoft公司推出的一款强大的文字处理软件，使用该软件可以轻松地输入和编辑文档。Word是现代日常办公中不可或缺的工具之一，被广泛应用于财务、人事、统计等众多领域。

本章从实用角度出发，结合招聘启事和项目计划书两个案例，介绍Word文档的基本操作以及制作文本类文档的方法，涉及到的知识主要包括新建文档、输入文本、设置文本格式、设置段落格式和保护文档等。

本章要点

1. 制作招聘启事文档

▶ 新建与保存文档

▶ 输入文本

▶ 设置文本字体、字号

▶ 设置字符间距

▶ 设置行距、缩进和段间距

▶ 设置分栏显示

2. 制作项目计划书

▶ 页面设置

▶ 插入内置封面

▶ 应用样式

▶ 修改样式

▶ 提取目录

▶ 打印文档

1.1 制作招聘启事文档

案 / 例 / 简 / 介

招聘是用人单位面向社会公开招聘有关人员的一种方式，招聘启事也是人事部门常用的文档之一。招聘启事文档制作的质量，会影响招聘的效果和招聘单位的形象，因此要明确企业招聘什么样的人才以及招聘的方式等。招聘启事文档制作完成后的效果，如右图所示。

招聘启事

一、 公司简介

未蓝文化传播有限公司是一家具有全新经营理念、极具市场拓展能力和专业策划能力的文化机构。现因多项业务拓展需邀请有志之士共同创造更大的蓝图。

招聘职位：3ds Max 三维设计师

工作性质：全职　　工作经验：2 年及以上

工作地点：北京　　薪资待遇：年薪 5—12 万

招聘人数：5 人　　发布日期：2019 年 11 月 11 日

学历：本科及以上学历　　截止日期：2019 年 12 月 30 日

二、 职位描述

岗位工作

1. 负责三维产品的设计和研发；
2. 协助公司市场部同事与客户沟通熟悉设计产品的要求；
3. 维护和升级公司内部三维软件，能够提出更多优化工作。

任职条件

1. 能熟练应用 3ds Max 软件进行建筑或室内效果设计；
2. 要求能熟练使用 Photoshop 软件，有一定的审美能力，具备良好的专业技能；
3. 有建筑与室内效果图设计工作经验者优先；
4. 工作认真、积极、严谨，能承受一定的工作压力。

三、 应聘方式

官网方式

应聘者通过登录企业官网（www.weilanwh.com）将求职者的简历、学历证明、作品效果等投递到人事部门的企业邮箱。求职者标明联系地址、联系电话，一周之内人事部通过电话联系并通知面试时间。

现场方式

本公司每周二下午 10 点在北京市人才招聘会现场进行初试，要求求职都带上个人简历、学历证明、作品效果等。

以上两种方式均可联系人事部朱经理，联系方式如下：

联系人：朱经理

联系电话：010-88888888

未蓝文化传播有限公司

2019 年 11 月 15 日星期五

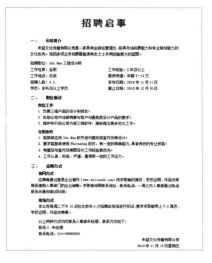

思 / 路 / 分 / 析

招聘启事一般包括3项内容，分别为标题、正文和落款。其中正文部分需要清晰表达出企业的基本情况、招聘人才的专业、人数、求职者的条件以及应聘的方式和日期等。制作招聘启事文档的流程如下图所示。

制作招聘启事文档	创建并保存招聘启事文档	
	输入招聘启事的内容	输入基本的字符
		输入日期
		插入特殊符号
		快速更改英文的大小写
		添加编号
	设置招聘启事字符格式	设置字体字号
		设置字符间距
	设置招聘启事段落格式	设置对齐方式
		设置行距
		设置缩进和段落间距
	设置招聘职位分栏显示	

1.1.1 创建并保存招聘启事文档

扫码看视频

▶▶▶ 在使用Word制作文档时首先要新建空白的文档，还需要对其进行保存并命名，方便下次使用时快速找到该文档。下面介绍具体操作方法。

Step 01 从Windows的开始菜单中选择Word命令，进入"开始"界面❶，单击右侧"空白文档"按钮❷，如下图所示。

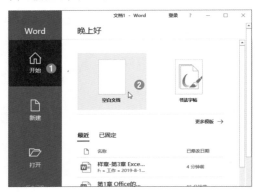

Step 02 完成新建空白文档的操作，创建名称为"文档1"的文档，如下图所示。用户也可以在"新建"选项区域中单击"空白文档"按钮，新建空白文档。

创建空白Word文档

Step 03 单击快速访问工具栏中"保存"按钮，或者单击"文件"标签，在列表中选择"保存"或者"另存为"选项❶，即可进入"另存为"选项区域，选择"浏览"选项❷，如下图所示。

Step 04 打开"另存为"对话框，选择保存的路径，在"文件名"文本框中输入"招聘启事"❶，单击"保存"按钮❷，如下图所示。

知识充电站

除了用上述介绍的方法新建文档外，还可以在系统文件夹中右击，在快捷菜单中选择"新建 >Microsoft Word 文档"命令，即可创建名称为"新建 Microsoft Word 文档 .docx"的空白文档。

知识充电站

Office 2019 为用户提供很多预设好的文档模板。单击"文件"标签，选择"新建"选项，在右侧选择需要的模版即可。用户也可以在"搜索联机模版"文本框中输入关键字，然后联网搜索模版。

1.1.2 输入招聘启事的内容

▶▶▶ 文本是制作文档时表达信息的主要方式，因此，输入文本也是在Word中常见的操作。常见的文本内容包括英文、数字和日期时间等，下面介绍具体操作方法。

扫码看视频

1. 输入基本的字符

基本的字符通常是指使用键盘即可直接输入的字符，如汉字、英文以及标点符号等。下面介绍具体操作方法。

Step 01 将光标定位在文档中，切换至中文输入法，并输入"招聘启事"文本，或者输入"公司名称+招聘启事"文本，如下图所示。

招聘启事 —— 输入汉字

Step 02 按Enter键进行换行，接着输入企业的简介内容。本段文字还包含逗号、句号等标点符号，直接在中文状态下按键盘上对应的按键即可，如下图所示。

招聘启事
未蓝文化传播有限公司是一家具有全新经营理念、极具市场拓展能力和专业策划能力的文化机构。现因多项业务拓展需邀请有志之士共同创造更大的蓝图。

输入标点符号

Step 03 下面再输入招聘职位文本，需要输入数字和大小写的英文。首先输入数字3，然后切换到英文输入法输入ds，按一下空格键，再按住Shift键不放按键盘上的M键，即可输入大写字母M，松开Shift键，再输入ax，即可完成数字和英文的输入，如下图所示。

招聘启事
未蓝文化传播有限公司是一家具有全新经营理念、极具市场拓展能力和专业策划能力的文化机构。现因多项业务拓展需邀请有志之士共同创造更大的蓝图。
招聘职位：3ds Max

输入数字和英文

Step 04 根据相同的方法输入招聘启事的其他相关内容，如岗位工作、任职条件、应聘方式和落款等，如下图所示。

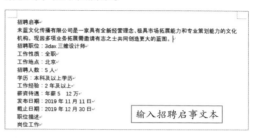

招聘启事
未蓝文化传播有限公司是一家具有全新经营理念、极具市场拓展能力和专业策划能力的文化机构。现因多项业务拓展需邀请有志之士共同创造更大的蓝图。
招聘职位：3dax 三维设计师
工作性质：全职
工作地点：北京
招聘人数：5 人
学历：本科及以上学历
工作经验：2 年及以上
薪资待遇：年薪 5 12 万
发布日期：2019 年 11 月 11 日
截止日期：2019 年 12 月 30 日
职位描述：
岗位工作

输入招聘启事文本

Tips 操作解迷

键盘上的大部分按键是一个按键上下显示两种标点符号，当标点符号在按键下方时，直接按下按键即可输入对应的符号。若符号在按键的上方，则按住 Shift 键再按对应的按键即可，如本案例中输入的冒号。

2. 输入日期

在Word中可以通过数字和汉字相结合的方式输入日期，如正文中的发布日期和截止日期。在很多情况下需要输入当时的日期，我们也可以通过"日期和时间"功能输入，具体操作方法如下。

Step 01 将光标定位在落款的下一行❶。切换至"插入"选项卡❷，单击"文本"选项组中"日期和时间"按钮❸，如下图所示。

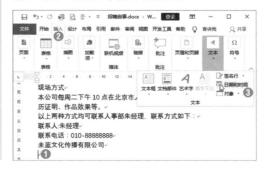

Step 02 打开"日期和时间"对话框,在"可用格式"列表框中选择日期的格式❶,单击"确定"按钮❷,如下图所示。

知识充电站!!!

用户也可以通过该方法插入时间,直接在"日期和时间"对话框中选择合适的时间格式,单击"确定"按钮即可。

Step 03 返回Word文档中在光标处输入选中的日期格式的当前日期和时间,如下图所示。

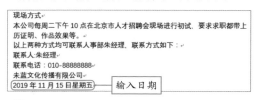

输入日期

Tips 操作解迷

在"日期和时间"对话框中,如果勾选"自动更新"复选框,那么插入的日期或时间在下次打开该Word文档时会自动更新为当时的日期和时间。

3. 插入特殊符号

在制作文档时,有时会遇到需要输入一些特殊图形化的符号,此时使用键盘是无法输入的,需要通过"符号"对话框完成。下面介绍具体操作方法。

Step 01 将光标定位在薪资待遇的5和12间❶,切换至"插入"选项卡❷,单击"符号"选项组中"符号"下三角按钮❸,在列表中选择"其他符号"选项❹,如下图所示。

Step 02 打开"符号"对话框,在"符号"选项卡中设置"字体"为Wingdings3❶,然后选择向右指向的箭头符号❷,单击"插入"按钮❸,如下图所示。

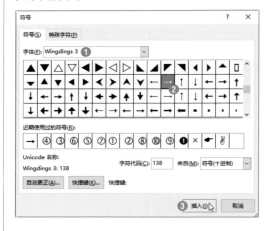

Step 03 返回文档中即可在光标处插入选中的符号。此时"符号"对话框中的"取消"按钮变为"关闭"按钮,单击该按钮即可关闭对话框。插入特殊符号的效果如下图所示。

插入特殊符号

4. 快速更改英文的大小写

在本案例中输入企业的网址时，其中包含大写字母。网址是不区分大小写的，而且通常情况下都是用小写字母输入网址，下面介绍快速更改英文大小写的方法。

Step 01 选择企业的网址❶，切换至"开始"选项卡，单击"字体"选项组中"更改大小写"下三角按钮❷，在列表中选择"小写"选项❸，如下图所示。

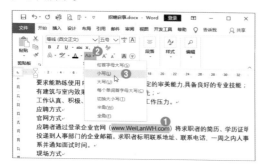

Step 02 返回文档中可见选中的英文全部为小写，如下图所示。

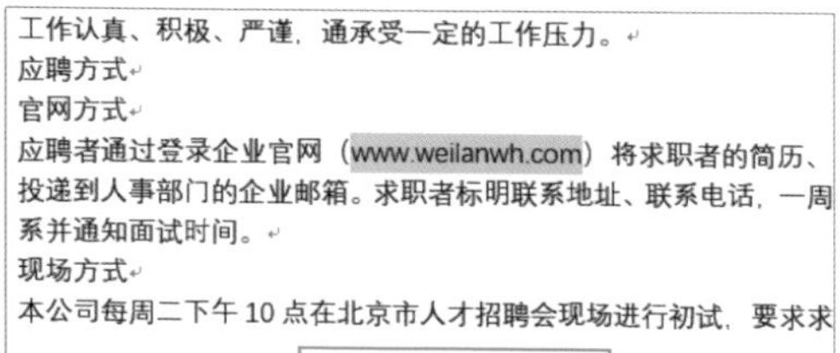

工作认真、积极、严谨，通承受一定的工作压力。
应聘方式
官网方式
应聘者通过登录企业官网（www.weilanwh.com）将求职者的简历、投递到人事部门的企业邮箱。求职者标明联系地址、联系电话，一周系并通知面试时间。
现场方式
本公司每周二下午 10 点在北京市人才招聘会现场进行初试，要求有

> 转换为小写的效果

Tips 操作解迷

在"更改大小写"的列表中还包含"句首字母大写""大写""每个单词首字母大写"和"切换大小写"等选项。我们在输入英文时，根据实际需要选择相应的选项，不需要来回切换大小写输入，输入完成后再根据需要更改大小写即可，这样可以提高输入文本的速度。

5. 添加编号

在Word中可以为文本自动添加各种样式的编号，使文本更加清晰、条理，下面介绍添加编号的方法。

Step 01 选择需要添加编号的文本，如"公司简介""职位描述"等每部分标题文本❶。切换至"开始"选项卡，单击"段落"选项组中"编号"下三角按钮❷，在列表中选择合适的编号❸，如下图所示。

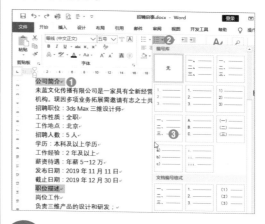

Tips 操作解迷

在 Word 中选择不连续的文本时，首先选择一个文本，然后按住 Ctrl 键不放再选择其他文本即可。

Step 02 返回文档中，可见选中的文本内容应用了选中的编号，如下图所示。

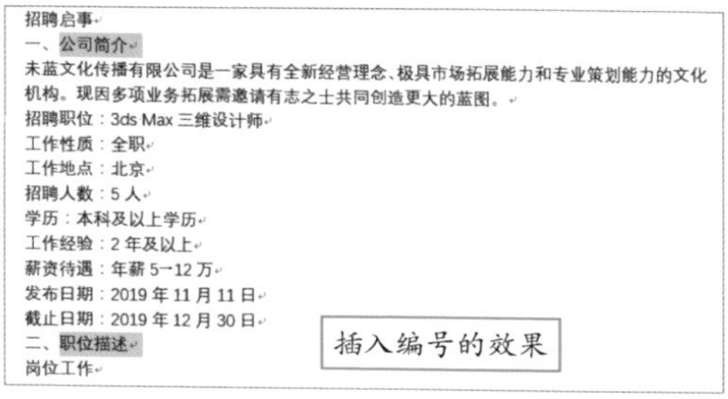

招聘启事
一、公司简介
未蓝文化传播有限公司是一家具有全新经营理念、极具市场拓展能力和专业策划能力的文化机构。现因多项业务拓展需邀请有志之士共同创造更大的蓝图。
招聘职位：3ds Max 三维设计师
工作性质：全职
工作地点：北京
招聘人数：5 人
学历：本科及以上学历
工作经验：2 年及以上
薪资待遇：年薪 5～12 万
发布日期：2019 年 11 月 11 日
截止日期：2019 年 12 月 30 日
二、职位描述
岗位工作

> 插入编号的效果

Step 03 选中"岗位工作"的相关内容，在"编号"列表中选择小写数字的编号格式，效果如下图所示。

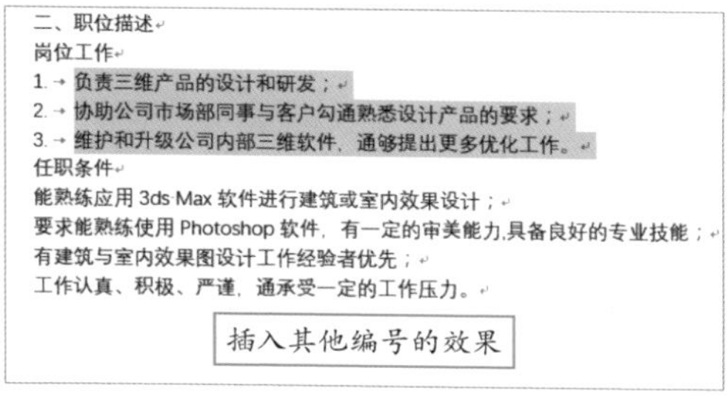

二、职位描述
岗位工作
1．负责三维产品的设计和研发；
2．协助公司市场部同事与客户沟通熟悉设计产品的要求；
3．维护和升级公司内部三维软件，通够提出更多优化工作。
任职条件
能熟练应用 3ds Max 软件进行建筑或室内效果设计；
要求能熟练使用 Photoshop 软件，一定的审美能力,具备良好的专业技能；
有建筑与室内效果图设计工作经验者优先；
工作认真、积极、严谨，通承受一定的工作压力。

> 插入其他编号的效果

Step 04 编号与文本间的距离太大，而且该级别的编号应在"职位描述"的下一级别，所以需要向右缩进两个字符的宽度。保持应用编号文本为选中状态❶并右击❷，在快捷菜单中选择"调整列表缩进"命令❸，如下图所示。

Step 05 打开"调整列表缩进量"对话框，设置"编号位置"为"0.74厘米"❶、"文本缩进"为"0.5厘米"❷，单击"确定"按钮❸，如下图所示。

Tips 操作解迷

在"调整列表缩进量"对话框中，"文本缩进"参数是调整文本与编号之间距离的，默认为两个字符宽度。

Step 06 返回文档中查看设置效果，如下图所示。

知识充电站!!!

项目符号的应用，选中文本，在"段落"选项组中单击"项目符号"下三角按钮❶，在列表中选择合适的符号❷，即可在选中文本最左侧添加选中的符号❸。

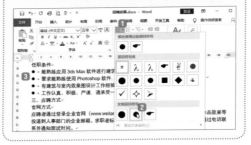

1.1.3 设置招聘启事字符格式

▶▶▶ 编辑Word文档时，为了使文档层次分明还需要设置字符的格式，如字体、字号、字形、字体的颜色以及字符间距等。下面介绍具体操作方法。

扫码看视频

1. 设置字体和字号

在整篇文档中，我们可以通过设置文本的字号来突出层次，如标题要大点字号，正文要小点的字号，此外还可以为标题设置不同的字体。

默认情况下Word 2019字体为等线、字号为五号，下面介绍设置字体和字号的方法。

Step 01 将光标定位在文档中按Ctrl+A组合键全选文本❶。在"开始"选项卡的"字体"选项组中单击"字体"下三角按钮❷，在列表中选择"宋体"选项❸，如下图所示。

Step 02 选择第1行"招聘启事"文本❶，在"字体"选项组中设置字体为"黑体"❷，单击"字号"下三角按钮，在列表中选择"一号"选项❸，如下图所示。

Step 03 选择每段的标题文本❶，如"公司简介""职位描述"等，单击"字体"选项组中"增大字号"按钮❷，即可将选中的文本增大一号，如下图所示。

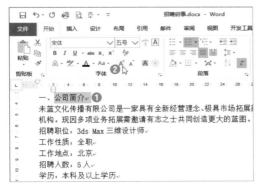

知识充电站

在"字体"选项组中还可以设置字形，如加粗、倾斜、下划线；也可以通过"上标"和"下标"功能添加上下标号；通过"字体颜色"设置文本的颜色等。

2. 设置字符间距

设置字符间距就是设置字符之间的距离。我们可以适当增加字符之间的距离，以方便阅读，下面介绍具体操作方法。

Step 01 选择第1行"招聘启事"文本❶，切换至"开始"选项卡，单击"字体"选项组中对话框启动器按钮❷，如下图所示。

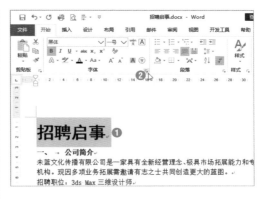

Step 02 打开"字体"对话框，切换至"高级"选项卡，单击"间距"下三角按钮，在列表中选择"加宽"选项❶，在右侧"磅值"文本框中输入"2磅"❷，然后设置"缩放"为110%❸，单击"确定"按钮，如下图所示。

Step 03 返回文档中可见文本间距增大，并压缩显示，如下图所示。

设置字符间距的效果

1.1.4 设置招聘启事段落格式

▶▶▶ 在Word中除了设置字符格式外，用户还可以设置段落格式，如对齐方式、缩进、行距和段落间距等。下面介绍设置招聘启事段落格式的方法。

扫码看视频

1. 设置对齐方式

在Word文档中可以为不同的段落设置不同的对齐方式，如本案例中将标题设置居中对齐、将落款设置为右对齐，保持其他文本为默认左对齐。下面介绍具体操作方法。

Step 01 将光标定位在第1行中❶，单击"开始"选项卡的"段落"选项组中"居中"按钮❷，即可将该行文本设置为居中对齐，如下图所示。

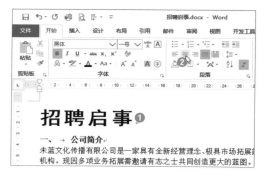

Step 02 根据相同的方法将落款的企业名称和日期文本设置右对齐，如下图所示。

2. 设置行距

默认情况下Word的行距为1倍，为了使文本更加清晰地显示，可以适当增加行距。首先选择正文内容❶，单击"段落"选项组中"行和段落间距"下三角按钮❷，在列表中选择1.15选项❸，如下图所示。

> **Tips** 操作解迷
>
> 在设置行距时，1.15 表示 1.15 倍行距，并不是 1.15 磅。如果设置行距为以磅为单位的数值时，1 磅等于 1/72 英寸，约等于 1 厘米的 1/28。

3. 设置缩进和段落间距

设置段落的缩进可使文本变得更工整，从而清晰地表现文本层次。设置段落间距可使段落层次更加明了，下面介绍具体操作方法。

Step 01 选择正文中段落文本❶，单击"段落"选项组中对话框启动器按钮❷，如下图所示。

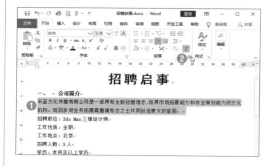

Step 02 打开"段落"对话框，在"缩进和间距"选项卡的"缩进"选项区域设置"特殊"为"首行"❶、"缩进值"为2字符❷。在"间距"选项区域中设置"段后"为0.5行❸，单击"确定"按钮，如下图所示。

Step 03 返回文档中，可见选中的段落首行左侧文本向右缩进2个字符，每段下方的距离也增大，如下图所示。

设置缩进和段落间距效果

Step 04 将光标定位在第1行❶，切换至"布局"选项卡，在"段落"选项组中设置段前和段后距离均为1行❷，如下图所示。

Tips 操作解迷

在"行和段落间距"列表中选择"行距选项"选项，也可打开"段落"对话框。
右击选中的段落，在快捷菜单中选择"段落"命令，也可打开"段落"对话框。

1.1.5　设置招聘职位分栏显示

▶▶▶ 在Word中可以对部分文本应用分栏，分栏后在开头和结尾默认添加分节符。在本案例中将招聘职位的相关内容分两栏显示，下面介绍具体操作方法。

扫码看视频

Step 01 选择需要进行分栏的文本❶，切换到"布局"选项卡❷，单击"页面设置"选项组中"栏"下三角按钮❸，在列表中选择"两栏"选项❹，如下图所示。

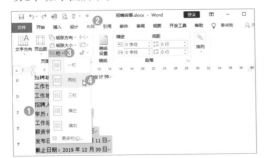

Step 02 可见选中的文本分两栏显示，并且在前后均添加的分节符，如下图所示。

查看分栏效果

知识充电站!!!

在本案例中将招聘职位分两栏显示，用户也可以通过添加一行两列的表格实现。关于表格的知识在以后章节中会详细介绍。

1.2 制作项目计划书

案 / 例 / 简 / 介

项目计划书是指项目方为了达到招商融资以及其他发展目标所制定的计划书。计划书内容包括分析产品、敢于竞争、充分市场调研、有力的资料说明、表明行动的方针、展示优秀团队等，从而使合作伙伴更了解项目的整体情况，也能让投资者判断该项目的可盈利性。项目计划书文档制作完成后的效果，如下图所示。

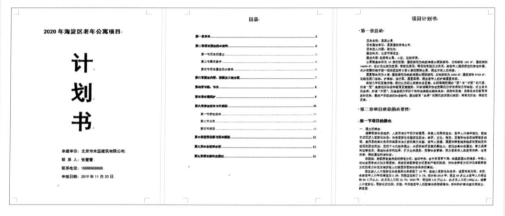

思 / 路 / 分 / 析

项目计划书的内容主要包括项目的概况、承办单位的情况、建设条件和内容以及项目估算等。本节将为该文档设置页面、添加封面以及制作目录。制作项目计划书的流程如下图所示。

制作项目计划书	设置项目计划书的页面大小	设置页面大小
		设置页边距和方向
	为项目计划书添加封面	使用内置的封面
		插入空白页并设计封面
	为项目计划书应用样式	应用样式
		修改样式
	提取项目计划书的目录	创建目录
		修改目录格式
	打印项目计划书	

1.2.1　设置项目计划书的页面大小

▶▶▶ 不同的办公文档对页面的要求有所不同，所以在制作文档时通常需要对页面进行设置，如设置纸张大小、方向和页边距等，下面介绍具体操作方法。

扫码看视频

1. 设置页面大小

在Word中预设了办公中经常使用的纸张大小的尺寸，如A4、A3和A5等。本案例采用A4的纸张大小，下面介绍具体操作方法。

Step 01 新建Word文档并保存。切换至"布局"选项卡❶，单击"页面设置"选项组中"纸张大小"下三角按钮❷，在列表中选择"其他纸张大小"选项❸，如下图所示。

Step 02 打开"页面设置"对话框，在"纸张"选项卡中设置宽度为21厘米、高度为29厘米，单击"确定"按钮即可完成页面大小的设置，如下图所示。

2. 设置页边距和方向

页边距是指页面四周的空白区域，用户可以选择预设的页边距，也可以自定义页边距。下面介绍具体操作方法。

Step 01 在"页面设置"选项组中单击"纸张方向"下三角按钮❶，在列表中选择"纵向"选项❷，如下图所示。

Tips　操作解迷

设置纸张的方向为纵向或横向时，是指页面的方向，并不是文字的方向。用户可以通过"页面设置"选项组中"文字方向"功能设置文字的方向。

Step 02 单击"页边距"下三角按钮❶，在列表中选择预设的页边距，也可以选择"自定义页边距"选项❷，如下图所示。

Step 03 打开"页面设置"对话框，在"页边距"选项卡中设置上、下、左、右均为2厘米，单击"确定"按钮，如下图所示。

知识充电站 !!!

单击"页面设置"选项组的对话框启动器按钮，也可以打开"页面设置"对话框。在设置页边距下方的"纸张方向"区域中可以设置纸张的方向。

1.2.2 为项目计划书添加封面

▶▶▶ 在制作项目计划书时，还需要添加封面，此时，用户可以使用内置的封面，也可以添加空白页并输入相关的文本，下面介绍具体操作方法。

扫码看视频

1. 使用内置的封面

在Word中内置了10多种封面效果，其中包括设计好的文本框、形状等元素。下面介绍具体操作方法。

Step 01 将光标定位在项目计划书的最前面，切换至"插入"选项卡❶，单击"页面"选项组中"封面"下三角按钮❷，在列表中选择合适的封面样式，如选择"平面"选项❸，如下图所示。

Step 02 即可在光标定位的前面添加选中的封面页。包括形状和文本框，其中文本框的文本格式已经设计好，选中文本框直接输入文本即可。用户也可以根据需要删除不必要的文本框，封面效果如下图所示。

插入封面的效果

知识充电站 !!!

添加内置的封面后，用户也可以根据1.1节中学习的设置文本格式知识进一步修改封面的字体格式，也可以设置形状的填充颜色。

2. 插入空白页并设计封面

用户也可插入空白页，然后根据需要设计项目计划书的封面，下面介绍具体操作方法。

Step 01 将光标定位在标题左侧❶，单击"插入"选项卡的"页面"选项组中"空白页"按钮❷，如下图所示。

❶ 项目计划书

在设置封面时，基本信息中"联系人"为3个字符，其他为4个字符，为了封面的整齐，需要进一步设置。选择"联系人"文本，单击"开始"选项卡的"段落"选项组中"中文版式"下三角按钮，在列表中选择"调整宽度"选项。在打开的对话框中设置"新文字宽度"的值为"4字符"❶，单击"确定"按钮❷，如下图所示。即可将选中文本设置占4个字符的宽度。

Step 02 然后在空白页中输入封面的文本内容，并设置文本和段落格式，如下图所示。

调整"承建单位"等信息时，可以通过设置左缩进来调整信息的位置。选中所有基本信息，在"布局"选项卡的"段落"选项组中设置"左缩进"为"15字符"，如下图所示。即可将选中文本向右缩进15个字符的宽度。

制作封面的效果

输入数值

1.2.3　为项目计划书应用样式

▶▶▶ 本项目计划书总共包括9章，每章还包含不同的小节，用户可为其应用不同的标题样式，以突出计划书的层次。下面介绍应用样式和修改样式的具体操作方法。

扫码看视频

1. 应用样式

样式是多种格式的集合，Word中内置了许多种样式，用户可以直接使用，下面介绍具体操作方法。

Step 01 在项目计划书中按住Ctrl键选择章的名称❶，切换至"开始"选项卡，单击"样式"选项组中"其他"按钮，在列表中选择"标题2"选项❷，如右图所示。

Step 02 然后选择所有节名称，为其应用"标题3"样式，效果如下图所示。

查看应用标题的效果

知识充电站!!

用户也可以清除应用的样式，选择相应的文本，单击"样式"选项组中"其他"按钮，在列表中选择"清除格式"选项即可。

Tips 操作解迷

为文档应用样式时，用户首先对文档内容的层次有一个基本的了解，然后分别为不同等级的文本应用不同的样式，级别高的应用高级别的样式。

2. 修改样式

应用样式后，用户可以对其进行修改，如修改字体和段落格式。本案例中标题2和标题3的字号大小都是一样，为了层次清晰，适当修改标题3样式，下面介绍具体操作方法。

Step 01 切换至"开始"选项卡，单击"样式"选项组中"其他"按钮，在列表中的"标题3"上右击❶，在快捷菜单中选择"修改"命令❷，如下图所示。

Step 02 打开"修改样式"对话框，在"格式"选项区域中将三号修改为四号❶。单击"格式"下三角按钮❷，在列表中选择"段落"选项❸，如下图所示。

Step 03 在打开的"段落"对话框中设置段前和段后为6磅❶、行距为1.5倍❷，如下图所示。

Step 04 依次单击"确定"按钮，返回文档中可见应用"标题3"样式的文本自动调整为修改后的样式，效果如下图所示。

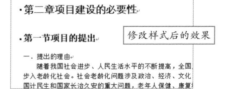

修改样式后的效果

知识充电站!!

用户也可以根据需要创建样式，在"样式"列表中选择"创建样式"选项，打开"根据格式化创建新样式"对话框，输入名称，单击"修改"按钮，在打开的对话框中设置即可。打开的"根据格式化创建新样式"对话框中的各参数与"修改样式"对话框中各参数一样，可以设置文本、段落格式。创建样式后，在文档中选择文本，然后在"样式"列表中选择创建的样式即可。

1.2.4 提取项目计划书的目录

▶▶▶ 目录可以直观地展示计划书的内容结构，能快速地定位相关内容。项目计划书内容较丰富，为方便浏览者快速查看，可以为其制作目录，下面介绍具体操作方法。

扫码看视频

1. 创建目录

在上一节为项目计划书中相关文本应用了样式，本节可以快速准确地提取目录，下面介绍具体操作方法。

Step 01 首先根据1.2.2节中的知识，在正文前面插入空白页，然后输入"目录"文本并设置格式。将光标定位在下一行的左侧，切换至"引用"选项卡❶，单击"目录"选项组中"目录"下三角按钮❷，在列表中选择"自定义目录"选项❸，如下图所示。

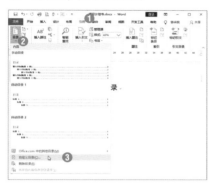

Step 02 打开"目录"对话框，在"目录"选项卡中设置制表符的符号❶、显示的级别等❷，单击"确定"按钮❸，如下图所示。

Step 03 返回文档中即可在光标定位处提取目录，根据级别不同向右缩进。当光标移动到目录文本上方时，显示"按住Ctrl并单击可访问链接"，如下图所示。

提取目录的效果

知识充电站 !!!

在"目录"列表中可以选择"自动目录"直接提取，也可以选择"手动目录"选项，然后逐个输入标题内容。

2. 修改目录格式

创建目录后，可见各级标题均应用正文的格式，用户可以对目录格式进行修改，以显示层次的不同。下面介绍具体操作方法。

Step 01 打开"目录"对话框，设置样式为"来自模版"，单击"修改"按钮。打开"样式"对话框，选择TOC2❶，单击"修改"按钮❷，如下图所示。

Step 02 打开"修改样式"对话框，保持其他参数不变，单击"加粗"按钮，依次单击"确定"按钮。弹出提示对话框，单击"确定"按钮，如右图所示。

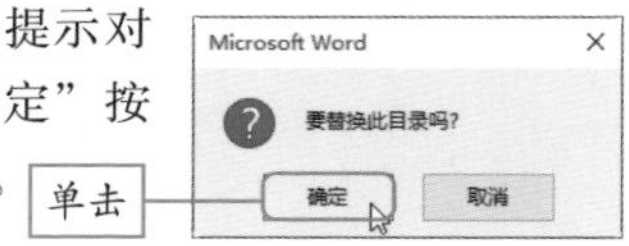

单击

Step 03 返回文档中，可见目录的层次更加清晰明了，如下图所示。

Tips 操作解迷

本案例通过"样式"对话框统一设置标题格式，用户也可以选择文本，在"字体"选项组中设置标题格式。

知识充电站 ‼

提取目录后，如果作者修改文档中应用标题样式的文本或添加内容导致页码延后，此时目录是不能自动更新的，可以通过以下方法更新目录。右击目录，在快捷菜单中选择"更新域"命令，在打开的对话框中选中"更新整个目录"单选按钮❶，单击"确定"按钮❷即可，如右图所示。也可以单击"目录"选项组中"更新目录"按钮更新目录。

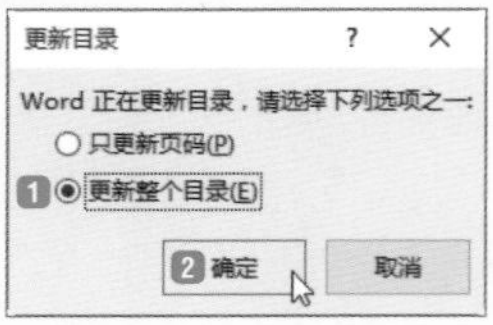

1.2.5　打印项目计划书

▶▶▶ 项目计划书制作完成后，需要用纸张打印出来并且需要装订，所以在打印之前还要设置装订线的位置，下面介绍具体操作方法。

扫码看视频

Step 01 切换至"布局"选项卡❶，单击"页面设置"选项组中对话框启动器按钮❷，如下图所示。

Step 02 打开"页面设置"对话框，在"页边距"选项卡中设置"装订线"为1厘米❶、"装订线位置"为"靠左"❷，单击"确定"按钮，如下图所示。

Step 03 单击"文件"标签，在列表中选择"打印"选项❶，设置份数，保持其他参数不变，单击"打印"按钮❷，如下图所示。

知识充电站 ‼

除了上述介绍的打印方法外，也可以按Ctrl+P组合键进入"打印"选项区域；也可以单击快速访问工具栏中"快速打印"按钮，即可连接打印机打印一份文档。

知/识/大/迁/移

Word文档编辑和排版技巧

1. 文档的保存设置

在设置保存文档时，可以设置自动保存、间隔时间、保存的格式以及自动恢复的位置等。具体操作方法如下。

Step 01 单击"文件"标签，在列表中选择"选项"选项。

Step 02 打开"Word选项"对话框，在左侧选择"保存"选项❶，在右侧的"保存文档"选项区域中设置保存的参数❷，最后单击"确定"按钮❸，如下图所示。

在步骤2中用户设置保存的参数有以下几个方面：

- 将文件保存为此格式：默认为"Word文档(*.docx)"，单击右侧下三角按钮，在列表中选择合适的类型即可。
- 保存自动恢复信息时间间隔：是指自动恢复的文档缓存保存间隔时间，默认为10分钟。勾选该复选框后，在右侧数值框中输入数字，单位为分钟。
- 如果我没保存就关闭，请保留上次自动恢复的版本：该选项默认情况下是勾选的。
- 自动恢复文件位置：默认在C盘的位置，由于C盘是系统盘，有时系统崩溃导致需要重装系统，会导致C盘上的所有文件丢失。所以，单击右侧"浏览"按钮，在"修改位置"对话框中选择保存的路径，单击"确定"按钮，即可设置自动恢复文件的位置。

2. 添加水印

水印是一种特殊的背景，可以设置在页面中的任何位置。在Word中可以将图片或文字设为水印，具体操作方法如下。

Step 01 切换至"设计"选项卡❶，单击"页面背景"选项组中"水印"下三角按钮❷，在列表的"机密"和"紧急"选项区域中选择合适的水印效果，即可在页面中添加相应的水印，如下左图所示。

Step 02 选择"自定义水印"选项❸，打开"水印"对话框，可以设置"无水印""图片水印"和"文字水印"3种❹，单击"应用"按钮即可，如下右图所示。

3. 分页符的应用

分页符是一种符号，显示在上一页结束以及下一页开始的位置。在Word中可以通过分页符将指定的内容单独放在一页，在项目计划书中将第1章内容单独放在一页，具体操作如下。

Step 01 将光标定位在第1章内容的最右侧❶，切换至"布局"选项卡，单击"页面设置"选项组中"分隔符"下三角按钮❷，在列表中选择"分页符"选 项❸。

Step 02 操作完成后，返回文档中可见光标定位的位置之后的文本移至下一页，在光标处显示"分页符"符号❹，如下图所示。

4. 孤行控制

孤行控制是指调整单独打印在一页顶部的某段落的最后一行，或者是单独打印在一页底部的某段落的第一行，使其和该段落其他文本在一页显示。下面介绍具体操作方法。

Step 01 在"项目计划书.docx"文档的第5页，最后一行显示一段文字的第1行，其他内容显示在第6页上。

Step 02 将光标定位在该段落文本中❶，打开"段落"对话框，在"换行和分页"选项卡中勾选"孤行控制"复选框❷，单击"确定"按钮。

Step 03 返回文档中可见第5页最后一行移到第6页，显示完整的一段文本❸，如下图所示。

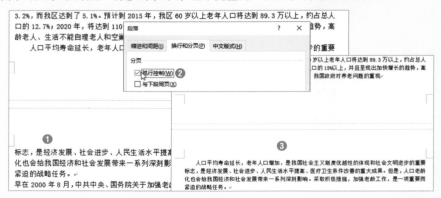

Chapter

02

Word文档的图文混排

本章导读

　　一篇图文并茂的文档，不但看起来生动形象、充满活力，还可以使文档更加美丽。在Word中可以通过插入图片、艺术字、图形等展示文本或数据，通过表格可以让数据更加清晰条理。

　　本章通过风景明信片、时间管理四象限法则组织结构图和员工绩效考核表3个案例介绍Word文档图文混排的知识，主要包括图片、形状、艺术字、SmartArt和表格的应用等。

本章要点

1. 制作风景明信片

▶ 插入图片

▶ 调整图片

▶ 旋转图片

▶ 裁剪图片

▶ 插入文本框

**2. 制作时间管理四象
   限法则组织结构图**

▶ 插入艺术字

▶ 设置艺术字

▶ 插入SmartArt图形

▶ 美化SmartArt图形

▶ 添加形状

3. 制作员工绩效考核表

▶ 插入表格

▶ 调整列宽

▶ 合并单元格

▶ 拆分单元格

▶ 添加底纹和边框

▶ 计算数据

制作风景明信片

明信片是一种不用信封可以直接投寄的写有文字内容并带有图像的卡片。随着网络的发展朋友之间、企业之间基本没有书信往来。企业打算将旅游的照片制成明信片让员工和客户重拾旧时的回忆。本案例将制作风景明信片的正面和背景，效果如右图所示。

在制作风景明信片时，首先需要将正面和背景的图片设置相同的纵横比和大小，然后再对图片进行调整并添加相应的文字。制作风景明信片的流程如下图所示。

制作风景明信片	制作明信片正面背景	插入图片
		调整图片
		旋转图片
	设计明信片正面文本	插入文本框
		编辑文本框和文本
	设计明信片背面图片	
	在明信片背面添加文字图片	清除图片背景
		应用图片效果
	为明信片添加边框	

2.1.1 制作明信片正面背景

▶▶▶ 明信片的正面主要构成元素为图片，因此首先要插入图片，再根据需要对图片进行调整。下面介绍具体操作方法。

扫码看视频

1. 插入图片

制作明信片时需要将背景图片插入到Word中，下面介绍具体操作。

`Step 01` 打开Word文档并保存，将光标定位在需要插入图片的位置。切换至"插入"选项卡①，单击"插图"选项组中"图片"按钮②，如下图所示。

`Step 02` 打开"插入图片"对话框，选择准备好的图片，如"公路.jpg"①，单击"插入"按钮②，如下图所示。

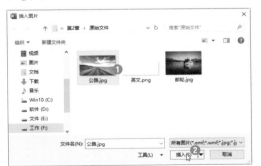

知识充电站!!!

用户也可以插入联机图片。在"插入"选项卡中单击"插图"选项组中"联机图片"按钮，打开"联机图片"面板，在搜索框中输入关键字，按Enter键即可搜索相关图片，最后选择合适的图片即可。使用联机图片时要确保电脑是在联网状态下。

`Step 03` 返回文档中选中插入的图片，拖曳图片右下角控制点调整图片的大小。因为图片的纵横比为16∶9，这正是需要的比例所以不需要调整，如下图所示。

调整图片大小

2. 调整图片

插入图片后，还需要根据要求对图片进行调整，如调整图片的颜色、亮度和对比度等，下面介绍具体操作方法。

`Step 01` 需要将图片适当调暗点，选中图片①，切换至"图片工具-格式"选项卡②，单击"调整"选项组中"校正"下三角按钮③，在列表中选择"亮度:-20% 对比度:+20%"④，如下图所示。可见图片亮度减弱，对比度增强。

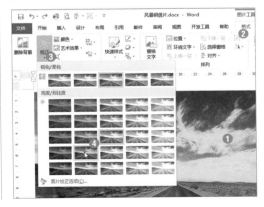

Step 02 调整完成后可见图片变得柔和，还需要增加锐化效果。再次单击"校正"下三角按钮①，在列表中选择"锐化25%"选项②，如下图所示。

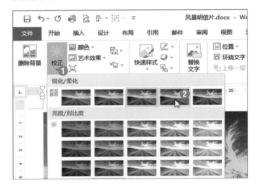

Step 03 为了使用图片整体为暖色调，还需要调整"色调"。单击"颜色"下三角按钮①，在列表中选择"色温:8800K"选项②，如下图所示。

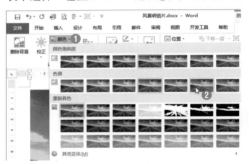

Step 04 调整完成后，明信片正面背景效果如下图所示。

调整图片后的效果

知识充电站!!!

除了在"调整"选项组中调整图片外，还可以右击图片，选择"设置图片格式"命令，在打开的导航窗格的"图片"选项卡中设置亮度、对比度和色调等。

3. 旋转图片

在Word中可以根据需要对图片进行旋转，如水平翻转或自定义旋转的角度，下面介绍具体操作方法。

Step 01 选中图片①，切换至"图片工具-格式"选项卡②，单击"排列"选项组中"旋转"下三角按钮③，在列表中选择"水平翻转"选项④，如下图所示。

Step 02 设置完成后，可见图片进行相应地旋转，如下图所示。

旋转图片后的效果

知识充电站!!!

在"旋转"列表中选择"其他旋转选项"选项，打开"布局"对话框，在"大小"选项卡的"旋转"选项区域中设置旋转的角度。负角度表示逆时针旋转，正角度表示顺进针旋转。

2.1.2 设计明信片正面文本

▶▶▶ 在制作明信片时，如果只使用图片作为背景有点太单调了，因此还需要添加必要的文字进行说明和装饰背景，下面介绍具体操作方法。

扫码看视频

1. 插入文本框

在Word中如果在图片上方输入文本，需要通过文本框来实现。Word中共有两种文本框，分别为横排文本框和竖排文本框，下面介绍具体操作方法。

Step 01 切换至"插入"选项卡①，单击"文本"选项组中"文本框"下三角按钮②，在列表中选择"绘制横排文本框"选项③，如下图所示。

Step 02 光标变为黑色十字形状，在页面中单击或者按住鼠标左键拖曳绘制文本框。然后输入"阳光，"文本，如下图所示。

输入文本

2. 编辑文本框和文本

在Word中文本为白色底纹黑色边框，放在图片上方严重影响效果，因此，还需要进一步编辑，具体操作如下。

Step 01 选择绘制的文本框①，切换至"绘图工具-格式"选项卡，单击"形状样式"选项组中"形状填充"下三角按钮②，在列表中选择"无填充"选项③，如下图所示。

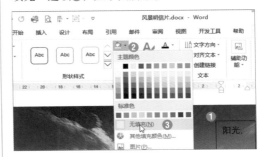

Step 02 根据相同的方法设置无边框。在开始选项卡的"字体"选项组中设置文本的格式。然后调整文本框的大小，如下图所示。

文本的效果

Step 03 复制3份文本框，分别输入不同的文本，将其整齐地排列在图片的右上角，如下图所示。

复制并修改文本

Tips 操作解迷

调整文本框时，可以使用"对齐"功能，按住 Shift 键选中 4 个文本框，在"绘图工具－格式"选项卡的"排列"选项组中单击"对齐"下三角按钮，在列表中分别选择"左对齐"和"纵向分布"选项。

明信片正面效果

Step 04 然后插入竖排文本框，并输入英文，设置英文的格式。最后在文本的上下部分插入形状进行修饰，明信片正面效果如下图所示。

Tips 操作解迷

在本步骤中涉及到形状的应用，将在以后章节中进行详细介绍。

2.1.3 设计明信片背面图片

▶▶▶ 对于明信片背面的图片主要是设置其大小和纵横比与正面图片一致，并进行适当调整即可。下面介绍具体操作方法。

扫码看视频

Step 01 首选在Word中插入"邮轮.jpg"图片，选中图片❶，切换至"图片工具-格式"选项卡❷，单击"大小"选项组中"裁剪"下三角按钮❸，在列表中选择"纵横比>16:9"选项❹，如下图所示。

裁剪图片

Step 03 在"大小"选项组中设置图片的宽度为14.2厘米，按Enter键自动调整图片的高度，效果如下图所示。

调整图片

Step 02 可见图片周围出现16:9的裁剪框，内部图像为需要保留的部分，之外的为裁剪部分。适当调整图片的大小和位置，使邮轮位于中心位置，如下图所示。调整好位置后，在图片之外的空白处单击，即可完成裁剪操作。

Tips 操作解迷

在制作明信片正面时图片的宽度调整为 14.2 厘米。默认情况下是锁定纵横比的，调整宽度时，根据图片的纵横比自动调整高度。

2.1.4 在明信片背面添加文字图片

▶▶▶ 将准备好带背景的英文图片作为背面的文本，为了效果更加完美需要将文本之外的背景去除，再添加效果使文本不单调。下面介绍具体操作方法。

扫码看视频

1. 清除图片的背景

在Word中可以通过两种方法去除图片的背景，其一是"删除背景"功能；其二是"设置透明色"功能。第二种方法适合背景颜色单一且与主体反差比较大的图片，具体操作如下。

Step 01 插入"英文.jpg"图片，切换至"图片工具-格式"选项卡①，单击"排列"选项组中"环绕文字"下三角按钮②，在列表中选择"浮于文字上方"选项③，如下图所示。

Step 02 将文本图片移到背面图片的上方，并调整其大小。保持文本图片为选中状态①，单击"调整"选项组中"颜色"下三角按钮②，在列表中选择"设置透明色"选项③，如下图所示。

Step 03 光标变为 ✎ 形状，在图片的背景上单击，即可将背景颜色设置为透明色，只显示图片中的文本部分，如下图所示。

设置透明色的效果

知识充电站

"删除背景"功能适用于主体与背景差别大，背景比较复杂时。选中图片单击"调整"选项组中"删除背景"按钮，洋红色区域为删除部分，通过"背景消除"选项卡中相关功能调整删除区域，单击"保留更改"按钮即可，如下图所示。

删除图片背景

2. 应用图片效果

为背景图片添加文本图片后感觉很单调没有真实感，可以添加阴影和映像的效果，具体操作如下。

Step 01 首先为文本图片添加阴影效果，使其具有立体的感觉。选中文本图片①，切换至"图片工具-格式"选项卡②，单击"图片样式"选项组中"图片效果"下三角按钮③，在列表中选择"阴影>偏移:右下"选项④，如下图所示。

知识充电站!!

用户可以在"阴影"子列表中选择"阴影选项"选项，打开"设置图片格式"导航窗格，进一步设置阴影的相关参数。

Step 02 为了体现真实性，可以为文本图片添加映像的效果，制作水中倒影。再次单击"图片效果"下三角按钮❶，在列表中选择"映像>紧密映像：接触"选项❷，如下图所示。

Step 03 明信片背面制作完成，效果如下图所示。

背面的效果

2.1.5　为明信片添加边框

▶▶▶ 为了明信片正面和背面统一和整齐，可为其添加边框，并设置边框的粗细、边框的颜色等。用户还可直接应用图片样式，快速美化图片，下面介绍具体操作方法。

扫码看视频

Step 01 选择明信片正面图片❶，切换至"图片工具-格式"选项卡❷，单击"图片样式"选项组中"其他"按钮❸，在列表中选择合适的样式，如"简单框架,白色"样式❹，如下图所示。

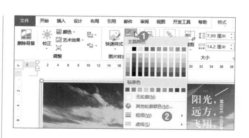

Step 03 然后按照相同的方法为背面图片应用相同的边框，效果如下图所示。

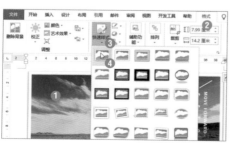

Step 02 应用完成后，单击"图片边框"下三角按钮❶，在列表中可以设置边框的颜色和粗细❷，如下图所示。

添加边框的效果

2.2 制作时间管理四象限法则组织结构图

四象限法则是时间管理理论的一个重要观念，是有重点地把主要的精力和时间集中地放在处理那些重要和紧急的工作上。下面将通过SmartArt图形的方式将该法则直观地展示出来，制作时间管理四象限法则组织结构图，如下图所示。

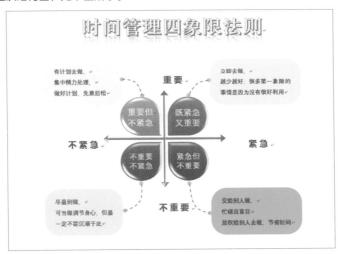

思 / 路 / 分 / 析

制作时间管理四象限法则结构图时，先设置标题，然后再制作结构图的主体部分，最后进一步美化操作。制作流程如下图所示。

制作时间管理四象限法则组织结构图	制作结构图的标题	插入艺术字
		设置艺术字样式
	绘制时间管理结构图	插入SmartArt图形
		添加文本
	美化时间管理结构图	更改SmartArt图形的颜色
		设置形状的颜色和形状
	添加形状完善结构图	插入文本框
		添加形状

2.2.1　制作结构图的标题

扫码看视频

▶▶▶ 标题是结构图的重要组成部分，标题通常具有醒目、突出主题的特点，用户在设计时可以应用一些修饰效果。下面介绍具体操作方法。

1. 插入艺术字

为标题应用艺术字可以起到美化文字的效果。下面介绍具体操作方法。

Step 01 打开Word文档并保存。切换至"插入"选项卡❶，单击"文本"选项组中"艺术字"下三角按钮❷，在列表中选择合适的样式❸，如下图所示。

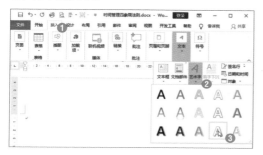

Step 02 在文档中插入艺术字文本框。删除里面的文本并输入"时间管理四象限法则"，如下图所示。

插入艺术字文本框并输入标题文本

2. 设置艺术字样式

艺术字创建完成后，用户还可以进一步设置，如设置填充颜色、轮廓颜色、应用效果等，具体操作如下。

Step 01 选择文本框❶，在"字体"选项组中设置字体格式。切换至"绘图工具-格式"选项卡❷，单击"艺术字样式"选项组中"文字效果"下三角按钮❸，在列表中选择合适的映像效果❹，如下图所示。

Step 02 再次单击"文本效果"下三角按钮，在列表中选择"阴影>阴影选项"选项。在打开的导航窗格中设置阴影颜色为深点的橙色，如下图所示。

知识充电站!!!

用户也可以先在文档中输入文本，然后选中文本，再按照本案例的操作选择合适的艺术字样式，则选中文本就可以应用该艺术字样式。

Tips　操作解迷

通过观察该艺术字样式应用的阴影效果，阴影颜色有点浅，所以进一步设置阴影的颜色。

2.2.2 绘制时间管理结构图

▶▶▶ SmartArt图形通过图形和文本相结合的方式直观地展示各部分的内容，有助于理解结构图的内容。首先介绍如何绘制结构图，下面介绍具体操作方法。

扫码看视频

1. 插入SmartArt图形

Word 2019中SmartArt图形包括列表、流程、循环、层次结构、关系和矩阵等几大类，共包含200多种图形，足以满足用户的各种需求。下面介绍具体操作方法。

Step 01 切换至"插入"选项卡❶，单击"插图"选项组中SmartArt按钮❷，如下图所示。

Step 02 打开"选择SmartArt图形"对话框，在左侧列表中选择"矩阵"选项❶，在中间选项区域中选择合适的图形❷，在右侧可以预览效果，如下图所示。

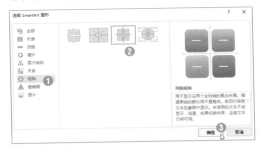

Step 03 单击"确定"按钮（上图❸），即可在文档中插入选中的SmartArt图形，在功能区显示"SmartArt工具"选项卡，如下图所示。

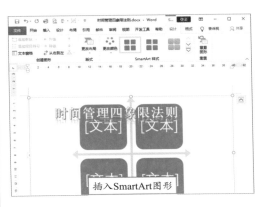

插入SmartArt图形

Step 04 此时SmartArt图形是嵌入在文档中的，在"SmartArt工具-格式"选项卡的"排列"选项组中设置环绕方式为浮于文字上方。适当调整其位置和大小，如下图所示。

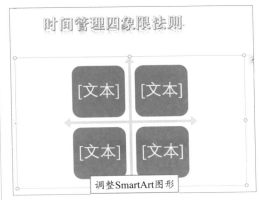

调整SmartArt图形

2. 添加文本

SmartArt图形创建完成后，需要在图形中添加相应的文本。用户可以通过窗格或直接在形状中单击来输入文本，下面介绍具体操作方法。

Step 01 选中SmartArt图形❶，切换至"SmartArt工具-设计"选项卡，单击"创建图形"选项组中"文本窗格"按钮❷，如下图所示。

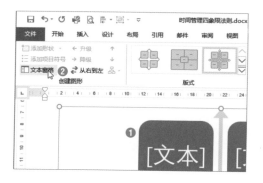

Step 02 打开"在此处键入文字"导航窗格，在下方单击，即可在SmartArt图形中显示选中哪个图形，然后输入文字即可在图形中显示，如下图所示。

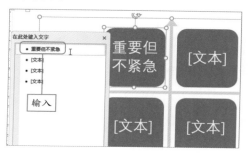

Step 03 将光标在图形上方"文本"处单击，即可定位在图形中并输入文本，如下图所示。

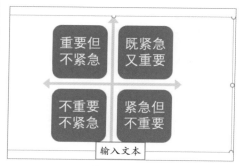

知识充电站!!!

当在 Word 中插入列表、流程、层次结构等 SmartArt 图形后，可以根据需要在"SmartArt 工具 - 设计"选项卡的"创建图形"选项组中添加形状，单击"添加形状"下三角按钮，在列表中选择合适的选项即可，如下图所示。

2.2.3 美化时间管理结构图

▶▶▶ SmartArt图形默认情况下是蓝色填充，用户可以在"SmartArt工具"选项卡中设置形状的颜色、形状的样式等。

扫码看视频

1.更改SmartArt图形的颜色

在"SmartArt样式"选项组中可以设置图形的颜色和样式，下面介绍具体操作方法。

Step 01 选中SmartArt图形①，切换至"SmartArt工具-设计"选项卡②，单击"SmartArt样式"选项组中"更改颜色"下三角按钮③，在列表中选择合适的颜色④，如下图所示。

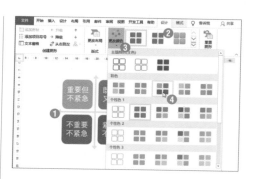

Step 02 接着单击"SmartArt样式"选项组中"其他"按钮，在列表中选择合适的样式，如下图所示。

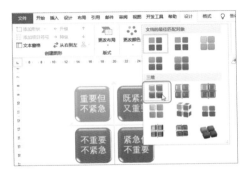

2. 设置形状的颜色和形状

用户也可以分别设置SmartArt图形中各个图形，如设置填充和更改形状，下面介绍具体操作方法。

Step 01 选择中间四向箭头形状❶，切换至"SmartArt工具-格式"选项卡❷，单击"形状样式"选项组中"形状填充"下三角按钮❸，在列表中选择合适的颜色❹，如下图所示。

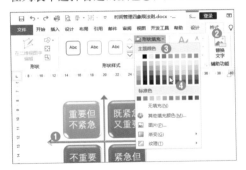

Step 02 选择其中任意图形❶，单击"形状"选项组中"更改形状"下三角按钮❷，在列表中选择合适的形状❸，如下图所示。

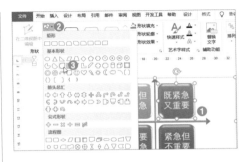

Step 03 将其他形状更改为相同的形状，然后进行旋转，效果如下图所示。

更改形状的效果

Step 04 因为形状旋转了，所以文字也旋转，通过插入文本框的方法进行输入即可，如下图所示。

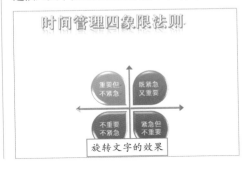

旋转文字的效果

2.2.4 添加形状完善结构图

▶▶▶ 内置的SmartArt形状往往不能满足需求，此时可以通过添加形状或文本框进一步完善结构图。

扫码看视频

1. 插入文本框

时间管理四象限法则的结构图的主体只是介绍四大块，并没有介绍如何实施，还需要添加文本框进一步说明。

Step 01 在"插入"选项卡中的"文本"选项组中单击"文本框"下三角按钮，在列表中选择"绘制横排文本框"选项，并在页面中绘制文本框，标出四象限的界线，如下图所示。

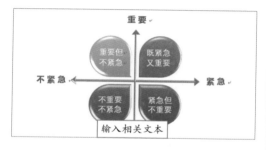

Step 02 然后继续插入文本框，输入处理不同事情实施的方案文本并设置格式，如下图所示。

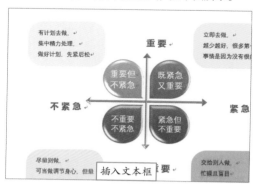

插入文本框

2. 添加形状

SmartArt图形和添加的文本框之间没有有效地连接，因此还需要添加形状进行连接，下面介绍具体操作方法。

Step 01 切换至"插入"选项卡❶，单击"插图"选项组中"形状"下三角按钮❷，在列表中选择椭圆形状❸，如下图所示。

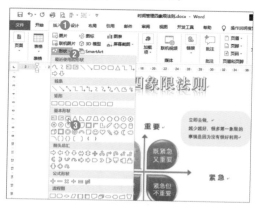

Step 02 按住Shift键在页面中绘制小点的正圆形，然后设置填充颜色，如下图所示。

绘制正圆形状

Step 03 复制7份小正圆形并放在合适的位置，如下图所示。

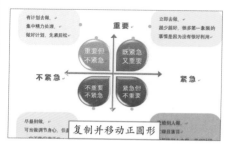

复制并移动正圆形

Step 04 在"形状"列表中选择"曲线"选项，在页面中连接不同部分的两个正圆形，如下图所示。

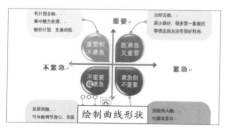

绘制曲线形状

Step 05 设置曲线为虚线，颜色为橙色。结构图的最终效果如下图所示。

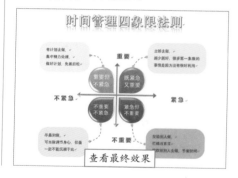

查看最终效果

2.3 制作员工绩效考核表

员工绩效考核是企业为了给员工提供一个公平竞争、积极向上的工作氛围，提高员工团队合作和服务意识的激励机制。通过员工绩效考核可以了解员工在岗位上一定时间内的能力、努力程度等。通过对各部门的考核平均分数进行分析，制作员工绩效考核表，如右、下图所示。

序号	员工姓名	考核成绩
1	李海超	85
2	赵鸣韦	79
3	苗昌懿	69
4	吴佳佳	92
5	罗康雪	93
6	孟飞双	87
7	马语梦	65
8	于小玉	75
9	任忆	82
10	许安之	96
11	粟羿	99
12	毕凡梦	59
平均分		81.75

员工绩效考核表

考核员工		所属部门		考核日期	
员工编号		职　位		入司日期	
考核区间					

考核标准及分数

优秀（5分）　良好（4分）一般（3分）差（2分）较差（1分）极差（0分）

	考核项目	自我考核	经理考核	区域经理考核	权重	备注
个人素养	1、品德修养、礼仪、个人仪容				10%	
	2、有团队合作意识、顾全大局				11%	
	3、沟通能力和亲和力				10%	
	4、具有责任心				12%	
	5、创造性以及潜力				10%	
	6、学习和总结能力				11%	
	7、职业操守				14%	
	8、组织能力和协调管理能力				16%	
	合计				100%	
工作态度	1、出勤情况				12%	
	2、月工作计划和工作报表				12%	
	3、对待工作有责任心				13%	
	4、合理管理自己的时间				18%	
	5、主动完成工作任务				19%	
	6、遵守工作规范				13%	
	7、遇到问题勇于面对和解决问题				10%	
	合计				100%	
工作能力	1、保持保量完成工作				15%	
	2、准确表达自己的看法，在工作中善于沟通并保持良好关系				18%	
	3、工作认真、细致				17%	
	4、能正确理解上级安排的工作，可以主动调动各方资源				15%	
	5、灵活应对客观环境的变化				12%	
	6、迅速对客观环境做出正确判断				12%	
	7、在承担工作上有发展潜力				11%	
	合计				100%	
总计						

制作员工绩效考核表首先创建表格并调整表格的结构，为了美观再进行底纹和边框的设置。然后再将统计数据记录在另一表格中并计算出平均分。制作员工绩效考核表的流程如下图所示。

制作员工绩效考核表	插入表格	
	调整表格	调整列宽
		合并单元格
	美化员工绩效考核表	设置字体格式
		设置对齐方式
		添加底纹颜色
		设置边框
	计算员工平均考核成绩	

2.3.1 插入表格

▶▶▶ 对于员工绩效考核表，使用表格能够直观地展示考核的项目、得分等。在本案例中制作员工绩效考核表需要34行、7列，首先要插入相应的表格，下面介绍具体操作方法。

扫码看视频

Step 01 新建Word文档并保存，然后切换至"插入"选项卡❶，单击"表格"选项组中"表格"下三角按钮❷，在列表中选择"插入表格"选项❸，如下图所示。

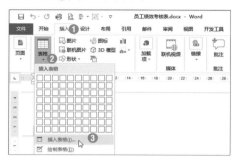

Step 02 打开"插入表格"对话框，在"表格尺寸"选项区域中设置"列数"为7❶、"行数"为34❷，单击"确定"按钮❸，如下图所示。

插入表格	? ×
表格尺寸	
列数(C):	7 ❶
行数(R):	34 ❷
"自动调整"操作	
⦿ 固定列宽(W):	自动
○ 根据内容调整表格(F)	
○ 根据窗口调整表格(D)	
☐ 为新表格记忆此尺寸(S)	
确定 ❸	取消

Tips
操作解迷
....
在创建表格时，如果用户想创建指定宽度的表格，可以选中"固定列宽"单选按钮，在右侧文本框中输入相关指定宽度的数值即可。

Step 03 即可在光标定位处插入34行7列的表格，并且每列的列宽是相等的，如下图所示。

插入表格

知识充电站!!!

除了本节介绍的创建表格的方法外，还有其他几种方法。其一为在"表格"列表中选择合适的行数和列数，单击即可在指定位置创建表格，如下图所示。

选择行数和列数

其二为在"表格"列表中选择"绘制表格"选项，先绘制表格的外边框，再绘制表格的内边框。
其三为在"表格"列表中选择"Excel电子表格"选项，即可在Word中插入Excel电子表格，如下图所示。

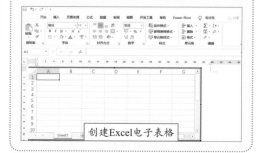
创建Excel电子表格

2.3.2　调整表格

▶▶▶ 插入表格后，默认的表格一般都不是需要的结构，所以还需要进一步调整。本节将根据员工绩效考核表的内容调整表格的结构，下面介绍具体操作方法。

扫码看视频

1.调整列宽

在Word中插入的表格，行高是由字号决定的，列宽是平均分布的。用户可以根据需要适当调整列宽和行高，下面介绍具体操作方法。

Step 01 先调整第一列的列宽，将光标移到第一列右侧边界线上，光标变为左右双向箭头形状，按住鼠标左键向左移动可缩小列宽，如下图所示。

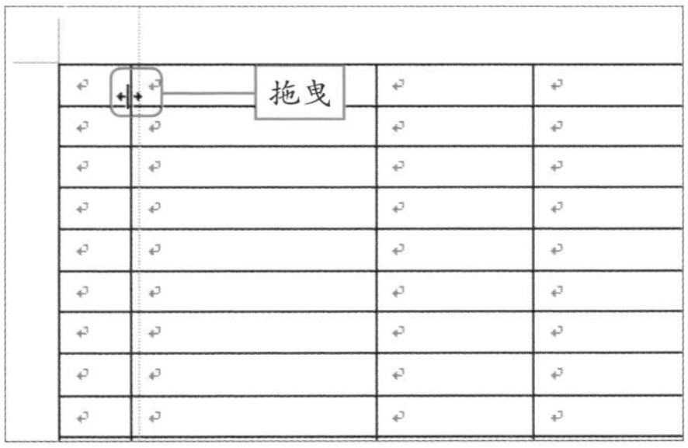

拖曳

Step 02 将光标移到第二列上方，此时变为向下黑色箭头并单击，即可选中该列❶。切换至"表格工具-布局"选项卡❷，在"单元格大小"选项组中设置"宽度"为5.7厘米❸，如下图所示。

Tips 操作解迷

此时，表格的宽度已经超过页面的宽度，为了完整显示表格还需缩小其他列的列宽。

Step 03 根据前两个步骤的方法调整其他列的列宽，第3和第4列宽度为1.89厘米、第5列为1.58厘米、最后两列为1.26厘米，效果如下图所示。

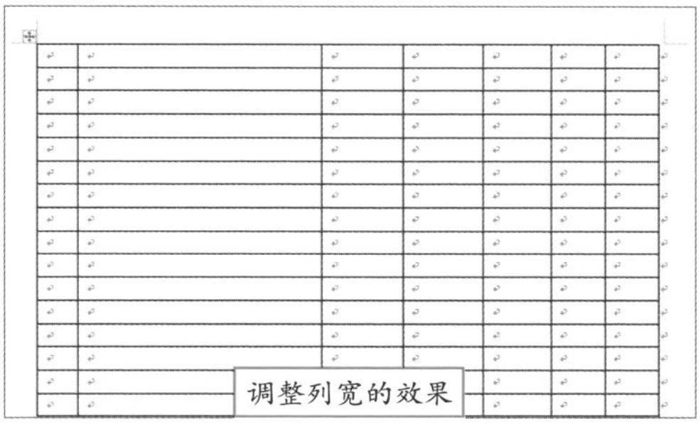

调整列宽的效果

Tips 操作解迷

在调整列宽时经常遇到只需要调整某列中部分列宽，首先需要选中该部分，然后再根据本节知识进行调整即可。

2.合并单元格

用户可以根据表格的要求，把多个单元格合并为一个大的单元格，也可以将一个单元格拆分为多个单元格，下面介绍具体操作方法。

Step 01 选择第一行所有单元格❶，切换至"表格工具-布局"选项卡❷，单击"合并"选项组中"合并单元格"按钮❸，如下图所示。

Step 02 即可将选中的单元格合并成一个大的单元格。选择第2行第2列单元格并右击❶，在快捷菜单中选择"拆分单元格"命令❷，如下图所示。

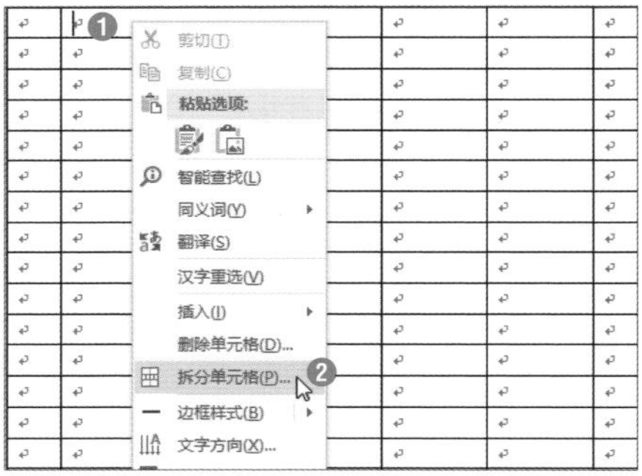

Step 03 打开"拆分单元格"对话框，设置列数为2❶、行数为1❷，单击"确定"按钮❸，如下图所示。

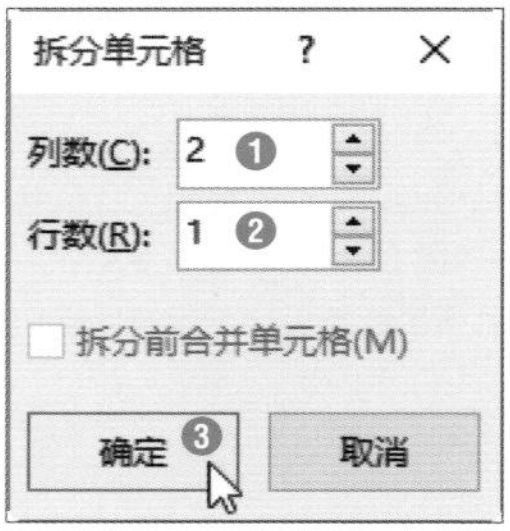

Step 04 可见该单元格分为一行两列的两个单元格，如下图所示。

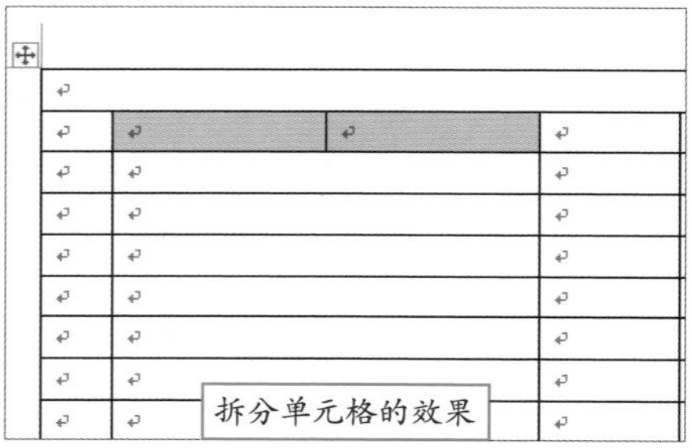

拆分单元格的效果

Tips

操作解迷

单元格是表格中行与列的交叉部分，它是组成表格的最小单位，可拆分或者合并。数据的输入和修改都是在单元格中进行的。

Step 05 根据相同的方法对其他单元格进行合并和拆分，然后输入绩效考核的内容，如下图所示。

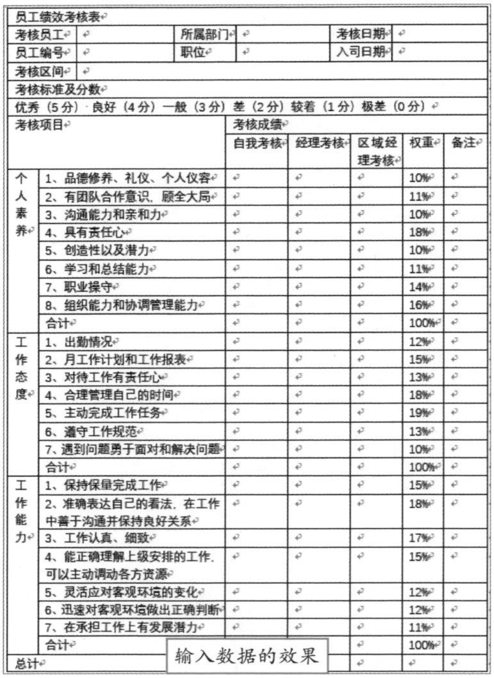

输入数据的效果

知识充电站!!

将光标定位在表格中，切换到"表格工具－布局"选项卡，在"绘图"选项组中单击"橡皮擦"按钮。光标变为橡皮擦形状，在线条上单击，即可将相邻的两个单元格合并成一个单元格，如下图所示。

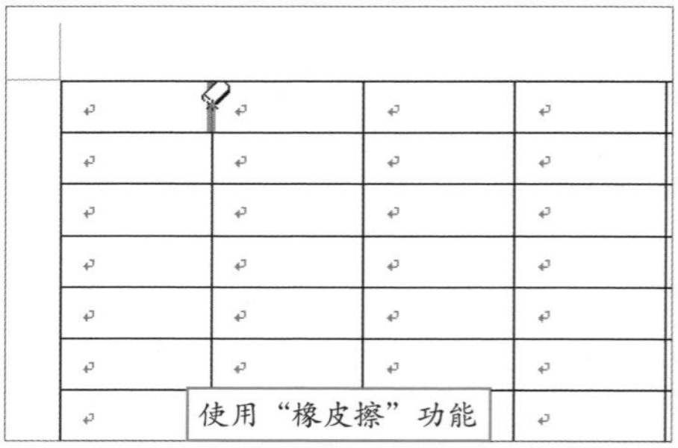

使用"橡皮擦"功能

如果需要执行很多次合并单元格的操作，只需要按以上方法执行一次合并。然后再选择需要合并的单元格，直接按F4功能键即可。如果拆分的单元格比较多时，而且拆分为相同的列和行，也可以执行一次拆分后通过F4功能键快速拆分其他单元格。

2.3.3　美化员工绩效考核表

▶▶▶ 员工绩效考核表的结构和内容制作完成后，还需要进一步对其美化。首先设置字体格式、然后为表格添加底纹和设置边框，下面介绍具体操作方法。

扫码看视频

1. 设置字体格式

设置字体格式在1.1.3节中已经介绍了，此处不再详细介绍。

2. 设置对齐方式

本案例中所有文字在单元格中为居中对齐，如果选择文本后单击"段落"选项组中"居中"按钮，只是水平方向的居中，如何也设置垂直方向的居中呢？下面介绍具体操作方法。

Step 01 全选表格❶，切换至"表格工具-布局"选项卡❷，单击"对齐方式"选项组中"居中"按钮❸，如下图所示。

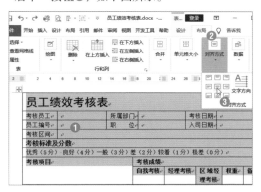

Step 02 可见表格内所有文本均居中显示，如下图所示。

Step 03 可见考核项目的文本长短不统一，看起来比较乱。按住Ctrl键选择该部分单元格，在"开始"选项卡的"段落"选项组中单击"左对齐"按钮，效果如下图所示。

| 考核项目 | | 考核成绩 | | | 权重 |
		自我考核	经理考核	区域经理考核	
个人素养	1、品德修养、礼仪、个人仪容				10%
	2、有团队合作意识，顾全大局				11%
	3、沟通能力和亲和力				10%
	4、具有责任心				18%
	5、创造性以及潜力				10%
	6、学习和总结能力				11%
	7、职业操守				14%
	8、组织能力和协调管理能力				16%
	合计				100%
	1、出勤情况				12%
	2、月工作计划				15%

设置左对齐方式的效果

3. 添加底纹颜色

美化表格时是不可能少了底纹颜色的，下面介绍具体操作方法。

Step 01 选择需要添加底纹的单元格❶，然后切换至"表格工具-设计"选项卡❷，单击"表格样式"选项组中"底纹"下三角按钮❸，在列表中选择合适的颜色❹，如下图所示。

Step 02 选中的单元格即填充选中的颜色。根据相同的方法将3部分考核的合计行填充相同的底纹颜色。将最后一行"总计"填充深点蓝色，并设置文字颜色为白色，如下图所示。

Step 02 表格的内部框线应用设置的样式，根据相同的方法设置粗点深蓝色的实线作为外框线，最终效果如下图所示。

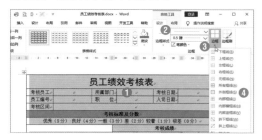

员工绩效考核表（最终效果）

用户也可以为表格应用表格样式，选中表格，切换至"表格工具－设计"选项卡，单击"表格样式"选项组中"其他"按钮，在列表中选择合适的样式即可。

4. 设置边框

默认的边框为细黑色实线，为了表格的美观可以进一步设置，下面介绍具体操作方法。

Step 01 全选表格❶，切换至"表格工具-设计"选项卡❷，在"边框"选项组中设置边框样式为实线、颜色为浅蓝色、宽度为0.5磅。单击"边框"下三角按钮❸，在列表中选择"内部框线"选项❹，如下图所示。

用户也可以通过"边框和底纹"对话框设置边框。单击"表格工具－设计"选项卡的"边框"选项组中对话框启动器按钮。打开"边框和底纹"对话框，在"边框"选项卡中设置样式、颜色、宽度，最后在"设置"选项区域应用边框，如下图所示。

设置边框

2.3.4　计算员工平均考核成绩

▶▶▶ 对员工的绩效考核结束后，人事部将员工的成绩进行统计，然后需要计算出平均分，下面介绍具体操作方法。

扫码看视频

Step 01 打开"员工考核成绩统计表.docx"文档，将光标定位在员工成绩列的最后一个单元格❶。切换至"表格工具-布局"选项卡❷，单击"数据"选项组中"公式"按钮❸，如下图所示。

Step 02 打开"公式"对话框，在"公式"文本框中显示SUM函数公式。单击"粘贴函数"下三角按钮，在列表中选择AVERAGE函数，并对公式进行修改❶，单击"确定"按钮❷，如下图所示。

Step 03 操作完成后，即可在光标定位的单元格中显示员工的平均分，如下图所示。

序号	员工姓名	考核成绩
1	李海超	85
2	赵鸿韦	79
3	苗昌淼	69
4	吴佳佳	92
5	罗康雪	93
6	孟飞双	87
7	马语梦	65
8	于小玉	75
9	任忆	82
10	许安之	96
11	秦羿	99
12	毕凡梦	59
平均分	查看计算结果	81.75

知／识／大／迁／移

Word文档图文混排的技巧

1. 将图片裁剪为形状

在文档中插入图片后，Word会默认将其设置为矩形，用户可以将图片更改为其他形状。具体操作方法如下。

Step 01 在Word文档中插入一张图片并选中❶，切换至"图片工具-格式"选项卡❷，单击"大小"选项组中"裁剪"下三角按钮❸，在列表中选择"裁剪为形状"选项，在子列表中选择椭圆形状❹，如下图所示。

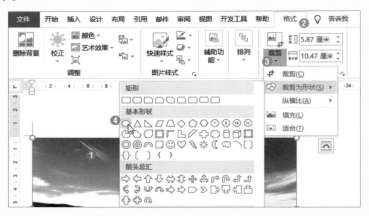

Step 02 操作完成后，可见矩形的图片被裁剪为椭圆形状，如下图所示。

查看裁剪图片的结果

2. 为图片应用艺术效果

在Word中还提供20多种艺术效果，包括标记、铅笔灰度和马赛克气泡等。应用艺术效果后，还可以对艺术效果的参数进一步设置。具体操作如下。

Step 01 选中插入的图片❶，切换至"图片工具-格式"选项卡❷，单击"调整"选项组中"艺术效果"下三角按钮❸，在列表中选择"玻璃"选项❹，可见图片应用了该效果，如下图所示。

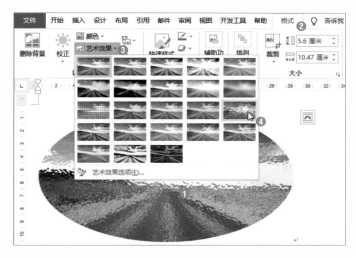

Step 02 再次单击"艺术效果"下三角按钮，在列表中选择"艺术效果选项"选项，打开"设置图片格式"导航窗格，在"艺术效果"选项区域中设置相关参数即可，如下图所示。

3. 调整形状的外观

在Word的"形状"列表中可以绘制规则的形状，用户也可以根据需要调整形状的外观。右击形状，在快捷菜单中选择"编辑顶点"命令。形状的控制点为黑色的小正方形，拖曳即可更改外观。

如果需要添加顶点进行编辑，在需要添加顶点处右击❶，在快捷菜单中选择"添加顶点"命令❷，即可在光标处添加顶点。

Chapter

03

Word的高级应用

本章导读

除了使用Word编辑文档外，还可以通过特殊功能完成高级应用，例如可以通过相关控件对常用文件进行规范格式，制作出模版；可以通过邮件合并功能批量制作邀请函。

本章通过制作企业红头文件模版、批量制作邀请函和制作培训需求调查问卷3个案例介绍Word模版的应用、邮件合并功能以及各种控件的应用。

本章要点

1. 制作企业红头文件模版
▶ 格式文本内容控件的应用
▶ 日期选取器内容控件的应用
▶ 形状的应用
▶ 艺术字的应用

2. 批量制作邀请函
▶ 插入图片
▶ 插入文本框
▶ 选择数据源
▶ 批量生成邀请函

3. 制作培训需求调查问卷
▶ 启用宏的Word文档
▶ 插入文本框控件
▶ 插入选项按钮控件
▶ 插入复选框控件
▶ 插入命令按钮控件

3.1 制作企业红头文件模版

案 / 例 / 简 / 介

红头文件是企事业单位经常用到文件之一，它是企事业向员工或其他人员发布重要通知时使用的文件。红头文件是带有大红标题和印章的文件，表明企事业的正规化和权威性。本案例的效果如右图所示。

未蓝集团有限公司文件

未蓝发[2020]128 号　　签发人：李明军

关于张俊朗同志人事任命通知

集团各单位

根据公司 2020 年战略发展需要，经集团研究决定：

特聘张俊朗同志为未蓝集团首席 CEO 兼未蓝集团技术研究院院长，主要负责公司技术指向，根据市场发展需求及时提供各方面技术支持，使公司能够快速稳定地占领市场，从而推进 IT 行业的发展。其薪核定为 50000 元/月（及工资 30000 元/月，综合奖金 20000 元/月），从发文之日起执行。

特此通知

未蓝集团有限公司

2019 年 12 月 10 日

主题词： 人事　任命　通知

抄关机关：董事会、各部门领导

印发机关：人力资源部　　印发日期：2019 年 12 月 10 日

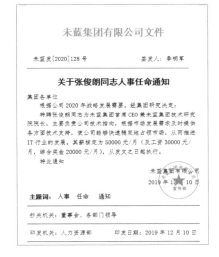

思 / 路 / 分 / 析

在制作红头文件时，首先根据要求设置页面，再设计文头内容和格式以及主题词，然后通过添加控件规范文件各部份的格式，最后制作印章并保存为模版。制作红头文件模版的流程如下图所示。

制作企业红头文件模版	设计页面版式和文头	设置页面版式
		设计红头文件标题
		设计发文字号和签发人
		绘制红线
	设计主题词	制作主题词
		制作主题词其他部分
		通过表格添加下划线
	添加控件规范文件	规范发文字号格式
		规范正文内容格式
	制作电子版印章	绘制印章的形状和五角星
		添加文本
	保存并应用模版	保存为模版
		应用模版

3.1.1 设计页面版式和文头

▶▶▶ 红头文件的页面版式、标题文字的大小和行距都有严格的标准。下面介绍红头文件的页面版式和文头设计的具体操作方法。

扫码看视频

1. 设置页面版式

红头文件使用A4纸张大小，在设置页面版式时只需要调整页边距即可，下面介绍具体操作方法。

Step 01 打开Word并新建空白文档，切换至"布局"选项卡❶，单击"页面设置"选项组中"页边距"下三角按钮❷，在列表中选择"自定义页边距"选项❸，如下图所示。

Step 02 打开"页面设置"对话框，在"页边距"选项卡中设置上边距为3.7厘米，下边距为3.5厘米，左边距为2.8厘米，右边距为2.6厘米，如下图所示。

2. 设计红头文件标题

红头文件的标题文本的颜色为红色，格式为政府机关或企事业单位名称+"文件"。下面介绍具体操作方法。

Step 01 在文档第一行输入"未蓝集团有限公司文件"文本❶。在"字体"选项组中设置字体

为"宋体"❷、字号为"一号"❸、颜色为红色❹，并加粗显示，如下图所示。

Step 02 将光标定位在标题中，单击"段落"选项组中对话框启动器按钮。打开"段落"对话框，在"缩进和间距"选项卡中设置对齐方式为"居中"❶、段前为3行❷、段后为2行❸，如下图所示。

知识充电站!!

用户也可以在功能区设置段前和段后距离，在"布局"选项卡的"段落"选项组中设置"段前"和"段后"的值即可，如下图所示。

3. 设计发文字号和签发人

发文字号和签发人在标题的下一行，分别位于左侧和右侧，下面介绍具体操作方法。

Step 01 切换至标题文本下一行输入发文字号和签发人等文本，设置字体为"仿宋"、字号为"三号"、左对齐，效果如下图所示。

Step 02 在"布局"选项卡的"段落"选项组中设置"段前"和"段后"的值为2行。打开"段落"对话框，在"缩进"选项区域中设置"特殊"为"首行"❶，缩进值为"1字符"❷，单击"确定"按钮，如下图所示。

4. 绘制红线

在发文字号的下方绘制红色的实线，其宽度和长度也有严格的要求。其中政府文件是红色实线，中间有五星代表党委文件。下面介绍具体操作方法。

Step 01 切换至"插入"选项卡，单击"插图"选项组中"形状"下三角按钮，在列表中选择"直线"选项，然后按住Shift键在文号下方绘制水平直线，如下图所示。

Step 02 选中绘制的直线❶，切换至"绘图工具-格式"选项卡❷，单击"形状样式"选项组中"形状轮廓"下三角按钮❸，设置直线颜色为红色，粗细为2.25磅❹，如下图所示。

知识充电站

除了在"绘图工具－格式"选项卡中设置形状的样式外，也可以在"设置形状格式"导航窗格中设置。选中直线并右击，在快捷菜单中选择"设置形状格式"命令，即可打开该导航窗格，如下图所示。

Step 03 保持直线为选中状态，在"排列"选项组中"对齐"列表中选择"左对齐"选项；在"大小"选项组中"宽度"文本框中输入14.6厘米，查看直线的效果，如下图所示。

3.1.2 设计主题词

▶▶▶ 在红头文件结尾都有公文版记，主要组成部分为"主题词""抄送机关""印发机关""印发日期"和分割线等，下面介绍具体制作方法。

扫码看视频

1. 制作主题词

主题词需要居左顶格输入，其字体和词目不同，下面介绍具体操作方法。

Step 01 按Enter键将光标定位在文档的下方，然后输入"主题词："文本。在"字体"选项组中设置字体为"黑体"、字号为"三号"、字形为"加粗"，如下图所示。

Step 02 在主题词右侧空一格，设置字体为宋体，字号为三号并取消加粗显示，最后输入文本，如下图所示。

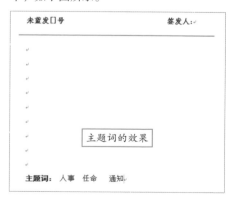

2. 制作主题词其他部分

抄送机关单独一行，印发机关和印发日期为一行，而且这两行需要缩进一个字符，下面介绍具体操作方法。

Step 01 根据要求输入其他文本，在"字体"选项卡中设置字体为"仿宋"、字号为"三号"。选中主题词中所有文字，在"布局"选项卡的"段落"选项组中设置段前和段后均为0.5行，效果如下图所示。

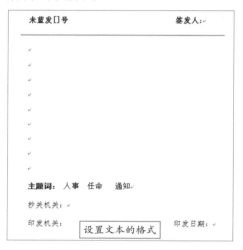

Step 02 选择抄送机关和印发机关两行，打开"段落"对话框，设置首行缩进1字符，效果如下图所示。

3. 通过表格添加下划线

在主题词的每行下面有下划线，用户可以通过直线形状添加，也可以通过表格添加。下面介绍通过表格添加下划线的方法。

Step 01 选择主题词部分的3行文本❶，切换至"插入"选项卡❷，单击"表格"选项组中"表格"下三角按钮❸，在列表中选择"文本转换成表格"选项❹，如下图所示。

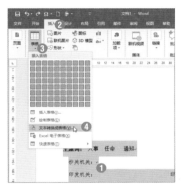

Step 02 打开"将文字转换成表格"对话框，在"文字分隔位置"保持"段落标记"单选按钮为选中状态❶。设置"列数"为1❷，单击"确定"按钮❸，如下图所示。

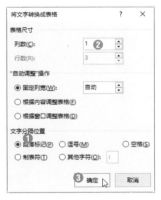

Step 03 即可插入一列3行的表格，每行文本显示在一行内，如下图所示。

文本转换为表格的效果

Tips 操作解迷

在 Word 中输入文本时，可以通过文本之间的分隔符号将文本转换为表格。例如文本之间使用空格，如下图所示。

编号	姓名	部门	职务
1	张丽	人事部	员工
2	李小明	财务部	经理
3	朱小志	销售部	经理

选中文本，在"表格"列表中选择"文本转换为表格"选项，在"将文本转换为表格"对话框的"文字分隔位置"区域自动选中"空格"单选按钮，单击"确定"按钮即可将文本转换为表格，如下图所示。

编号	姓名	部门	职务
1	张丽	人事部	员工
2	李小明	财务部	经理
3	朱小志	销售部	经理

Step 04 全选表格❶，切换至"表格工具-设计"选项卡❷，单击"边框"选项组中"边框"下三角按钮❸，在列表中选择"无框线"选项❹，如下图所示。

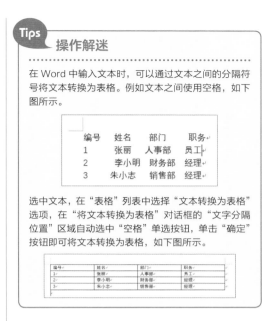

Step 05 在"边框"选项组中设置宽度为1磅❶，笔颜色为黑色❷，在"边框"❸列表中分别选择"下框线"和"内部横框线"选项❹。即可完成下划线的添加，效果如下图所示。

3.1.3　添加控件规范文件

▶▶▶ 红头文件的发文号、正文、落款等内容都有固定的格式，可以使用相关控件进行规范，在使用时直接输入内容不需要设置格式。

扫码看视频

1. 规范发文字号的格式

通过"格式文本内容控件"对文本进行规范，下面介绍具体操作方法。

Step 01 将光标移至文头文号的括号内，切换至"开发工具"选项卡❶，单击"控件"选项组中"格式文本内容控件"按钮❷，如下图所示。

Step 02 在光标处显示内容控件输入框，再单击"控件"选项组中"设计模式"按钮，如下图所示。

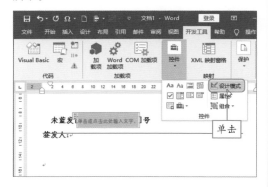

Step 03 删除控件文本框的内容，并输入"输入年份"文本，如下图所示。

Step 04 选择输入的文本，切换至"开始"选项卡，在"段落"选项组中添加浅蓝色底纹。然后单击"设计模式"按钮即可退出设计模式，如下图所示。

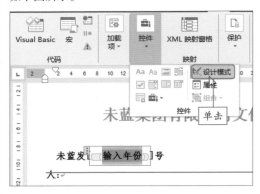

Step 05 根据相同的方法添加文件号和姓名的控件。在添加姓名控件时，选择文本在"字体"选项组中设置字体为"楷体"，效果如下图所示。

Step 06 将光标定位在需要输入内容的控件上并输入内容，即可应用设置的格式，如下图所示。

2. 规范正文内容格式

正文内容包括文件标题、主送机关、正文等内容。通过控件设置各部分的文本格式和段落格式，下面介绍具体操作方法。

Step 01 将光标移至文号的下一行，单击"控件"选项组中"格式文本内容控件"按钮，然后单击"设计模式"按钮，输入"输入文件标题"文本，如下图所示。

添加标题文本控件

Step 02 选择添加的控件，切换至"开始"选项卡，在"字体"选项组中设置字体为"黑体"、字号为"二号"，在"段落"选项组中单击"居中"按钮，如下图所示。

设置标题文本格式

Step 03 切换至"布局"选项卡，在"段落"选项组中设置段前为2行，段后为1行，如下图所示。

设置标题段落格式

Step 04 再单击"控件"选项组中"属性"按钮。打开"内容控件属性"对话框，在"标题"文本框中输入"一文一事，简明扼要"文本❶，勾选"内容被编辑后删除内容控件"复选框❷，单击"确定"按钮❸，如下图所示。

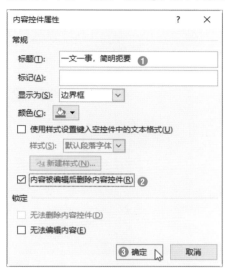

Step 05 在控件左上方显示控件标题内容，如下图所示。

添加标题的效果

Step 06 在下行添加格式文本内容控件，设置字体为仿宋、字号为三号、行距为16磅，如下图所示。

添加文本控件

Step 07 在下行添加相同的控件，并输入"输入文件正文"文本。设置字体为仿宋、字号为三号，再设置首行缩进2字符、行距为25磅。最后在"内容控件属性"对话框中输入标题，勾选"内容被编辑后删除内容控件"复选框。效果如下图所示。

Step 08 将光标定位在正文最后一行❶，单击"控件"选项组中"日期选取器内容控件"按钮❷，如下图所示。

Step 09 在光标处插入日期格式文本框，输入"输入日期"文本。选中控件❶，设置字体为仿宋❷、字号为三号❸，在"段落"对话框中设置右对齐❹，如下图所示。

Step 10 选中插入的日期内容控件，打开"内容控件属性"对话框，在"标题"文本框中输入"输入发布日期"文本❶，勾选"内容被编辑后删除内容控件"复选框❷，然后在"日期显示方式"列表框中选择合适的日期格式❸，最后单击"确定"按钮❹，如下图所示。

Step 11 单击日期控件下三角按钮❶，在列表中选择日期即可❷，如下图所示。

在 Word 中默认状态下是没有"开发工具"选项卡的，可以通过"Word 选项"对话框添加。单击"文件"标签，在列表中选择"选项"选项，在打开的"Word 选项"对话框的左侧选择"自定义功能区"选项❶，在右侧勾选"开发工具"复选框❷，单击"确定"按钮❸，即可完成"开发工具"选项卡的添加，如右图所示。

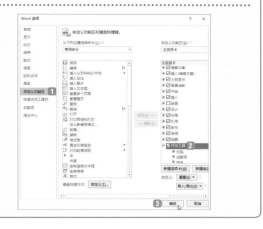

3.1.4 制作电子版印章

▶▶▶ 使用纸质的文件时，可以很方便地盖印章，如果是电子版的文件，就需要使用电子版的印章。下面介绍在Word中制作印章的具体方法。

扫码看视频

1. 绘制印章的形状和五角星

印章除了文本之外还包括圆形和五角星形状，下面介绍制作印章形状的具体操作方法。

Step 01 在日期上一行输入企事业名称并右对齐。在"插入"选项卡的"形状"下拉列表中选择椭圆形状，如下图所示。

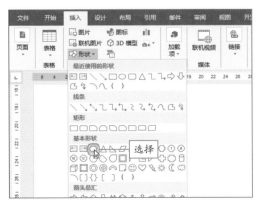

Step 02 按住Shift键绘制合适大小的正圆形，并移至落款和日期上方，如下图所示。

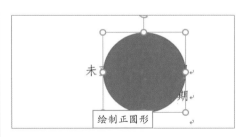

绘制正圆形

Step 03 选择正圆形，在"绘图工具-格式"选项卡的"形状样式"选项组中设置无填充、红色实线轮廓，轮廓宽度为1磅。效果如下图所示。

设置格式后效果

Step 04 最后绘制正五角星形状，设置颜色为红色，并移到圆形中心位置，如下图所示。

绘制五角星效果

2. 添加文本

通过添加艺术字并设置转换效果为印章添加文本，下面介绍具体操作方法。

Step 01 在文档中添加"填充：黑色,文本色1;阴影"艺术字，并输入企业名称，然后设置字体格式，效果如下图所示。

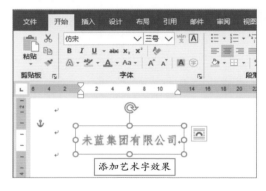

添加艺术字效果

Step 02 选中企业名称的艺术字❶，切换至"绘图工具-格式"选项卡❷，单击"艺术字样式"选项组中"文字效果"下三角按钮❸，在列表中选择"转换"选项，在子列表的"跟随路径"选项区域中选择"拱形"选项❹，如下图所示。

Step 03 通过调整控制点使文字的弧度和圆形一致，放在五角星的上方，将"宣传部"文本移至五角星下方。至此本案例制作完成，效果如下图所示。

最终效果

3.1.5 保存并应用模版

▶▶▶ 文件制作完成后，可以将其保存为模版，方便下次直接使用，下面介绍保存模版和应用模版的方法。

扫码看视频

1. 保存为模版

用户可以通过另存为文件将其保存为模版，下面介绍具体操作方法。

Step 01 单击"文件"标签，在列表中选择"另存为"选项❶，在右侧选项区域中选择"浏览"选项❷，如下图所示。

Step 02 打开"另存为"对话框，单击"保存类型"下三角按钮，在列表中选择"Word模板"选项❶，在"文本名"文本框中输入名称为"未蓝集团-红头文件模版"❷，单击"保存"按钮❸，如下图所示。

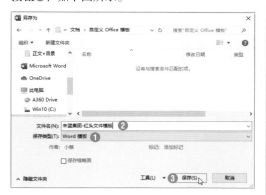

2. 应用模版

模版保存完成后，在新建文档时可以通过"个人"模版直接套用保存的模版，下面介绍具体操作方法。

Step 01 打开Word软件，进入"新建"选项区域❶，切换至"个人"模版，在该区域选择保存的模版❷，如下图所示。

Step 02 即可打开红头文件的模版，在相应的控件中单击输入内容，不需要再设置格式，效果如下图所示。

3.2 批量制作邀请函

案/例/简/介

邀请信是邀请亲朋好友或知名人士、专家等参加某项活动时所发的请约性书信。而商务活动邀请函是邀请信的一个重要分支，商务活动邀请函的主体内容符合邀请信的一般结构，由标题、称谓、正文、落款组成。本案例的邀请函效果图如右图所示。

思/路/分/析

首先制作邀请函的封面、正文，为了效果以图片作为背景。然后通过邮件合并功能快速批量制作邀请函。批量制作邀请函的流程如下图所示。

批量制作邀请函	制作邀请函的封面	设置邀请函的页面
		插入背景图片
		添加文本框
		添加修饰的形状和图片
	制作邀请函的内容	插入背景图片并设计标题
		输入正文内容
	保护邀请函文档	
	邮件合并的应用	选择数据源
		制作动态数据
		批量生成邀请函

3.2.1 制作邀请函的封面

▶▶▶ 本节将制作一份商务邀请函，因为是关于科技方面的，所以采用蓝色的背景，然后添加相关文本框。下面介绍制作邀请函封面的具体操作方法。

1. 设置邀请函的页面

本案例的邀请函是对称折卡的形式，需要先设置页面大小。下面介绍具体操作方法。

Step 01 打开Word并保存。切换至"布局"选项卡❶，单击"页面设置"选项组中"纸张大小"下三角按钮❷，在列表中选择"其他纸张大小"选项❸，如下图所示。

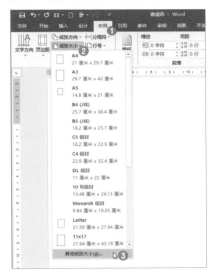

Step 02 打开"页面设置"对话框，在"纸张"选项卡中设置宽度为10厘米、高度为16.5厘米，如下图所示。

Step 03 切换至"页边距"选项卡，设置上、下、左和右的边距均为2厘米，单击"确定"按钮，如下图所示。

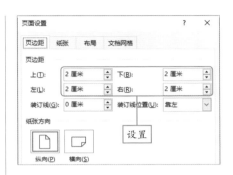

2. 插入背景图片

为了使用邀请函的封面更加美观，使用图片作为背景，下面介绍具体操作方法。

Step 01 将光标定位在第1行❶，切换至"插入"选项卡❷，单击"插图"选项组中"图片"按钮❸，如下图所示。

Step 02 打开"插入图片"对话框，选择准备好的"邀请函背景"图片❶，单击"插入"按钮❷，如下图所示。

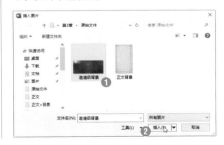

Step 03 选中插入的图片❶，切换至"图片工具-格式"选项卡❷，单击"排列"选项组中"旋转"下三角按钮❸，在列表中选择"向右旋转90⁰"选项❹，如下图所示。

Step 04 图片即可竖着排列，然后通过调整控制点使图片充满整个页面。

调整图片的效果

3. 添加文本框

在Word中如果在图片上方添加文字可以通过文本框实现，下面介绍具体操作方法。

Step 01 切换至"插入"选项卡，单击"文本"选项组中"文本框"下三角按钮，在列表中选择"绘制横排文本框"选项。然后在页面中输入"遇见未来"文本，如右图所示。

输入文本

Step 02 选中插入的文本框❶，切换至"绘图工具-格式"选项卡，在"形状样式"选项组中设置无填充和无轮廓❷，效果如下图所示。

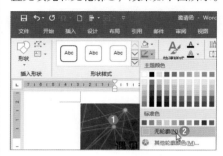

Step 03 在"开始"选项卡的"字体"选项组中设置字体、字号和字符间距，效果如下图所示。

设置字体格式的效果

Step 04 根据相同的方法添加封面中其他文本并设置格式，如下图所示。

添加封面其他文本

Step 05 选择"邀请函"文本框❶，切换至"绘图工具-格式"选项卡❷，单击"艺术字样式"选项组中"文本效果"下三角按钮❸，在列表中选择"映像>紧密映像：接触"选项❹，如下图所示。

Step 06 再次单击"文本效果"下三角按钮，在列表中选择"映像>映像选项"选项，在打开的"设置形状格式"导航窗格中设置映像距离为6磅，如下图所示。

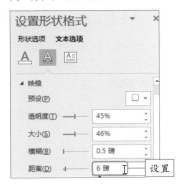

4. 添加修饰的形状和图片

邀请函的封面只有文本显得很单调，下面再添加形状或图片进行修饰，具体操作如下。

Step 01 切换至"插入"选项卡，单击"插图"选项组中"形状"下三角按钮，在列表中选择"直线"形状。在页面中按住Shift键绘制水平直线，如下图所示。

绘制直线形状

Step 02 设置直线的颜色为洋红色，宽度为1磅，并复制一份移到英文的下方，如下图所示。

设置形状的格式

Step 03 在"形状"列表中选择矩形形状，在页面中绘制矩形，并设置无填充，轮廓为灰色，宽度为1磅。调整矩形的大小并移到"同心筑梦 再攀高峰"文本上方，效果如下图所示。

添加矩形形状

Step 04 绘制一个矩形，设置填充颜色为洋红色、无轮廓。移到"2020-01-01"文本上方，并调整矩形的层次，效果如下图所示。

添加矩形形状

Step 05 单击"插图"选项组中"图片"按钮，在打开的对话框中选择Logo图片❶，单击"插入"按钮❷，如下图所示。

Step 06 适当调整图片大小，单击"布局选项"按钮❶，在打开的列表中选择"浮于文字上方"选项❷，如下图所示。

Step 07 将Logo图片移到封面的右上角。根据相同的方法将企业的二维码图片添加到封面的左下角，适当调整各元素的位置。至此邀请函的封面制作完成，如右图所示。

最终效果

3.2.2　制作邀请函的内容

▶▶▶ 邀请函的内容包括标题、称谓、正文和落款几部分。为了邀请函的高端大气上档次，添加背景图片，然后再输入相关内容，下面介绍具体操作方法。

扫码看视频

1. 插入背景图片并设计标题

　　邀请函的内容以金黄色为主，添加金黄色背景图片。标题文字也以金黄为主，下面介绍具体操作方法。

Step 01 切换至"插入"选项卡，单击"插图"选项组中"图片"按钮，在打开的对话框中选择"正文背景"图片❶，单击"插入"按钮❷，如下图所示。

Step 02 适当调整图片大小使其充满整个页面。插入横排文本框，并输入"诚挚邀请"文本，如下图所示。

输入文本

Step 03 在"绘图工具-格式"选项卡的"形状样式"选项组中设置无填充和无轮廓。然后在"字体"选项组中设置字体格式，效果如下图所示。

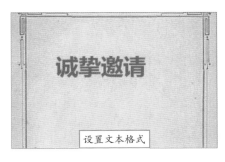

诚挚邀请
设置文本格式

Step 04 打开“字体”对话框，切换至“高级”选项卡❶，设置“缩放”为110%❷、“间距”为“加宽”，“磅值”为“1.3磅”❸，单击“确定”按钮，如下图所示。

字体
字体(N)
高级(V)
字符间距
缩放(C): 110%
间距(S): 加宽
磅值(B): 1.3 磅
位置(P): 标准
磅值(Y):
为字体调整字间距(K): 1
磅或更大(O)
如果定义了文档网格，则对齐到网格(W)

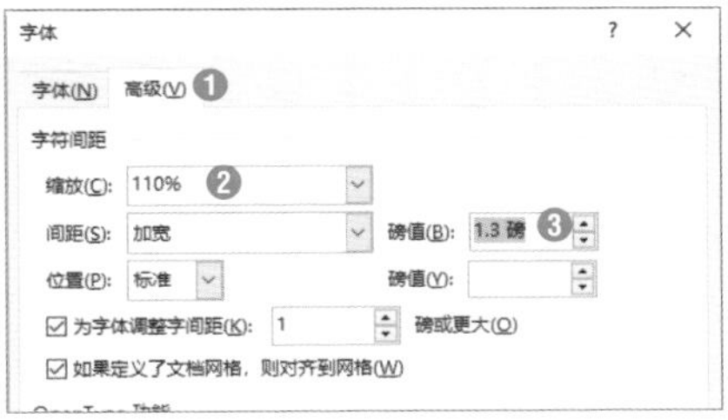

Step 05 设置完成后，选择标题文本框，切换至“绘图工具-格式”选项卡，单击“排列”选项组中“对齐”下三角按钮，在列表中选择“水平居中”选项。标题制作完成，效果如下图所示。

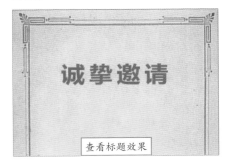

诚挚邀请
查看标题效果

2. 输入正文内容

邀请函的内容要简介明了，清楚地表达邀请人、事件、时间、地点以及联系方式等。为了整体美观还需要进行相关设置，下面介绍具体操作方法。

Step 01 插入横排文本框，适当调整宽度，然后输入正文内容，如下图所示。

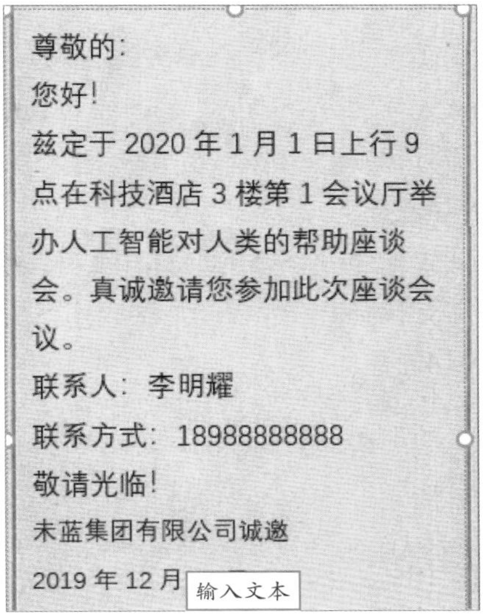

尊敬的：
您好！
兹定于2020年1月1日上行9点在科技酒店3楼第1会议厅举办人工智能对人类的帮助座谈会。真诚邀请您参加此次座谈会议。
联系人：李明耀
联系方式：18988888888
敬请光临！
未蓝集团有限公司诚邀
2019年12月
输入文本

Step 02 设置文本的字体和段落格式，正文最终效果，如下图所示。

诚挚邀请
尊敬的：
您好！
兹定于2020年1月1日上行9点在科技酒店3楼第1会议厅举办人工智能对人类的帮助座谈会。真诚邀请您参加此次座谈会议。
联系人：李明耀
联系方式：18988888888
敬请光临！
未蓝集团有限公司诚邀
2019年12月12日
查看最终效果

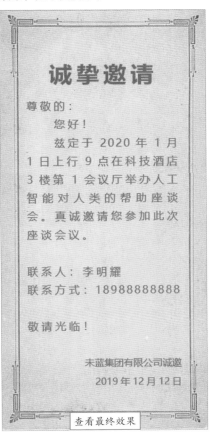

3.2.3 保护邀请函文档

▶▶▶ 邀请函文档制作完成后，为了防止他人查看或修改内容，用户可以将其保存并设置密码，只有授权密码的用户才有查看或修改的权限。下面介绍具体操作方法。

扫码看视频

Step 01 单击"文件"标签，在列表中选择"另存为"选项❶，在右侧选择"浏览"选项❷，如下图所示。

Step 02 打开"另存为"对话框，设置保存的路径、文件名❶，单击"工具"下三角按钮❷，在列表中选择"常规选项"选项❸，如下图所示。

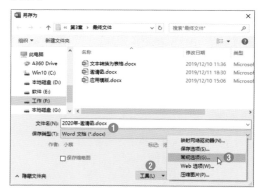

![知识充电站]

在"文件"列表中选择"信息"选项，在右侧单击"保护文档"下三角按钮，在列表中选择相关保护文档的选项，根据对话框提示设置密码。

Step 03 打开"常规选项"对话框，在"打开文件时的密码"数值框中设置打开密码为123❶。在"修改文件时的密码"数值框中输入修改密码456❷，单击"确定"按钮❸，如下图所示。

Step 04 打开"确认密码"对话框，输入打开密码123❶，单击"确定"按钮❷，如下图所示。

Step 05 在打开的对话框中输入修改密码456❶，单击"确定"按钮❷，返回"另存为"对话框，单击"保存"按钮即可。关闭文档，再次打开该文档时弹出"密码"对话框，输入打开密码，如下图所示。

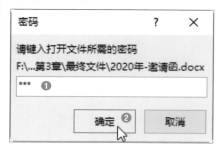

Step 06 单击"确定"按钮，在打开的对话框中输入修改密码❶，单击"确定"按钮❷即可打开该文档，如下图所示。

Step 07 如果取消文档的密码，则再次打开"常规选项"对话框，清除设置的密码并保存即可。

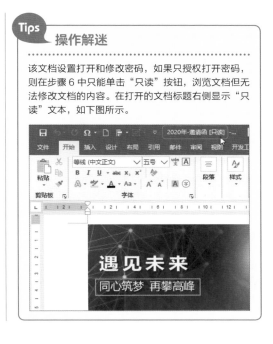
3.2.4 邮件合并的应用

▶▶▶ 批量制作邀请函是通过邮件合并功能实现的，但是在执行邮件合并之前必须创建好数据源列表，然后再插入邀请人的姓名并根据性别输入相应的称呼。下面介绍具体操作方法。

扫码看视频

1. 选择数据源

我们将邀请人的姓名和性别输入在Excel电子表格中，下面通过现有列表创建数据源，具体操作如下。

Step 01 切换至"邮件"选项卡❶，单击"开始邮件合并"选项组中"选择收件人"下三角按钮❷，在列表中选择"使用现有列表"选项❸，如下图所示。

Step 02 打开"选取数据源"对话框，选择"邀请名单.xlsx"工作表❶，单击"打开"按钮❷，如下图所示。

Step 03 打开"选择表格"对话框，选择"2020年座谈会邀请名单"工作表❶，单击"确定"按钮❷，如下图所示。

2. 制作动态数据

在制作邀请函称谓时，如果是男士，在姓名右侧添加"先生"，如果是女士，则在姓名右侧添加"女士"，下面介绍制作动态数据的具体操作方法。

Step 01 将光标定位在姓名处，切换至"邮件"选项卡❶，单击"编写和插入域"选项组中"插入合并域"下三角按钮❷，在列表中选择"姓名"选项❸，如下图所示。

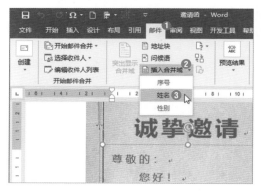

Step 02 在光标处插入"《姓名》"字段名，如下图所示。

Step 03 再单击"编写和插入域"选项组中"规则"下三角按钮❶，在列表中选择"如果...那么...否则..."选项❷，如下图所示。

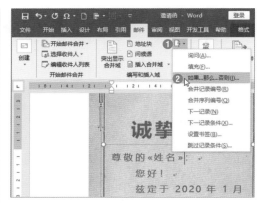

Step 04 打开"插入Word域：如果"对话框，在"如果"选项区域中设置"域名"为"性别"，比较对象为"男"❶。在"则插入此文字"文本框中输入"先生"❷，在"否则插入此文字"文本框中输入"女士"❸，单击"确定"按钮❹，如下图所示。

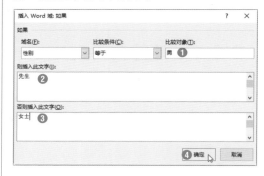

Step 05 在姓名右侧显示"先生"文本，设置文本的格式和称呼一样，效果如下图所示。

3. 批量生成邀请函

完成以上操作后，执行邮件合并将文档和数据源关联起来，下面介绍具体操作方法。

Step 01 切换至"邮件"选项卡❶，单击"完成"选项组中"完成并合并"下三角按钮❷，在列表中选择"编辑单个文档"选项❸，如下图所示。

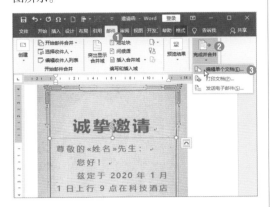

Step 02 打开"合并到新文档"对话框，保持各参数不变，单击"确定"按钮，如下图所示。

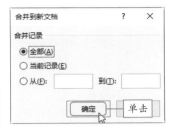

Step 03 系统自动生成"信函1"Word文档，其中以原文件为模版，以动态数据为变动依据生成多份邀请函，如下图所示。

3.3 制作培训需求调查问卷

企业为了增强员工个人工作能力和企业发展，需要为员工进行各方面的培训。企业为了满足员工培训的需求，首先需要调查每位员工的培训需求，然后有针对性地开展培训课程。制作培训需求调查问卷的效果，如下图所示。

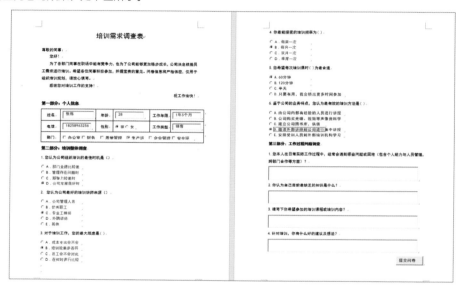

在制作培训需求调查问卷时，主要通过添加各种控件显示相关内容，如文本框、选项按钮、复选框和命令按钮。然后再为命令按钮添加代码，即可完成调查问卷的制作。制作培训需求调查问卷流程如下图所示。

制作培训需求调查问卷	在调查问卷中使用ActiveX控件	启用宏的Word文档
		插入文本框控件
		插入选项按钮控件
		插入复选框控件
		插入命令按钮控件
	为命令按钮添加代码	

3.3.1 在调查问卷中使用ActiveX控件

▶▶▶ 在设计调查问卷时，使用ActiveX控件可以规范员工的答案内容。Word中ActiveX控件包括按钮、文本框、单选按钮、复选框和组合框等，下面介绍使用控件的具体操作方法。

扫码看视频

1. 启用宏的Word文档

在问卷调查中需要使用各种控件，并应用宏命令实现部分功能，所以将文档保存为启动宏的文档。下面介绍具体操作方法。

Step 01 新建Word文档并保存，然后单击"文件"标签，在列表中选择"另存为"选项❶，在右侧选择"浏览"选项❷，如下图所示。

Step 02 打开"另存为"对话框，选择保存文件的路径，输入文件名❶，然后单击"保存类型"下三角按钮，在列表中选择"启用宏的Word文档（*.docm）"选项❷，单击"保存"按钮即可❸，如下图所示。

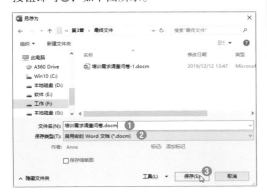

2. 插入文本框控件

在调查问卷中如姓名、部门等信息需要填写，可以使用文本框，下面介绍具体操作方法。

Step 01 将光标定位在"姓名"右侧单元格中❶，切换至"开发工具"选项卡❷，单击"控件"选项组中"旧式工具"下三角按钮❸，在列表中选择"文本框"控件❹，如下图所示。

Step 02 文本框插入后，自动启用设计模式，此时可以拖曳控制点调整控件的大小，如下图所示。

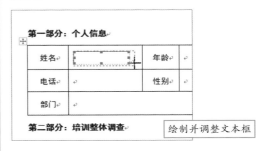

绘制并调整文本框

3. 插入选项按钮控件

如果需要员工选择答案，并且只能选择其中一个选项时，可以使用选项按钮（也可以称为"单选按钮"）。下面介绍具体操作方法。

Step 01 将光标定位在"性别"右侧单元格中❶，单击"旧式工具"下三角按钮❷，在列表中选择"选项按钮"控件❸，如下图所示。

右击选项按钮❶，在快捷菜单中选择"属性"命令❷，如下图所示。

Step 03 打开"属性"面板，将Caption更改为"男"❶、GroupName更改为sex❷，通过Height❸和Width❹两个属性设置控件的大小，如下图所示。

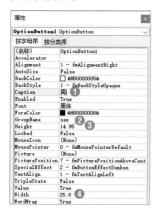

Step 04 根据相同的方法添加性别为"女"的选项按钮，需要注意将GroupName属性设置为sex。效果如下图所示。

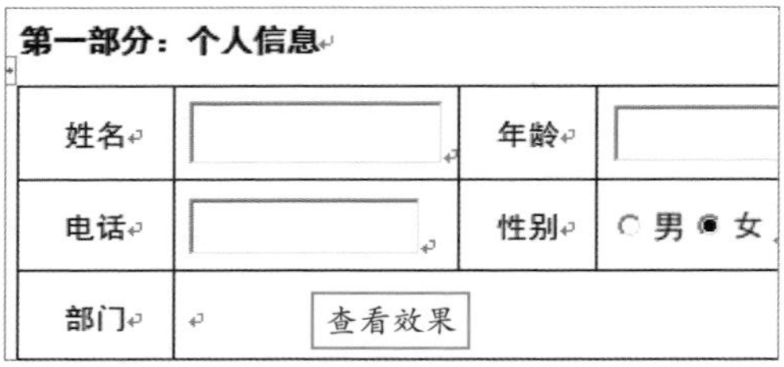

第一部分：个人信息			
姓名		年龄	
电话		性别	○男 ◉女
部门		查看效果	

Step 05 根据相同的方法为其他单项选择题添加选项控件，并设置相关属性，如下图所示。

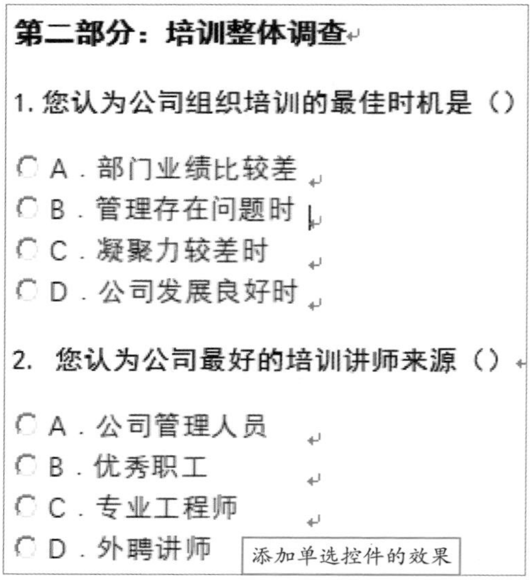

第二部分：培训整体调查

1. 您认为公司组织培训的最佳时机是（ ）

○ A . 部门业绩比较差
○ B . 管理存在问题时
○ C . 凝聚力较差时
○ D . 公司发展良好时

2. 您认为公司最好的培训讲师来源（ ）

○ A . 公司管理人员
○ B . 优秀职工
○ C . 专业工程师
○ D . 外聘讲师
　　　　　　　　　添加单选控件的效果

4. 插入复选框控件

如果需要员工在多项答案中选择1个或多个选项时，可以使用复选框控件。下面介绍具体操作方法。

Step 01 将光标定位在"部门"右侧单元格中❶，在"旧式工具"列表中选择"复选框"控件❷，如下图所示。

Step 02 打开该控件的"属性"面板，设置Caption、GroupName和Height属性，如下图所示。

Step 03 设置完成后，该控件如下图所示。

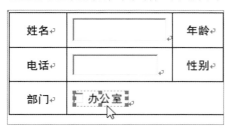

Step 04 根据相同的方法为部门添加其他复选框控件，效果如下图所示。

5. 插入命令按钮控件

当员工完成调查问卷后，单击插入的命令按钮即可保存并关闭该文档，下面介绍具体操作方法。

Step 01 将光标定位在最后一行❶，在"旧式工具"列表中选择"命令按钮"控件❷，如下图所示。

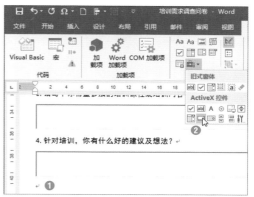

Step 02 打开"属性"面板，设置Caption属性为"提交问卷"，并设置右对齐，效果如下图所示。

知识充电站

在"属性"面板中可以设置字体，单击 font 属性右侧 … 按钮，在打开的"字体"对话框中设置字体、字号和字形，如下图所示。

3.3.2 为命令按钮添加代码

扫码看视频

▶▶▶ 本节将为命令按钮添加代码，实现单击该按钮，打开提示对话框，单击"是"按钮，对调查问卷进行保存并关闭。下面介绍具体操作方法。

Step 01 选中命令按钮❶，切换至"开发工具"选项卡❷，单击"控件"选项组中"设计模式"按钮❸，如下图所示。

Step 02 右击命令按钮❶，在快捷菜单中选择"查看代码"命令❷，如下图所示。

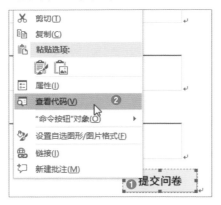

Step 03 打开 VBE 代码窗口，输入代码，如下图所示。

Tips 操作解迷

在第 2 行命令中 MsgBox 作用是单击按钮弹出提示对话框。语法：MsgBox(Prompt[,Buttons][,Title][,Helpfile,Context])。

Step 04 单击工具栏中"保存"按钮，并关闭 VBE 窗口，如下图所示。

Step 05 退出设计模式，若单击"提交问卷"按钮，则弹出提示对话框，单击"是"按钮，保存并关闭文档，如下图所示。

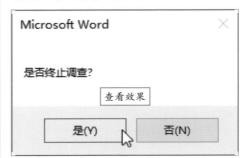

知识充电站

Visual Basic 中的语句是一个完整的命令，它包括关键字、运算符、变量以及表达式等元素。输入一行代码需要按 Enter 键换行，如果将一个语句连续输入在多行中，则可以使用续行符"－"连接。

知/识/大/迁/移

Word文档应用技巧

1. 将文档设置为最终状态

将文档保存为只读模式，可以防止他人修改文档内容。下面介绍具体操作方法。

Step 01 单击"文件"标签，选择"信息"选项❶，单击"保护文档"下三角按钮❷，在列表中选择"始终以只读方式打开"选项❸，如下左图所示。

Step 02 操作完成后，保存并关闭该文档，当再次打开该文档时，弹出提示对话框，单击"是"按钮文档以只读方式打开；单击"否"按钮，可以对文档进行修改，如下右图所示。

2. 用户窗体

用户窗体是Word的另一个对象，用户可以在用户窗体上添加各种控件，并利用这些控件对文档进行操作。下面介绍具体操作方法。

Step 01 切换至"开发工具"选项卡，单击"代码"选项组中Visual Basic按钮，如下左图所示。

Step 02 进入VBE窗口，单击"插入"菜单按钮❶，在菜单中选择"用户窗体"命令❷，如下右图所示。

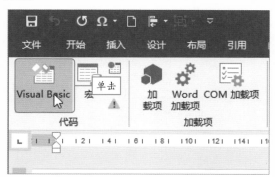
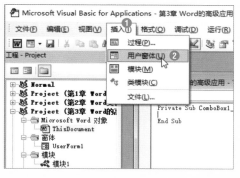

Step 03 单击工具栏中"属性窗口"按钮，即可打开用户窗体的"属性"面板，和控件面板差不多，修改相关参数，如下左图所示。

Step 04 在工具箱中选择"标签"控件，在用户窗体上绘制标签。在"属性"面板中设置Backstyle属性为0（透明背景）、Caption为"培训调查问卷，如下右图所示。

Step 05 根据需要添加其他标签控件并设置属性。单击工具箱中"文本框"按钮，在用户窗体上绘制文本框，如下左图所示。

Step 06 单击工具箱中"选项按钮"按钮，在性别右侧绘制，并复制一份设置属性。然后添加命令按钮，最终效果如下右图所示。

 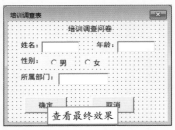

3. 编程

在Word中可以通过在模块中输入代码创建对话框，下面介绍具体操作方法。

Step 01 新建Word并保存为启用宏的文档，单击"开发工具"选项卡中Visual Basic按钮，进入VBE窗口。单击"插入"菜单按钮❶，在菜单中选择"模块"命令❷，如下左图所示。

Step 02 然后输入相关代码，如下右图所示。

Step 03 保存代码，单击工具栏中"运行子过程"按钮▶，即可弹出代码中设置的对话框，单击"确定"按钮即可，如右图所示。

Chapter

04

制作Excel表格

本章导读

Excel是微软办公套装软件中一个重要的组成部分，它不仅是表格制作软件，而且是一个强大的数据处理、分析运算的软件。Excel已被广泛应用于管理、统计、财经等众多领域。

本章结合新品上市一周铺货分析表和办公用品采购表两个案例介绍制作Excel表格基本操作。本章涉及到的知识主要包括新建工作表、输入数据、编辑单元格、数据验证、条件格式以及保护工作表等。

本章要点

1. 创建新品上市一周铺货分析表

▶ 新建工作簿

▶ 保存工作簿

▶ 输入数据

▶ 合并单元格

▶ 调整行高和列宽

▶ 使用"设置单元格格式"对话框

2. 制作办公用品采购表

▶ 填充数据

▶ 数据验证

▶ 条件格式的应用

▶ 套用表格格式美化表格

▶ 汇总数据

▶ 保护工作表

创建新品上市一周铺货分析表

案/例/简/介

　　铺货是新品进入市场流通的第一步，这一步至关重要，新品上市铺货就要先明白铺货的特点、铺货的标准，以及正确制定铺货的策略。本节将介绍如何制作新品上市铺货分析表，制作完成后的效果，如下图所示。

新品上市一周铺货分析表

地区：	华南地区	新品型号：	00154869	日期：	2019/12/17
铺货地点	目标铺货数量	实际铺货数量	铺货率	销售金额	重要程度
大商场	163	121	74.23%	¥4,645,033.00	重要
中小型超市	143	89	62.24%	¥4,721,313.00	一般
零散实体店	122	59	48.36%	¥3,100,132.00	重要
专卖店	159	136	85.53%	¥185,620.00	不重要
批发	171	152	88.89%	¥1,319,542.00	一般
网络	189	158	83.60%	¥120,000.00	不重要

思/路/分/析

　　在制作新品上市一周铺货分析表时，首先要创建Excel工作表并保存；然后输入新品上市一周采集的信息，并根据采集的数据计算出铺货率；接着为不同数据设置相应的格式；最后对表格进行美化。制作铺货分析表的流程如下图所示。

创建新品上市一周铺货分析表	新建铺货分析表工作文件	新建Excel工作薄
		保存工作薄
		重命名工作表
		新建工作表
	输入铺货分析相关数据	输入文本内容
		输入数据并计算铺货率
		输入重复的数据
		设置单元格格式
		输入以0开头的数据
	编辑单元格和单元格区域	合并单元格
		调整行高和列宽
	美化表格	设置对齐方式
		设置文本格式
		添加表格边框
		添加底纹颜色

4.1.1 新建铺货分析表工作文件

扫码看视频

▶▶▶ 使用Excel制作各种表格之前首先要创建表格的文件，并对文件进行保存。下面介绍具体操作方法。

1. 新建Excel工作薄

新建Excel工作簿的方法和新建Word文档的方法一样，下面介绍常用的新建Excel工作簿的方法。

从Windows的开始菜单中选择Excel命令，进入"开始"界面❶，单击右侧"空白工作簿"按钮❷，如下图所示。即可新建命名为"工作薄1"的空白工作簿。

2. 保存工作簿

创建工作簿后，需要对其进行保存，否则无法存储数据，下面介绍具体操作方法。

Step 01 单击快速访问工具栏中"保存"按钮，进入"另存为"选项区域❶，选择"浏览"选项❷，如下图所示。

Step 02 打开"另存为"对话框，选择保存的路径，在"文件名"文本框中输入"新品上市一周铺货分析"❶，单击"保存"按钮❷，如下图所示。

Chapter 04 制作Excel表格

Tips 操作解迷

只有新建工作簿第一次保存时才能自动跳转至"另存为"选项。如果已经保存了，单击"保存"按钮🔲，则 Excel 在后台自动执行保存操作。

3. 重命名工作表

创建Excel工作簿后，默认的工作表名称是Sheet+数字，为了能够突出表格内容，还需要对其重命名。下面介绍具体操作方法。

Step 01 在工作表标签上右击❶，在快捷菜单中选择"重命名"命令❷，如下图所示。

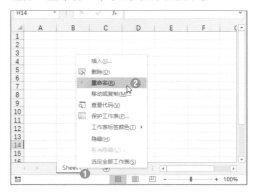

Step 02 此时工作表名称为可编辑状态，然后输入"新品上市一周铺货分析"文本，按Enter键即可，如下图所示。

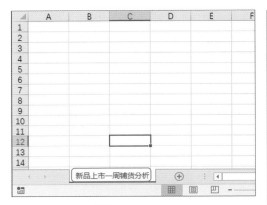

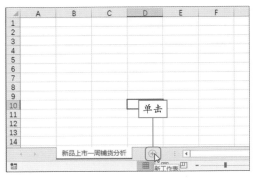

4. 新建工作表

如果默认的工作表数量不够，用户也可以新建工作表，下面介绍具体操作。

单击工作表标签右侧"新工作表"按钮⊕，即可在当前工作表的右侧新建空白工作表，如右上图所示。

4.1.2　输入铺货分析相关数据

▶▶▶ 工作簿和工作表都设置完成后，需要输入采集的数据。为了快速输入数据并使数据直观地展示还要进行相关设置，下面介绍具体操作方法。

扫码看视频

1. 输入文本内容

文本是最常见的内容之一，在工作表中选中单元格直接输入即可。下面介绍具体操作方法。

Step 01 选中A1单元格输入文本，按Enter键切换至A2单元格再输入文本，如右上图所示。

Step 02 按Tab键切换到右侧单元格并输入文本，根据相同的方法输入该行文本，如右下图所示。

在 Excel 中默认按 Enter 键后选中下方单元格，用户可以根据需要设置方向。单击"文件"标签，在列表中选择"选项"选项，打开"Excel 选项"对话框，选择"高级"选项❶，单击"按 Enter 键后移动所选内容"下方"方向"下三角按钮❷，在列表中包含"向下""向右""向上"和"向左"选项，如右图所示。用户根据需要选择即可。

2. 输入数据并计算铺货率

在Excel中输入数据，然后可以对数据进行分析管理并计算，下面介绍输入数据以及计算的方法。

Step 01 选中单元格直接输入数值，可见数据为右对齐，如下图所示。

输入数字

Step 02 选中D4单元格，输入"=C4/B4"公式，按Enter键执行计算，即可计算出铺货率，如下图所示。

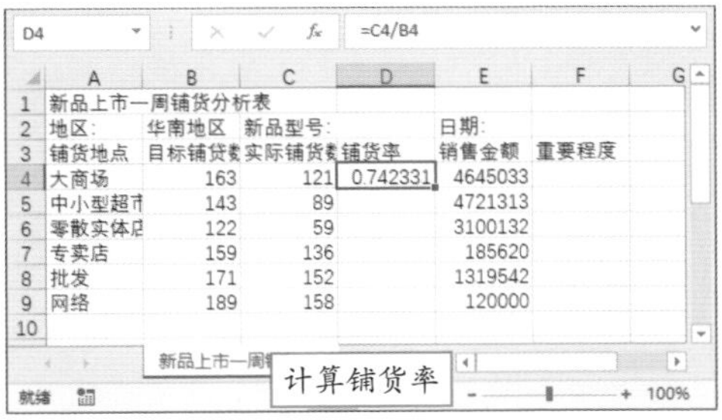

计算铺货率

Step 03 选中D4单元格，将光标移到该单元格的右下角变为黑色十字时，按住鼠标左键向下拖曳，即可将公式填充至表格结尾，并计算出所有铺货率，如下图所示。

填充公式

Tips 操作解迷

在 D4 单元格中输入的"=C4/B4"公式，表示 C4 单元格中数据除以 B4 单元格中数据。

3. 输入重复的数据

在输入数据时经常会输入重复的数据。下面介绍快速输入重复数据的方法。

Step 01 选中F5单元格，按住Ctrl键再选择F8单元格，并输入"一般"文本，如下图所示。

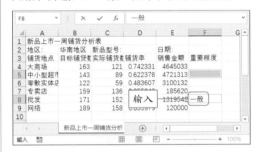

输入

Step 02 按Ctrl+Enter组合键，即可在选中单元格中同时输入相同的文本，如下图所示。

如果在相邻的单元格中输入重复数据，在第一个单元格中输入文本，然后拖曳填充柄填充数据即可。

4. 设置单元格格式

为了使数据能够直观地展示，可以设置单元格的格式。本案例中在金额数据左侧添加人民币符号，将铺货率以百分比形式显示，下面介绍具体方法。

Step 01 选择E4:E9单元格区域①，切换至"开始"选项卡②，单击"数字"选项组中对话框启动器按钮③，如下图所示。

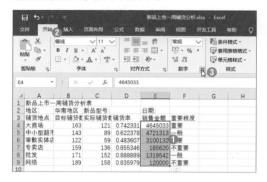

Step 02 打开"设置单元格格式"对话框，在"数字"选项卡的"分类"列表框中选择"货币"选项①，在右侧设置小数位数为2②，再设置货币符号以及负数的形式③，最后单击"确定"按钮，如下图所示。

也可以选中单元格区域后，单击"数字"选项组中"数字格式"下三角按钮，选择相应的选项即可。

Step 03 按照相同的方法将D4:D9单元格区域中的数据设置为百分比格式，如下图所示。

设置百分比格式

5. 输入以0开头的数据

在Excel中如果输入以0开头的数据，系统会自动省去0。下面介绍具体操作方法。

Step 01 选择D2单元格，按Ctrl+1组合键，打开"设置单元格格式"对话框，选择"自定义"选项①，在"类型"文本框中输入8个0②，单击"确定"按钮，如下图所示。

Step 02 然后输入数据，可见数据是以0开头的，如下图所示。

输入以0开头的数据

4.1.3 编辑单元格和单元格区域

▶▶▶ 数据输入完成后，可能会出现单元格中数据显示不完全的情况，所以还需要对单元格或单元格区域进行编辑。下面介绍具体操作方法。

1. 合并单元格

表格的标题一般位于表格中间位置，可以通过合并单元格实现。下面介绍具体操作方法。

Step 01 选中A1:F1单元格区域❶，切换至"开始"选项卡，单击"对齐方式"选项组中"合并后居中"按钮❷，如下图所示。

Step 02 可见选中单元格合并为一个大的单元格，标题文本并居中显示，如下图所示。

合并单元格的效果

知识充电站!!!

单击"合并后居中"下三角按钮，在列表中包含"合并后居中""跨越合并"和"合并单元格"选项。"跨越合并"将选中的单元格区域每行合并成一个单元格；"合并单元格"将选中单元格区域合并为一个单元格，单元格中的文本对齐方式不变。

2. 调整行高和列宽

Excel单元格的宽度是默认的，当输入太长的文本时，会出现显示不全，如A5、A6和B3等单元格，此时可以通过调整列宽显示完整的文本。下面介绍调整列宽的操作方法。

Step 01 将光标移到A列右侧分界线上，光标变为左右箭头形状，按住鼠标左键向右拖曳至合适位置释放鼠标即可，如下图所示。

Step 02 选中B:F列❶，切换至"开始"选项卡，单击"单元格"选项组中"格式"下三角按钮❷，在列表中选择"自动调整列宽"选项❸，如下图所示，选中的列以文本长度为标准自动调整宽度。

Step 03 如果在"格式"列表中选择"列宽"选项，在打开的对话框中输入列宽的值，单击"确定"按钮，也可调整列宽，如下图所示。

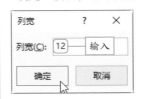

知识充电站!!!

行高的设置和列宽设置方法一样，此处不再介绍。但是需要注意 Excel 中的行高和列宽的单位是不同的，行高的单位是磅，列宽的单位是字符。

4.1.4 美化表格

▶▶▶ 为了表格的美观和规范，还需要进一步美化表格，如设置文本格式、对齐方式、添加边框以及设置底纹颜色等。下面介绍具体操作方法。

扫码看视频

1. 设置对齐方式

在Excel中文本默认对齐方式为左对齐，数值为右对齐，为了使表格整齐可以设置统一的对齐方式。下面介绍具体操作方法。

Step 01 选中所有文本内容❶，切换至"开始"选项卡，单击"对齐方式"选项组中"居中"按钮❷，如下图所示。

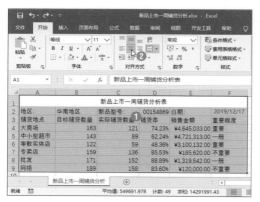

Step 02 选择A2单元格，按住Ctrl键再选择C2和E2单元格，在"对齐方式"选项组中设置右对齐，效果如下图所示。

2. 设置文本格式

在"字体"选项组中还可以设置文本的格式，如字体、字号和字体颜色等。下面介绍具体操作方法。

Step 01 选择A1单元格❶，切换至"开始"选项卡❷，在"字体"选项组中设置字体为"黑体"、字号为16、颜色为橙色、加粗显示❸，如下图所示。

Step 02 选中其他文本，按照相同方法设置字体格式，效果如下图所示。

知识充电站!!!

用户也可以在"设置单元格格式"对话框的"字体"选项卡中设置文本格式。

3. 添加表格边框

Excel中的网格线在打印时是不显示的，为了表格美观可以添加边框，下面介绍具体操作方法。

Step 01 选择A3:F9单元格区域，按Ctrl+1组合键打开"设置单元格格式"对话框。在"边框"选项卡❶中选择细实线❷，单击"内部"按钮❸，即可为表格添加内部边框，如下图所示。

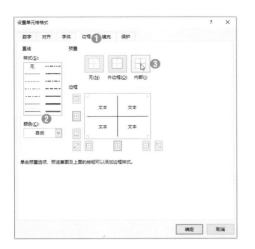

Step 02 选择粗点的实线❶，单击"外边框"按钮❷，即可为表格添加外边框，单击"确定"按钮❸，如下图所示。

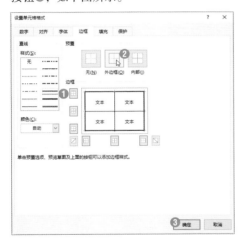

Step 03 为了展示效果，需要在A列左侧插入一列，选中A列并右击❶，在快捷菜单中选择"插入"命令即可❷，如下图所示。

Step 04 查看添加边框后表格的效果，如下图所示。

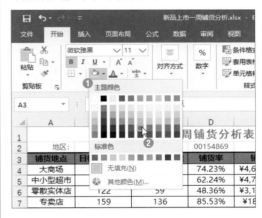

4. 添加底纹颜色

为表格的表头添加底纹颜色，以突出显示。本案例需要填充橙色，下面介绍具体操作方法。

Step 01 选择A3:F3单元格区域，单击"字体"选项组中"填充颜色"下三角按钮❶，在列表中选择橙色❷，如下图所示。

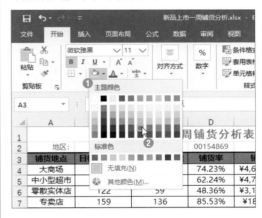

Step 02 保持该区域为选中状态，在"字体"选项组中设置字体的颜色为白色。至此，该表格制作完成，效果如下图所示。

查看表格的效果

制作办公用品采购表

案/例/简/介

办公用品采购表基本上是每个公司必备表格之一，因为办公用品是消耗品，都需要定期更换和采购。采购量比较大时，一般都会有固定的合作商提供指定品牌的办公用品，公司采购部门需要统计所需的物品。办公用品采购表创建完成后的效果，如下图所示。

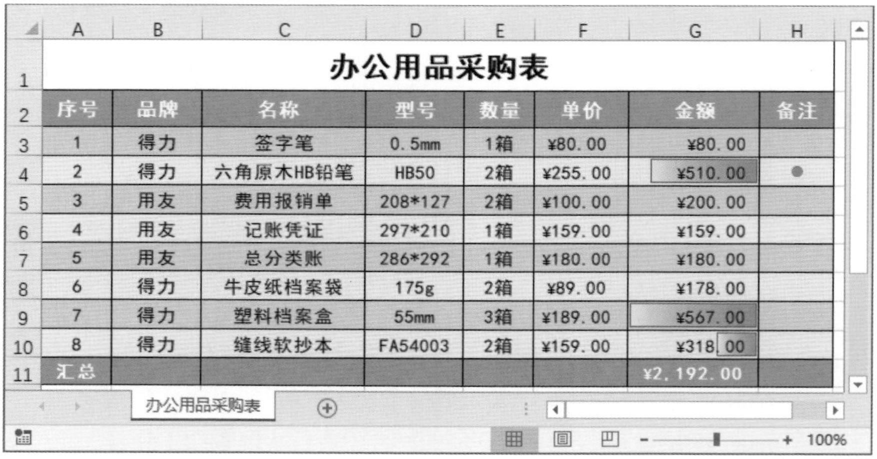

序号	品牌	名称	型号	数量	单价	金额	备注
			办公用品采购表				
1	得力	签字笔	0.5mm	1箱	¥80.00	¥80.00	
2	得力	六角原木HB铅笔	HB50	2箱	¥255.00	¥510.00	●
3	用友	费用报销单	208*127	2箱	¥100.00	¥200.00	
4	用友	记账凭证	297*210	1箱	¥159.00	¥159.00	
5	用友	总分类账	286*292	1箱	¥180.00	¥180.00	
6	得力	牛皮纸档案袋	175g	2箱	¥89.00	¥178.00	
7	得力	塑料档案盒	55mm	3箱	¥189.00	¥567.00	
8	得力	缝线软抄本	FA54003	2箱	¥159.00	¥318.00	
汇总						¥2,192.00	

办公用品采购表

思/路/分/析

在制作办公用品采购表时，首先新建工作簿输入办公用品采购数据，注意输入数据的技巧；其次使用条件格式比较指定数据的大小，让数据直观显示；然后套用表格格式美化表格和计算数据；最后保护表格。制作办公用品采购表的流程如下图所示。

制作办公用品采购表	输入办公用品采购数据	填充序号
		数据验证输入内容
		添加单位
		插入特殊符号
	使用条件格式比较数据	添加数据条
		设置条件格式
	套用表格格式美化表格	套用表格格式
		汇总数据
		转换为普通表格
	指定允许用户编辑的区域	

4.2.1 输入办公用品采购数据

▶▶▶ 在上一节介绍了在Excel中输入数据的方法，其中每张表格的数据类型不同输入方法也不同，本节将介绍填充序号、数据验证、添加单位和输入特殊符号的知识。

扫码看视频

1. 填充序号

通过序号可以直观地查看表格中数据信息的数量，下面介绍使用填充功能快速输入序号的操作方法。

Step 01 新建Excel工作表并保存。在A3单元格中输入数字1❶，将光标移到A3单元格右下角填充柄上向下拖曳到A10单元格❷，如下图所示。

	A	B	C	D	E	F
	A3				f_x	1

	A	B	C	D	E	F
1			办公用品采购表			
2	序号	品牌	名称	型号	数量	单价
3	1 ❶		签字笔	0.5mm	1	¥80.00
4			六角原木HB铅笔	HB50	2	¥255.00
5			费用报销单	208*127	2	¥100.00
6			记账凭证	297*210	1	¥159.00
7			总分类账	286*292	1	¥180.00
8			牛皮纸档案袋	175g	2	¥89.00
9			塑料档案盒	55mm	3	¥189.00
10		+ ❷	缝线软抄本	FA54003	2	¥159.00
11			1			
12						
13						

Step 02 可见将数字1填充到A10单元格，单击右下角"自动填充选项"下三角按钮❶，在列表中选中"填充序列"单选按钮❷，如下图所示。

	A	B	C	D	E	F
	A3				f_x	1

	A	B	C	D	E	F
1			办公用品采购表			
2	序号	品牌	名称	型号	数量	单价
3	1		签字笔	0.5mm	1	¥80.00
4	1		六角原木HB铅笔	HB50	2	¥255.00
5	1		费用报销单	208*127	2	¥100.00
6	1	○ 复制单元格(C)	证	297*210	1	¥159.00
7	1	○ 填充序列(S) ❷	账	286*292	1	¥180.00
8	1	○ 仅填充格式(F)	案袋	175g	2	¥89.00
9	1	○ 不带格式填充(O)	盒	55mm	3	¥189.00
10	1	○ 快速填充(F)	本	FA54003	2	¥159.00
11		❶				
12						

Step 03 操作完成后，序号按步长值为1的等差序列填充，如下图所示。

	A	B	C	D	E	F
1			办公用品采购表			
2	序号	品牌	名称	型号	数量	单价
3	1		签字笔	0.5mm	1	¥80.00
4	2		六角原木HB铅笔	HB50	2	¥255.00
5	3		费用报销单	208*127	2	¥100.00
6	4		记账凭证	297*210	1	¥159.00
7	5		总分类账	286*292	1	¥180.00
8	6		牛皮纸档案袋	175g	2	¥89.00
9	7		塑料档案盒	55mm	3	¥189.00
10	8		缝线软抄本	FA54003	2	¥159.00
11			填充序号的效果			

知识充电站!!!

拖曳 A3 填充柄时按住 Ctrl 键可以快速填充数据。

2. 数据验证输入内容

在Excel中可以通过数据验证规范输入的内容，如企业规定采购办公用品必须是"得力"和"用友"两个品牌。用户可以通过数据验证限制只能输入这两个品牌，下面介绍具体操作方法。

Step 01 选择B3:B10单元格区域❶，切换至"数据"选项卡，单击"数据工具"选项组中"数据验证"按钮❷，如下图所示。

Step 02 打开"数据验证"对话框，在"设置"选项卡中设置"允许"为"序列"❶，在"来源"文本框中输入"得力,用友"❷，如下图所示。

Step 05 如果在B3:B10单元格区域中输入其他品牌名称，则弹出提示对话框，显示"出错警告"选项卡中设置的内容，如下图所示。

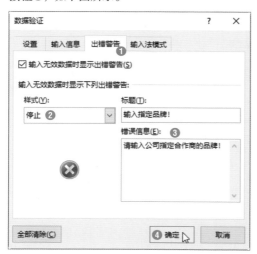

操作解迷

在"来源"文本框中输入内容时，需要注意文本之间使用英文半角的逗号隔开，也可以单击右侧折叠按钮，在工作表中选择相应的单元格区域。

Step 03 切换至"出错警告"选项卡❶，设置"样式"为"停止"❷，在"标题"和"错误信息"文本框中输入相应的信息❸，单击"确定"按钮❹，如下图所示。

3. 添加单位

在Excel中如果直接在数据右侧输入单位，那么该数据参与计算时会出现错误，此时可以通过设置单元格格式添加单位，下面介绍具体操作方法。

Step 01 选中E3:E10单元格区域，按Ctrl+1组合键打开"设置单元格格式"对话框，在"数字"选项卡中选择"自定义"选项❶，在"类型"文本框中输入"#'箱'"❷如下图所示。

Step 04 选中B3:B10单元格区域中任意单元格，单击右侧下三角按钮❶，在列表中选择指定的品牌即可❷，如下图所示。

Step 02 返回工作表中，可见选中的单元格区域内数据的右侧显示"箱"，而在编辑栏中只显示数据，如下图所示。

	A	B	C	D	E	F	G
1				办公用品采购表			
2	序号	品牌	名称	型号	数量	单价	总价
3	1	得力	签字笔	0.5mm	1箱	¥80.00	
4	2	得力	六角原木HB铅笔	HB50	2箱	¥255.00	
5	3	用友	费用报销单	208*127	2箱	¥100.00	
6	4	用友	记账凭证	297*210	1箱	¥159.00	
7	5	用友	总分类账	286*292	1箱	¥180.00	
8	6	得力	牛皮纸档案袋	175g	2箱	¥189.00	
9	7	得力		添加单位的效果		¥189.00	
10	8	得力				¥159.00	

Step 03 选中G3单元格，输入"=F3*E3"公式，按Enter键即可计算出金额，将公式向下填充至G10单元格，如下图所示。

	A	B	C	D	E	F	G	H
1				办公用品采购表				
2	序号	品牌	名称	型号	数量	单价	金额	备注
3	1	得力	签字笔	0.5mm	1箱	¥80.00	¥80.00	
4	2	得力	六角原木HB铅笔	HB50	2箱	¥255.00	¥510.00	
5	3	用友	费用报销单	208*127	2箱	¥100.00	¥200.00	
6	4	用友	记账凭证	297*210	1箱	¥159.00	¥159.00	
7	5	用友	总分类账	286*292	1箱	¥180.00	¥180.00	
8	6	得力	牛皮纸档案	175g	2箱	¥89.00	¥178.00	
9	7	得力	塑料档案	填充效果		¥189.00	¥567.00	
10	8	得力	缝线软抄			¥159.00	¥318.00	

4. 插入特殊符号

在制作表格时，有时需要通过特殊的符号来表达某种含义，这里，在表格中使用红色的圆形标记该产品为紧急采购状态，下面介绍具体操作方法。

Step 01 选择H4单元格❶，切换至"插入"选项卡，单击"符号"选项组中"符号"按钮❷，如下图所示。

Step 02 打开"符号"对话框，在"符号"选项卡中设置"字体"为Wingdings❶，选择圆形符号❷，单击"插入"按钮❸，如下图所示。

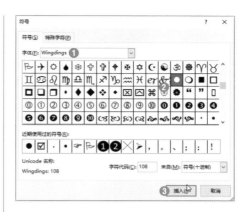

Step 03 关闭"符号"对话框，可见在选中的单元格中插入指定的符号，如下图所示。

C	D	E	F	G	H
	办公用品采购表				
名称	型号	数量	单价	金额	备注
签字笔	0.5mm	1箱	¥80.00	¥80.00	
六角原木HB铅笔	HB50	2箱	¥255.00	¥510.00	●
费用报销单	208*127	2箱	¥100.00	¥200.00	
记账凭证	297*210	1箱	¥159.00	¥159.00	
总分类账	286*292	1箱	¥180.00	¥180.00	
牛皮纸档案袋	175g	2箱	¥89.00	¥178.00	
塑料档案盒	55mm	3箱	¥189.00	¥567.00	
缝线软抄本	FA54003	2箱	¥159.00	¥318.00	

Step 04 选中该单元格❶，切换至"开始"选项卡，单击"字体"选项组中"字体颜色"下三角按钮❷，在列表中选择合适的颜色❸，如下图所示。

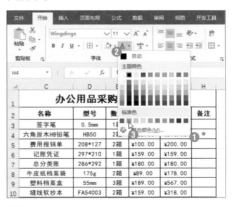

Tips 操作解迷

在"符号"对话框中，当插入某特殊符号后，"取消"按钮变为"关闭"按钮，单击该按钮即可关闭对话框。

4.2.2 使用条件格式比较数据

▶▶▶ 使用条件格式可以突出显示单元格区域中特殊的值，或将数据可视化。在本案例中使用数据条比较金额大于200的数据，下面介绍具体操作方法。

扫码看视频

1. 添加数据条

在Excel中为选中的单元格区域添加数据条，数据条长的表示数据比较大，下面介绍具体操作方法。

Step 01 选择G3:G10单元格区域❶，切换至"开始"选项卡，单击"样式"选项组中"条件格式"下三角按钮❷，在列表中选择合适的数据条样式❸，如下图所示。

Step 02 选中的单元格区域应用了数据条，效果如下图所示。

	C	D	E	F	G	H
2	名称	型号	数量	单价	金额	备注
3	签字笔	0.5mm	1箱	¥80.00	¥80.00	
4	六角原木HB铅笔	HB50	2箱	¥255.00	¥510.00	●
5	费用报销单	208*127	2箱	¥100.00	¥200.00	
6	记账凭证	297*210	1箱	¥159.00	¥159.00	
7	总分类账	286*292	1箱	¥180.00	¥180.00	
8	牛皮纸档案袋	175g	2箱	¥89.00	¥178.00	
9	塑料档案盒	55mm	3箱	¥189.00	¥567.00	
10	缝线软抄本	FA540		59.00	¥318.00	
11			查看效果			

知识充电站!!

在"条件格式"列表中还包含其他选项，"突出显示单元格规则"可以为单元格中的数据设置特定格式，以突出显示；"最前最后规则"可以为最前或最后 n 项或n%、高于或低于平均值的数据应用格式；"色阶"和"图标集"通过颜色和图标为不同数据应用格式。

2. 设置条件格式

应用数据条后，用户还可以进一步根据需求设置条件格式。本案例是为大于200的数据应用条件格式，下面介绍具体操作方法。

Step 01 保持该单元格区域为选中状态❶，在"条件格式"列表中选择"数据条>其他规则"选项❷，如下图所示。

Step 02 打开"新建格式规则"对话框，在"编辑规则说明"选项区域中设置最小值类型为"数字"，值为200❶，在"条形图外观"选项区域设置数据条的格式❷，如下图所示。

Step 03 设置完成后单击"确定"按钮，可见只为G3:G10单元格区域中数据大于200的金额应用设置的数据条格式，如下图所示。

4.2.3 套用表格格式美化表格

▶▶▶ 表格格式是一组单元格格式的组合，Excel中内置的有60多种表格格式，用户可以直接套用快速美化表格，还可以规范表格。下面介绍具体操作方法。

扫码看视频

1. 套用表格格式

表格格式根据颜色的深浅分为3部分，分别为浅色、中等色和深色，用户可以根据需要进行选择，下面介绍具体操作方法。

Step 01 选择A2:H10单元格区域①，切换至"开始"选项卡，单击"样式"选项组中"套用表格格式"下三角按钮②，如下图所示。

Step 02 在打开的列表中选择合适的表格格式，如下图所示。

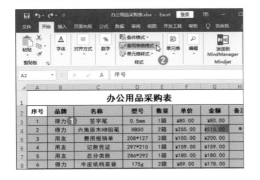

选择

Step 03 打开"套用表格式"对话框，确保表数据的来源为选中的单元格区域，勾选"表包含标题"复选框①，单击"确定"按钮②，如下图所示。

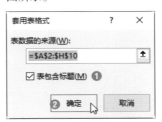

Step 04 选中的单元格区域应用了设置的表格格式，如下图所示。

应用表格格式

2. 汇总数据

为表格应用条件格式后，用户可以通过"汇总行"功能对数据进行汇总，其中汇总方式包括平均值、计数、求和、最大值和数值计数等，下面介绍具体操作方法。

Step 01 选择表格内任意单元格，切换至"表格工具-设计"选项卡❶，在"表格样式选项"选项组中勾选"汇总行"复选框❷，如下图所示。

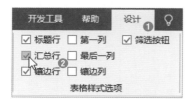

Step 02 即可在第11行添加"汇总"行❶。单击G11单元格右侧下三角按钮，在列表中选择"求和"选项❷，如下图所示。

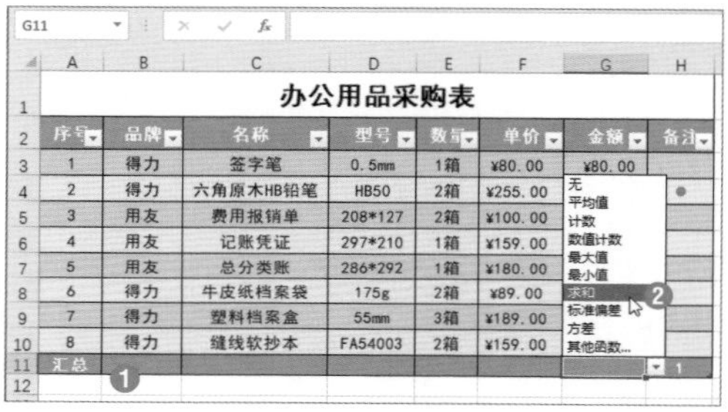

Step 03 即可汇总办公用品采购表中采购各商品的总金额，然后根据相同的方法设置H11单元格为无计算，如下图所示。

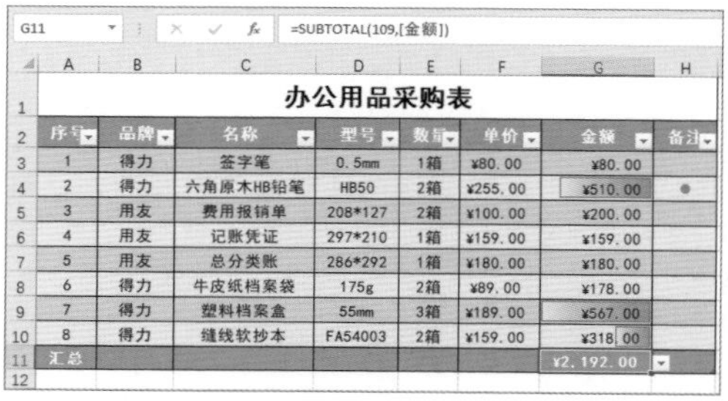

知识充电站!!!

选择 G11 单元格后，在编辑栏中显示计算公式，使用 SUBTOTAL 函数，如果对数据进行计数、平均值等依然使用该函数进行计算。该函数将在第 5 章介绍具体的应用。

3. 转换为普通表格

套用表格格式后，用户也可以将表格转换为普通表格，下面介绍具体操作方法。

Step 01 将光标定位在表格内任意单元格中，切换至"表格工具-设计"选项卡，单击"工具"选项组中"转换为区域"按钮，如下图所示。

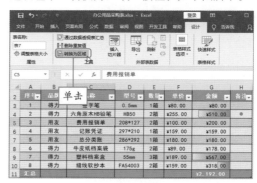

Step 02 打开提示对话框，显示"是否将表格转换为普通区域？"，单击"是"按钮，如下图所示。

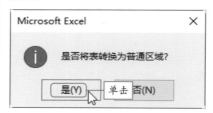

Step 03 返回工作表中可见在功能区中不显示"表格工具"选项卡，说明转换为普通表格，效果如下图所示。

知识充电站!!!

如果在"表格工具－设计"选项卡的"表格样式选项"选项组中取消勾选"筛选按钮"复选框，则表格不显示筛选按钮，但是依旧为表格格式，可以应用表格格式的相关功能。

4.2.4 指定允许用户编辑的区域

▶▶▶ 工作表制作完成后，为了防止他人更改表格中重要的数据，或者只允许用户编辑指定的区域，用户可以对工作表进行相应的保护。下面介绍具体操作方法。

扫码看视频

Step 01 切换至"审阅"选项卡❶，单击"保护"选项组中"允许编辑区域"按钮❷，如下图所示。

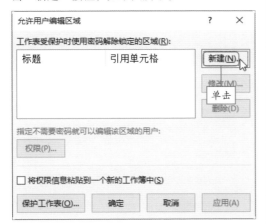

Step 02 打开"允许用户编辑区域"对话框，单击"新建"按钮，如下图所示。

Step 03 打开"新区域"对话框，在"标题"文本框中输入"可输入区域"，单击"引用单元格"右侧折叠按钮，如下图所示。

知识充电站!!!

> 在"新区域"对话框中，可设置区域密码，用户更改指定区域时，需要输入设置的密码，否则无法更改数据。

Step 04 返回工作表中，选中B3:F10和H3:H10单元格区域，单击折叠按钮，如下图所示。

Step 05 返回"新区域"对话框，单击"确定"按钮，返回"允许用户编辑区域"对话框，查看添加的区域，单击"保护工作表"按钮，如下图所示。

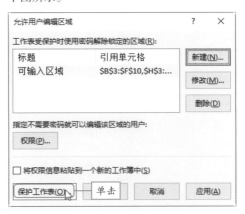

Step 06 打开"保护工作表"对话框，在"取消工作表保护时使用的密码"数值框中设置密码，此处设置为123456❶，单击"确定"按钮❷，如下图所示。

Step 07 打开"确认密码"对话框，在"重新输入密码"数值框中输入设置的密码123456❶，单击"确定"按钮❷，即可完成对工作表的保护，如下图所示。

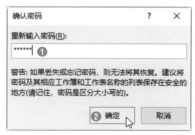

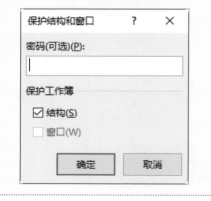

知识充电站!!!

如果设置区域密码，当修改或在指定区域输入数据时，会弹出对话框并要求输入正确的区域密码才能继续操作，如下图所示。

Step 08 如果在允许输入数据区域之外输入数据或修改数据，弹出提示对话框，如下图所示。

Step 09 如果要取消允许用户编辑区域的操作，切换至"审阅"选项卡，单击"保护"选项组中"撤销工作表保护"按钮，如下图所示。

Step 10 在弹出的"撤销工作表保护"对话框中输入保护工作表的密码❶，单击"确定"按钮即可❷，如下图所示。

知识充电站!!!

在"保护"选项组中单击"保护工作簿"按钮，在打开的"保护结构和窗口"对话框中设置密码，可以保护工作簿的结构，如下图所示。例如不能对工作表进行编辑操作，如删除、插入以及隐藏等操作。

制作Excel表格时常用技巧

1. 使用快捷键快速输入数据

快捷键可以帮助我们快速执行某些操作，从而提高工作效率，例如输入数据时可以通过快捷键快速输入数据，下面介绍常用的快捷键。

● 快速输入日期和时间

Step 01 选择需要输入日期的单元格，如D2单元格，按Ctrl+;组合键，即可快速输入当前日期，如下左图所示。

Step 02 按Ctrl+Shift+;组合键可以快速输入当前时间，如下右图所示。

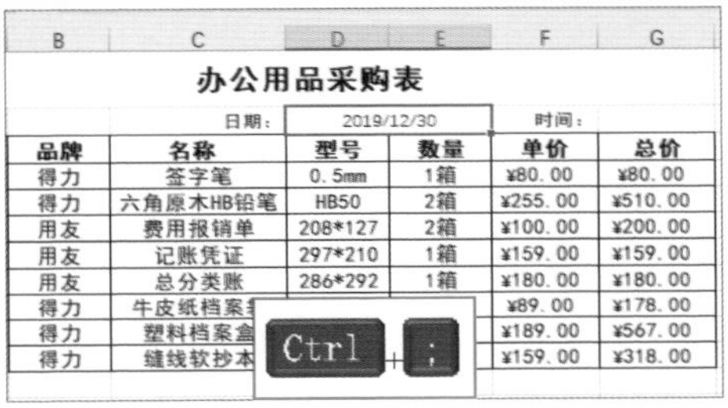

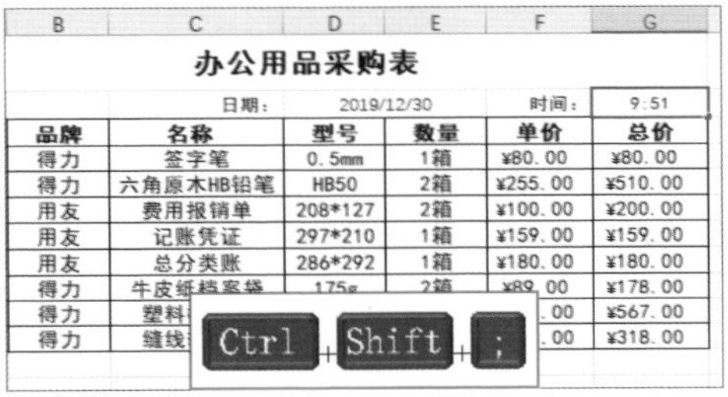

● 快速填充数据

Step 01 在B4单元格中输入"得力"文本❶，再选中B4:B7单元格区域❷，如下左图所示。

Step 02 按Ctrl+D组合键，即可将B5:B7单元格区域内填充B4单元格中的内容，如下右图所示。

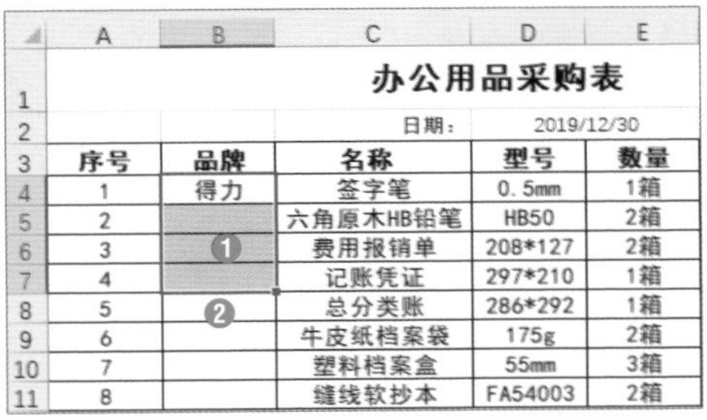

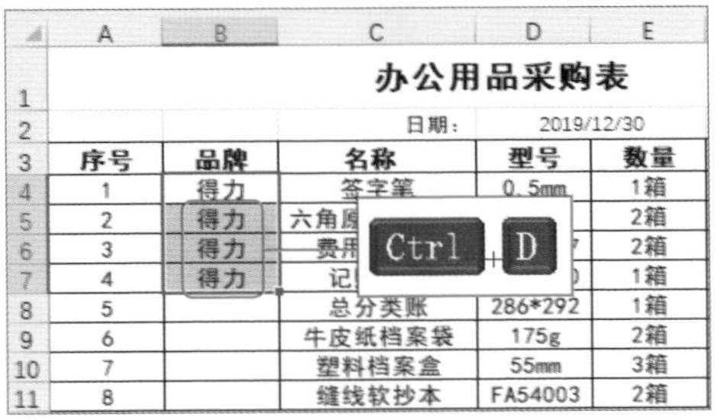

使用Ctrl+D组合键除了可以填充数据外，还可以填充公式，在G4单元格中输入"=F4*E4"公式，选中G4:G11单元格区域，按Ctrl+D组合键即可向下填充公式，如下图所示。

● 使用快捷键创建下拉列表

Step 01 选中B8单元格，按Alt+向下方向键，即可创建下拉菜单，显示该列所有不重复的数据，如下左图所示。

Step 02 在列表中选择需要输入的选项，如"用友"，则在B8单元格中即可输入"用友"文本，如下右图所示。

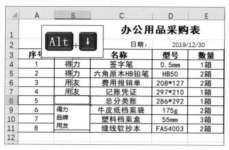

2. 输入身份证号码

在Excel中输入长数据时，例如输入身份证号码，则显示的非输入的号码，因为当数字大于11位时，系统自动转换为科学计数法，当数字大于15位时，将15位之后数字转换为0，并且是不可逆的。下面介绍输入身份证号码的操作方法。

Step 01 新建工作表，在C2单元格中输入18位身份证号码110112199908120256，显示效果如下左图所示。

Step 02 在输入身份证号码之前输入英文半角状态下的单引号，即可显示完整的身份证号码，因为将数字转换为文本类型，如下右图所示。

用户也可以选择需要输入身份证号码的单元格，在"设置单元格格式"对话框中设置类型为文本。

当我们使用Excel时还会遇到以下情况，例如输入"7-05"类型的数据时，会自动显示为日期。此时只需要将其设置为文本即可，如下图所示。

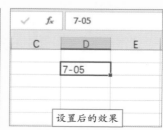

3. 自定义表格格式

在Excel中内置60种表格格式，用户也可以根据需要自定义表格格式并应用到表格中，下面介绍具体操作方法。

Step 01 切换至"开始"选项卡，单击"样式"选项组中"套用表格格式"下三角按钮，在列表中选择"新建表格样式"选项，如下左图所示。

Step 02 打开"新建表样式"对话框，在"表元素"列表框中选择"标题行"选项❶，然后单击"格式"按钮❷，如下右图所示。

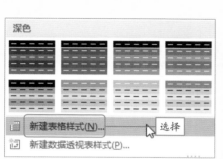

Step 03 打开"设置单元格格式"对话框，在"字体"选项卡中设置加粗，字体颜色为白色；在"填充"选项卡❶中选择绿色的填充颜色❷，如下左图所示。

Step 04 返回"新建表样式"对话框，在"预览"区域显示设置的样式，如下右图所示。根据需要设置其他表元素的格式。

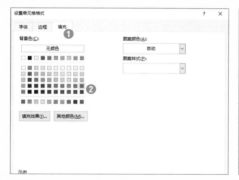

Step 05 根据套用表格格式的方法在"自定义"选项区域中选择自定义的格式即可，如下图所示。

Chapter

05

计算Excel数据

本章导读

　　Excel的计算功能是Office其他组件不可比拟的，用户可以通过公式、数组和函数进行数据计算。

　　本章结合计算销售员工的工资和产品销售分析表中数据两个案例介绍Excel中公式和函数的应用，其中包含公式、数组公式的使用以及求和函数、查找函数、统计函数、名称的使用和条件格式结合函数的应用等。

本章要点

1. 计算销售员工的工资

▶ VLOOKUP函数的应用

▶ 跨工作表引用数据

▶ 数组公式的应用

▶ 定义名称

▶ 制作工资条

▶ 分隔符的应用

▶ 打印工作表

2. 计算产品销售分析表中数据

▶ SUM函数的应用

▶ 数组公式的应用

▶ CHOOSE函数的应用

▶ IFERROR函数的应用

▶ SUMIF函数的应用

▶ VLOOKUP函数的应用

▶ COUNTIF函数的应用

案 / 例 / 简 / 介

工资是指雇主或者法定用人单位依据法律规定、行业规定或根据与员工之间的约定，以货币形式对员工的劳动所支付的报酬。销售员工的工资除了包含基本工资、应扣工资、保险金额外还包含提成工资，本节将介绍计算相关工资金额的方法。销售员工的工资表效果如下图所示。

序号	姓名	应领工资				应扣工资				应扣税金	应发工资
		基本工资	提成	全勤奖	合计	迟到	事假	旷工	合计		
001	甄林	¥2,800.00	¥4,280.31	¥200.00	¥7,280.31				¥0	¥629.00	¥6,651.31
002	李明艳	¥2,800.00	¥5,649.21	¥0.00	¥8,449.21	¥50			¥50	¥748.00	¥7,651.21
003	张志康	¥2,800.00	¥6,999.66	¥200.00	¥9,999.66				¥0	¥770.00	¥9,229.66
004	胡明萱	¥2,800.00	¥2,820.24	¥200.00	¥5,820.24				¥0	¥784.00	¥5,036.24
005	宋江	¥2,800.00	¥3,721.68	¥200.00	¥6,721.68				¥0	¥747.00	¥5,974.68
006	马超	¥2,800.00	¥775.08	¥0.00	¥3,575.08		¥100		¥100	¥500.00	¥2,975.08
007	罗众从	¥2,800.00	¥5,821.29	¥200.00	¥8,821.29				¥0	¥618.00	¥8,203.29
008	孙小明	¥2,800.00	¥3,549.96	¥0.00	¥6,349.96			¥300	¥300	¥700.00	¥5,349.96
009	朱肚皮	¥2,800.00	¥9,737.76	¥200.00	¥12,737.76				¥0	¥718.00	¥12,019.76
010	黄核楼	¥2									
011	夏伟明	¥2									
012	孙伟	¥2									
013	刘憨憨	¥2									

序号	姓名	应领工资				应扣工资				应扣税金	应发工资
		基本工资	提成	全勤奖	合计	迟到	事假	旷工	合计		
1	甄林	¥2,800.00	¥4,280.31	¥200.00	¥7,280.31	¥0.00	¥0.00	¥0.00	¥0.00	¥629.00	¥6,651.31

序号	姓名	应领工资				应扣工资				应扣税金	应发工资
		基本工资	提成	全勤奖	合计	迟到	事假	旷工	合计		
2	李明艳	¥2,800.00	¥5,649.21	¥0.00	¥8,449.21	¥50.00	¥0.00	¥0.00	¥50.00	¥748.00	¥7,651.21

序号	姓名	应领工资				应扣工资				应扣税金	应发工资
		基本工资	提成	全勤奖	合计	迟到	事假	旷工	合计		
3	张志康	¥2,800.00	¥6,999.66	¥200.00	¥9,999.66	¥0.00	¥0.00	¥0.00	¥0.00	¥770.00	¥9,229.66

思 / 路 / 分 / 析

在计算销售员工的工资时，首先计算销售员工的提成工资，其次计算应领工资和应发工资；然后制作工资条；最后打印工资条。计算销售员工工资的流程如下图所示。

计算销售员工的工资	计算销售员工的提成工资	计算提成率
		计算提成金额
	计算应领工资	跨工作表引用数据
		求和运算
	计算销售员工的应发工资	计算应扣工资合计
		计算应发工资
	制作工资条	定义名称
		生成工资条
	打印工资条	设置打印方向
		添加分隔符

5.1.1 计算销售员工的提成工资

▶▶▶ 销售员工的提成工资是根据员工当月销售金额按照规定的提成率计算的数据，公司为员工规定的提成率分为几个档次。下面介绍计算员工提成工资的方法。

扫码看视频

1. 计算提成率

公司规定员工的提成率分为5个档次，不同档次的提成率也不同，首先根据员工的销售金额查找对应的提成率，下面介绍具体操作方法。

Step 01 打开"1月份销售员工工资表"工作簿，切换至"提成表"工作表中，选择D3单元格❶，单击编辑栏中"插入函数"按钮❷，如下图所示。

Step 02 打开"插入函数"对话框，在"或选择类别"列表中选择"查找与引用"选项❶，在"选择函数"列表框中择VLOOKUP函数❷，单击"确定"按钮，如下图所示。

Step 03 打开"函数参数"对话框，输入各参数❶，单击"确定"按钮❷，如下图所示。

Tips 操作解迷

VLOOKUP 函数在单元格区域的首列查找指定的数值，返回该区域的相同行中任意指定的单元格中的数值。
表达式：VLOOKUP(lookup_value,table_array,col_index_num,range_lookup)

Step 04 返回工作表中可见该员工的提成率在第3档次，提成率为9.00%，在编辑栏中查看计算函数公式，如下图所示。

Step 05 选择D3:D15单元格区域❶，在"开始"选项卡❷的"编辑"选项组中单击"填充"下三角按钮❸，在列表中选择"向下"选项❹，如下图所示。

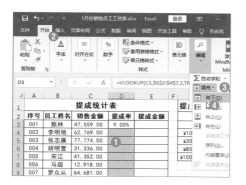

Step 06 即可计算出所有销售员工的提成率，如下图所示。

	A	B	C	D	E
1			提成统计表		
2	序号	员工姓名	销售金额	提成率	提成金额
3	001	甄林	47,559.00	9.00%	
4	002	李明艳	62,769.00	9.00%	
5	003	张志廉	77,774.00	9.00%	
6	004	胡明萱	31,336.00	9.00%	
7	005	宋江	41,352.00	9.00%	
8	006	马超	12,918.00	6.00%	
9	007	罗众从	64,681.00	9.00%	
10	008	孙小明	39,444.00	9.00%	
11	009	朱肚皮	81,148.00	12.00%	
12	010	黄核椿	18,931.00	6.00%	
13	011	夏 查看计算提成率的结果			

2. 计算提成金额

在Excel中可以通过公式快速计算出数据，下面介绍使用公式计算提成金额的方法。

Step 01 在E3单元格中输入"=C3*D3"公式，计算该员工的提成金额，如下图所示。

	A	B	C	D	E
1			提成统计表		
2	序号	员工姓名	销售金额	提成率	提成金额
3	001	甄林	47,559.00	9.00%	=C3*D3
4	002	李明艳	62,769.00	9.00%	
5	003	张志廉	77,774.00	9.00%	
6	004	胡明萱	31,336.00	9.00%	
7	005	宋江	41,352.00	9.00%	
8	006	马超	12,918.00	6.00%	输入
9	007	罗众从	64,681.00	9.00%	
10	008	孙小明	39,444.00	9.00%	
11	009	朱肚皮	81,148.00	12.00%	

Step 02 将公式向下填充到E15单元格，计算出所有销售员工的提成金额，如下图所示。

	A	B	C	D	E
1			提成统计表		
2	序号	员工姓名	销售金额	提成率	提成金额
3	001	甄林	47,559.00	9.00%	4,280.31
4	002	李明艳	62,769.00	9.00%	5,649.21
5	003	张志廉	77,774.00	9.00%	6,999.66
6	004	胡明萱	31,336.00	9.00%	2,820.24
7	005	宋江	41,352.00	9.00%	3,721.68
8	006	马超	12,918.00	6.00%	775.08
9	007	罗众从	64,681.00	9.00%	5,821.29
10	008	孙小明	39,444.00	9.00%	3,549.96
11	009	朱肚皮	81,148.00	12.00%	9,737.76
12	010	黄 查看计算提成金额的结果			1,135.86
13	011	夏伟明	91,844.00	12.00%	11,021.28

5.1.2 计算销售员工的应领工资

▶▶▶ 销售员工的应领工资包括基本工资、提成和全勤奖3部分，首先需要将提成表中员工对应的提成金额输入到工资表中，然后再进行求和计算，下面介绍具体操作方法。

扫码看视频

1. 跨工作表引用数据

上一节已经计算出各员工的提成金额，因为员工姓名的排序和工资表中一致，所以直接引用提成表中的数据即可。下面介绍具体操作方法。

Step 01 切换至"工资表"工作表，选中D3单元格，输入"="，然后选中"提成表"工作表中E3单元格，如右图所示。

E3 ｜ × ✓ fx =提成表!E3

	A	B	C	D	E
1			提成统计表		
2	序号	员工姓名	销售金额	提成率	提成金额
3	001	甄林	47,559.00	9.00%	4,280.31
4	002	李明艳	62,769.00	9.00%	5,649.21
5	003	张志廉	77,774.00	9.00%	6,999.66
6	004	胡明萱	31,336.00	9.00%	2,820.24
7	005	宋江	41,352.00	9.00%	3,721.68
8	006	马超	12,918.00	6.00%	选择
9	007	罗众从	64,681.00	9.00%	5,821.29
10	008	孙小明	39,444.00	9.00%	3,549.96

Step 02 按Enter键返回"工资表"表中，在D3单元格中引用相应的数据，在编辑栏中显示"=提成表!E3"公式，如下图所示。

D3	▼	:	×	✓	fx	=提成表!E3	
▲	B	C		D	E		F
1	姓名	应领工资					
2		基本工资	提成		全勤奖		合计
3	甄林	¥2,800.00	¥4,280.31		¥200.00		
4	李明艳	¥2,800.00			¥0.00		
5	张志廉	¥2,800.00			¥200.00		
6	胡明萱	¥2,800.00			¥200.00		
7	宋江	¥2,800.00			¥200.00		
8	马超	¥2,800.00			¥0.00		
9	罗众从	¥2,800.00			¥200.00		
10	孙小明	¥2,800.00			¥0.00		
11	朱肚皮	¥2,8	查看引用数据的结果		0.00		

Tips

操作解迷

在同一工作簿中引用不同工作表中的数据时，公式统一格式为：工作表名称＋"！"＋单元格或单元格区域。

Step 03 然后将D3单元格中公式向下填充到表格结尾，即可计算出所有员工的提成金额，如下图所示。

▲	B	C		D	E		F
1	姓名	应领工资					
2		基本工资	提成		全勤奖		合计
3	甄林	¥2,800.00	¥4,280.31		¥200.00		
4	李明艳	¥2,800.00	¥5,649.21		¥0.00		
5	张志廉	¥2,800.00	¥6,999.66		¥200.00		
6	胡明萱	¥2,800.00	¥2,820.24		¥200.00		
7	宋江	¥2,800.00	¥3,721.68		¥200.00		
8	马超	¥2,800.00	¥775.08		¥0.00		
9	罗众从	¥2,800.00	¥5,821.29		¥0.00		
10	孙小明	¥2,800.00	¥3,549.96		¥0.00		
11	朱肚皮	¥2,800.00	¥9,737.76		¥200.00		
12	黄核楼	¥2,800.00	¥1,135.86		¥200.00		
13	夏伟明	¥2,800.00	¥11,021.28		¥200.00		
14	孙伟	¥2,800.00	¥1,004.22		¥200.00		
15	刘憨憨	¥2,800	填充公式的结果		00.00		

知识充电站!!!

引用不同工作簿中数据时，有两种情况。第一种情况，打开引用的工作簿，则公式格式为：[工作簿名.xlsx]工作表名称＋"！"＋单元格或单元格区域；第二种情况，不打开引用的工作簿，则格式为：引用工作簿的路径＋[工作簿名.xlsx]工作表名称＋"！"＋单元格或单元格区域。

2. 求和运算

在Excel中使用SUM函数进行求和运算，也可以使用公式求和，下面介绍使用SUM函数求和方法。

Step 01 选中F3单元格，然后输入"=SUM(C3:E3)"公式，按Enter键执行计算，如下图所示。

F3	▼	:	×	✓	fx	=SUM(C3:E3)	
▲	B	C		D	E		F
1	姓名	应领工资					
2		基本工资	提成		全勤奖		合计
3	甄林	¥2,800.00	¥4,280.31		¥200.00		¥7,280.31
4	李明艳	¥2,800.00	¥5,649.21		¥0.00		
5	张志廉	¥2,800.00	¥6,999.66		¥200.00		
6	胡明萱	¥2,800.00	¥2,820.24		¥200.00		
7	宋江	¥2,800.00	¥3,721.68		¥200.00		
8	马超	¥2,800.00	¥775.08		¥0.00		
9	罗众从	¥2,800.00	¥5,821.29		¥0.00		
10	孙小明	¥2,800.00	¥3,549.96		¥0.00		
11	朱肚皮	¥2,800.00	¥9,737.76		200.00		
12	黄核楼	¥2,800.00	计算合计金额				00.00

Tips

操作解迷

SUM 函数返回单元格区域中数字、逻辑值以及数字的文本表达式之和。

表达式：SUM (number1,number2, ...)

Step 02 然后将公式向下填充到F15单元格，计算出所有员工的应领工资，如下图所示。

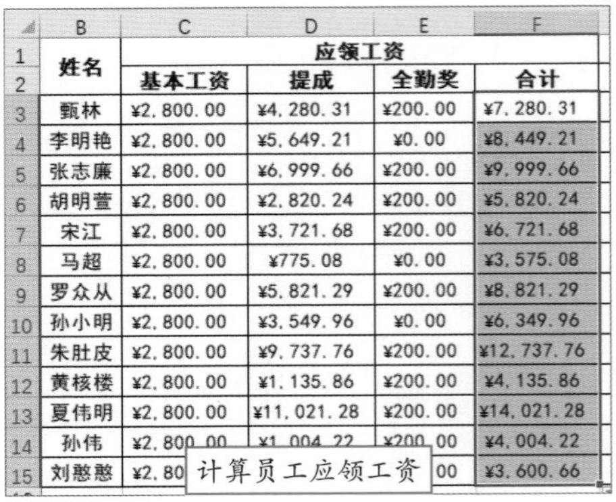

▲	B	C		D	E		F
1	姓名	应领工资					
2		基本工资	提成		全勤奖		合计
3	甄林	¥2,800.00	¥4,280.31		¥200.00		¥7,280.31
4	李明艳	¥2,800.00	¥5,649.21		¥0.00		¥8,449.21
5	张志廉	¥2,800.00	¥6,999.66		¥200.00		¥9,999.66
6	胡明萱	¥2,800.00	¥2,820.24		¥200.00		¥5,820.24
7	宋江	¥2,800.00	¥3,721.68		¥200.00		¥6,721.68
8	马超	¥2,800.00	¥775.08		¥0.00		¥3,575.08
9	罗众从	¥2,800.00	¥5,821.29		¥0.00		¥8,821.29
10	孙小明	¥2,800.00	¥3,549.96		¥0.00		¥6,349.96
11	朱肚皮	¥2,800.00	¥9,737.76		¥200.00		¥12,737.76
12	黄核楼	¥2,800.00	¥1,135.86		¥200.00		¥4,135.86
13	夏伟明	¥2,800.00	¥11,021.28		¥200.00		¥14,021.28
14	孙伟	¥2,800.00	¥1,004.22		¥200.00		¥4,004.22
15	刘憨憨	¥2,80	计算员工应领工资		00		¥3,600.66

知识充电站!!!

用户也可以使用"自动求和"功能快速计算应领工资，选择 C3:F15 单元格区域，切换至"开始"选项卡，单击"编辑"选项组中"自动求和"按钮，即可在F3:F15 单元格区域显示求和结果。

5.1.3 计算销售员工的应发工资

▶▶▶ 计算完应领工资后，去除应扣工资和应扣税金后就是应发工资。用户可以使用数组公式快速计算出结果，下面介绍具体操作方法。

扫码看视频

1. 计算应扣工资合计

应扣工资主要是员工各种请假时扣除的工资，如迟到、事假和旷工。下面介绍具体操作方法。

Step 01 选择J3:J15单元格区域❶，输入"=G3:G15+H3:H15+I3:I15"公式，如下图所示。

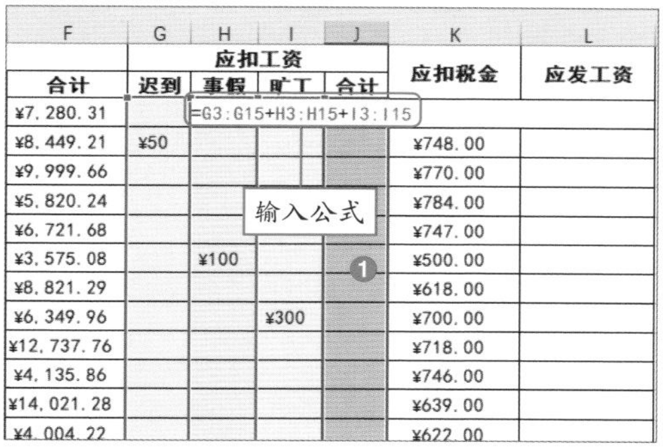

F	G	H	I	J	K	L
合计		应扣工资			应扣税金	应发工资
	迟到	事假	旷工	合计		
¥7,280.31				=G3:G15+H3:H15+I3:I15		
¥8,449.21	¥50				¥748.00	
¥9,999.66					¥770.00	
¥5,820.24					¥784.00	
¥6,721.68					¥747.00	
¥3,575.08		¥100			¥500.00	
¥8,821.29					¥618.00	
¥6,349.96			¥300		¥700.00	
¥12,737.76					¥718.00	
¥4,135.86					¥746.00	
¥14,021.28					¥639.00	
¥4,004.22					¥622.00	

输入公式

Step 02 按Ctrl+Shift+Enter组合键即可同时计算出所有员工的应扣工资合计，如下图所示。

{=G3:G15+H3:H15+I3:I15}

F	G	H	I	J	K	L
合计		应扣工资			应扣税金	应发工资
	迟到	事假	旷工	合计		
¥7,280.31				¥0	¥629.00	
¥8,449.21	¥50			¥50	¥748.00	
¥9,999.66				¥0	¥770.00	
¥5,820.24				¥0	¥784.00	
¥6,721.68				¥0	¥747.00	
¥3,575.08		¥100		¥100	¥500.00	
¥8,821.29				¥0	¥618.00	
¥6,349.96			¥300	¥300	¥700.00	
¥12,737.76				¥0	¥718.00	
¥4,135.86				¥0	¥746.00	
¥14,021.28				¥0	¥639.00	
¥4,004.22				¥0	¥622.00	
¥3,600.66				69.00		

计算应扣工资

Tips

操作解迷

数组公式可以返回一个或多个结果，数组公式必须按下 Ctrl+Shift+Enter 组合键结束，其公式被大括号括起来，而且是对多个数据同时进行计算的。

2. 计算应发工资

下面介绍使用数组公式快速计算出应发工资的方法。

Step 01 选择L3:L15单元格区域，输入"=F3:F15-J3:J15-K3:K15"公式，如下图所示。

=F3:F15-J3:J15-K3:K15

F	G	H	I	J	K	L	M
合计		应扣工资			应扣税金	应发工资	
	迟到	事假	旷工	合计			
¥7,280.31				¥0	¥	=F3:F15-J3:J15-K3:K15	
¥8,449.21	¥50			¥50	¥748.00		
¥9,999.66				¥0	¥770.00		
¥5,820.24				¥0	¥784.00		
¥6,721.68				¥0	¥747.00		
¥3,575.08		¥100		¥100	¥500.00		
¥8,821.29				¥0	¥618.00		
¥6,349.96			¥300	¥300	¥700.00		
¥12,737.76				¥0	¥718.00		
¥4,135.86				¥0	¥746.00		
¥14,021.28				¥0	¥639.00		
¥4,004.22				¥0	¥622.00		
¥3,600.66				¥0	¥569.00		

输入公式

Step 02 按Ctrl+Shift+Enter组合键计算出所有员工的应发工资，如下图所示。

{=F3:F15-J3:J15-K3:K15}

F	G	H	I	J	K	L
合计		应扣工资			应扣税金	应发工资
	迟到	事假	旷工	合计		
¥7,280.31				¥0	¥629.00	¥6,651.31
¥8,449.21	¥50			¥50	¥748.00	¥7,651.21
¥9,999.66				¥0	¥770.00	¥9,229.66
¥5,820.24				¥0	¥784.00	¥5,036.24
¥6,721.68				¥0	¥747.00	¥5,974.68
¥3,575.08		¥100		¥100	¥500.00	¥2,975.08
¥8,821.29				¥0	¥618.00	¥8,203.29
¥6,349.96			¥300	¥300	¥700.00	¥5,349.96
¥12,737.76				¥0	¥718.00	¥12,019.76
¥4,135.86				¥0	¥746.00	¥3,389.86
¥14,021.28				¥0	¥639.00	¥13,382.28
¥4,004.22				¥0	¥622.00	¥3,382.22
¥3,600.66					69.00	¥3,031.66

计算应发工资

知识充电站!!!

以上介绍的都是同方向一维数组的计算，在 Excel 中位于一行或一列上的数组称为一维数组，位于多行或多列上的数组称为二维数组。

5.1.4 制作工资条

▶▶▶ 财务部门在发放工资时，还需要将该员工的工资条一并发放。制作员工工资条的方法有很多，下面介绍使用函数快速生成工资条的方法。

扫码看视频

1. 定义名称

首先需要将工资表中数据区域定义名称，方便制作工资条时使用，下面介绍定义名称的具体操作方法。

Step 01 选中"工资表"工作表中A3:L15单元格区域❶，切换至"公式"选项卡❷，单击"定义的名称"选项组中"定义名称"按钮❸，如下图所示。

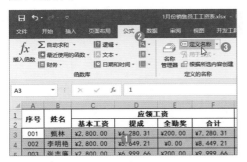

Step 02 打开"新建名称"对话框，在"名称"文本框中输入"工资"文本❶，单击"确定"按钮❷，如下图所示。

知识充电站

在定义名称的时候，不能使用空格，使用字母时必须要区分大小写，而且名称长度最多为255个字符。在使用字母时不能将C、c、R和r用作名称。

Step 03 如果要删除定义的名称，切换至"公式"选项卡❶，单击"定义的名称"选项组中

"名称管理器"按钮❷，如下图所示。

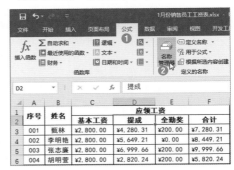

Step 04 打开"名称管理器"对话框，选择需要删除的名称❶，单击"删除"按钮即可❷，如下图所示。

Step 05 弹出提示对话框，单击"确定"按钮即可删除定义的名称，如下图所示。

2. 生成工资条

本案例在制作工资条时主要使用VLOOKUP函数和COLUMN函数。下面介绍具体操作方法。

Step 01 复制"工资表"中第1行和第2行，切换至"工资条"工作表❶中粘贴复制的内容❷，在A3单元格中输入1❸，如下图所示。

Step 02 选择B3单元格输入公式"=VLOOKUP($A3,工资,COLUMN(),TRUE)"，按Etner键执行计算，如下图所示。

Tips 操作解迷

COLUMN 函数用于返回单元格的列号，既可以返回一列的列号，也可以返回多列的列号。
表达式：COLUMN([Reference])

Step 03 然后将B3单元格中的公式向右填充到L3单元格中，即可引用"甄林"员工的数据，如下图所示。

Step 04 为A1:L3单元格区域添加边框，并设置单元格格式。选中A1:L4单元格区域，向下拖曳填充柄，如下图所示。

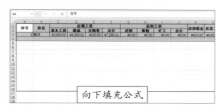

Step 05 直到拖曳显示所有员工的工资条，释放鼠标左键即可，效果如下图所示。

Tips 操作解迷

本案例中的公式使用定义的名称"工资"，如果不使用名称，公式应为"=VLOOKUP($A3,工资表!$A$3:$L$15,COLUMN(),TRUE)"。

5.1.5 打印工资条

▶▶▶ 工资条制作完成后，还需要打印出来，在打印之前需要进行相关设置，下面介绍打印工资条的方法。

扫码看视频

1. 设置打印方向

打印Excel工作表时默认打印方向为"纵向"，用户可根据需要设置打印的方向，下面介绍具体操作方法。

Step 01 在"工资条"工作表中单击"文件"标签，在列表中选择"打印"选项，预览打印效果，如下图所示。

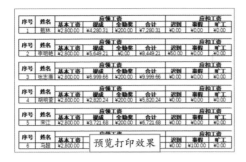

Step 02 可见工资条右侧部分数据不能正常显示，而在单独一页显示，因为纸张比较窄，无法显示全部数据。切换至"页面布局"选项卡❶，单击"纸张方向"下三角按钮❷，在列表中选择"横向"选项❸，如下图所示。

知识充电站

用户也可以执行"文件 > 打印"操作，在中间"设置"选项区域中单击"纵向"下三角按钮，在列表中选择"横向"选项。

Step 03 再次预览打印效果，即显示全部内容，如下图所示。

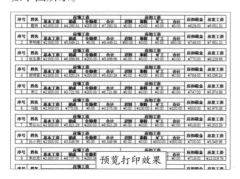

预览打印效果

2. 添加分隔符

在第一页最下面只显示工资条的标题没有显示工资条中数据，用户可以通过添加分隔符进行强制分页。下面介绍具体操作方法。

Step 01 选中M32单元格❶，也就是显示部分工资条单元格区域的右上角单元格。切换至"页面布局"选项卡❷，单击"页面设置"选项组中"分隔符"下三角按钮❸，在列表中选择"插入分页符"选项❹，如下图所示。

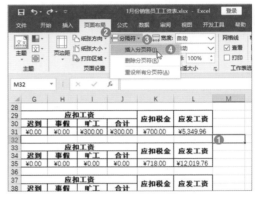

Step 02 再次查看打印预览，可见在M32单元格以后内容强制在下一页打印，如下图所示。

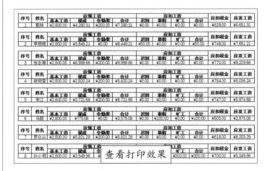

查看打印效果

知识充电站

用户也可以设置打印区域，在Excel工作表选择需要打印的区域，可以是连续的也可以是不连续的。切换至"页面布局"选项卡，单击"打印区域"下三角按钮，在列表中选择"设置打印区域"选项。打印时只打印选中的单元格区域，而且不连续的单元格区域分别打印在不同页面中。

案/例/简/介

数码产品卖场每个月都需要统计各产品的销售数量，根据不同的折扣单价计算出销售金额。然后对销售数量和销售金额进行分析。产品销售分析表中数据计算后的效果，如下图所示。

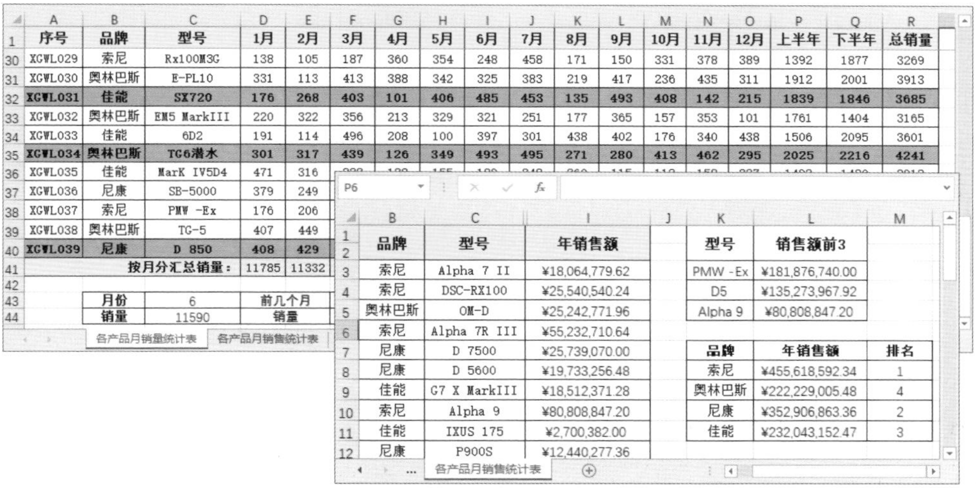

	A	B	C	D	E	F	G	H	I	J	K	L	M	N	O	P	Q	R
1	序号	品牌	型号	1月	2月	3月	4月	5月	6月	7月	8月	9月	10月	11月	12月	上半年	下半年	总销量
30	XGWL029	索尼	Rx100M3G	138	105	187	360	354	248	458	171	150	331	378	389	1392	1877	3269
31	XGWL030	奥林巴斯	E-PL10	331	113	413	388	342	325	383	219	417	236	435	311	1912	2001	3913
32	XGWL031	佳能	SX720	176	268	403	101	406	485	453	135	493	408	142	215	1839	1846	3685
33	XGWL032	奥林巴斯	EM5 MarkIII	220	322	356	213	329	321	251	177	365	157	353	101	1761	1404	3165
34	XGWL033	佳能	6D2	191	114	496	208	100	397	301	438	402	176	340	438	1506	2095	3601
35	XGWL034	奥林巴斯	TG6潜水	301	317	439	126	349	493	495	271	280	413	462	295	2025	2216	4241
36	XGWL035	佳能	MarK IV5D4	471	316													
37	XGWL036	尼康	SB-5000	379	249													
38	XGWL037	索尼	PMW -Ex	176	206													
39	XGWL038	奥林巴斯	TG-5	407	449													
40	XGWL039	尼康	D 850	408	429													
41		按月分汇总销量：		11785	11332													
43		月份	6		前几个月													
44		销量	11590		销量													

各产品月销量统计表　各产品月销售统计表

	B	C	I		K	L	M
1	品牌	型号	年销售额		型号	销售额前3	
3	索尼	Alpha 7 II	¥18,064,779.62		PMW -Ex	¥181,876,740.00	
4	索尼	DSC-RX100	¥25,540,540.24		D5	¥135,273,967.92	
5	奥林巴斯	OM-D	¥25,242,771.96		Alpha 9	¥80,808,847.20	
6	索尼	Alpha 7R III	¥55,232,710.64				
7	尼康	D 7500	¥25,739,070.00		品牌	年销售额	排名
8	尼康	D 5600	¥19,733,256.48		索尼	¥455,618,592.34	1
9	佳能	G7 X MarkIII	¥18,512,371.28		奥林巴斯	¥222,229,005.48	4
10	索尼	Alpha 9	¥80,808,847.20		尼康	¥352,906,863.36	2
11	佳能	IXUS 175	¥2,700,382.00		佳能	¥232,043,152.47	3
12	尼康	P900S	¥12,440,277.36				

各产品月销售统计表

思/路/分/析

在计算产品销售分析表中数据时，首先对销量和销售金额的相关数据进行计算使表格完整，然后对销量进行分析计算，最后对销量金额进行相应的排名。计算产品销售分析表中数据的流程如下图所示。

计算产品销售分析表中数据	计算各产品销量数据	计算上下半年的折扣价格
		计算上下半年销售金额
	计算销售金额数据	计算年销售额和总销售额
	分析计算销售数据	计算某个月的销量之和
		计算前几个月的总销量
		计算后几个月的总销量
	突出显示满足条件的信息	
	计算分析销售额	计算销售额前3的数据
		计算各品牌的销售总额

5.2.1 计算各产品销量数据

▶▶▶ 在表格中统计出各产品每月的销量数据，现在需要按上、下半年计算出总销量以及各月所有产品的总销量，最后再计算年总销量，下面介绍具体操作方法。

扫码看视频

Step 01 打开"产品销售分析表.xlsx"工作簿，切换至"各产品月销量统计表"工作表，在P2单元格中输入"=SUM(D2:I2)"公式，如下图所示。按Enter键即可计算出上半年总销量。

	D	E	F	G	H	I	J	K	L	M	N	O	P
1	1月	2月	3月	4月	5月	6月	7月	8月	9月	10月	11月	12月	上半年
2	181	224	317	179	161	131	325	141	183	214	105	365	=SUM(D2:I2)
3	336	428	185	115	214	408	213	317	152	174	291	361	
4	358	265	150	492	117	408	294	281	260	224	437	291	
5	436	333	232	123	371	120	489	137	119	412	294	457	
6	313	301	177	343	333	482	394	355	346	202	382	327	
7	274	273	398	226	130	390	457	163	189	445	449	483	
8	366	240	269	216	497	252	185	388	499	431	307	431	
9	274	187	190	427	138	377	328	208	481	260	31	输入公式
10	160	429	362	104	476	178	434	498	161	195	134		
11	381	490	239	210	457	183	485	317	454	397	100	189	
12	225	373	162	159	372	131	374	374	459	304	435		
13	416	128	154	305	188	476	404	435	243	228	415	110	
14	317	185	367	163	360	158	351	270	462	159	408	321	

Step 02 可见在该单元格左侧显示 🔷 图标，将光标定位在该图标上，显示相关文本，如下图所示。

	M	N	O	P	Q	R	S
	10月	11月	12月	上半年	下半年	总销量	
	214	105	3	1193			
	174	291	此单元格中的公式引用了有相邻附加数字的范围。				
	224	437	291				
	412	294	457				
	202	382	327				
	445	449	483				
	431	307	431				
	260	310	318				
	195	134	285				

Tips

操作解迷

如果单元格中包含不符合某条规则的公式，在单元格的左上角会出一个红色的小三角形，并且在左侧出现 🔷 图标。

用户可以通过在"Excel选项"对话框中启动或关闭后台错误检查功能。打开"Excel选项"对话框，在"公式"选项的右侧面板中，勾选"错误检查"选项区域中的"允许后台错误检查"复选框即可，还可以设置颜色。

Step 03 在Q2单元格中输入"=SUM(J2:O2)"公式，按Enter键执行计算，如下图所示。

=SUM(J2:O2)

L	M	N	O	P	Q	R
9月	10月	11月	12月	上半年	下半年	总销量
183	214	105	365	1193	1333	
152	174	291	361			
260	224	437	291			
119	412	294	457			
346	202	382	327			
189	445	449	483			
499	431	307	431			
481	260	310	318			
161	195	13	计算下半年销量			

Step 04 在R2单元格中输入"=P2+Q2"公式，按Enter键执行计算，如下图所示。

=P2+Q2

M	N	O	P	Q	R
10月	11月	12月	上半年	下半年	总销量
214	105	365	1193	1333	2526
174	291	361			
224	437	291			
412	294	457			
202	382	327			
445	449	483			
431	307	431			
260	310	3	计算全年销量		

Step 05 将P2:R2单元格区域中公式向下填充到表格结尾，如下图所示。

D	E	F	G	H	I	J	K	L	M	N	O	P	Q	R
1月	2月	3月	4月	5月	6月	7月	8月	9月	10月	11月	12月	上半年	下半年	总销量
181	224	317	179	161	131	325	141	183	214	105	365	1193	1333	2526
336	428	185	115	214	408	213	317	152	174	291	361	1686	1508	3194
358	265	150	492	117	408	294	281	260	224	437	291	1790	1787	3577
436	333	232	123	371	120	489	137	119	412	294	457	1615	1908	3523
313	301	177	343	333	482	394	355	346	202	382	327	1949	2006	3955
274	273	398	226	130	390	457	163	189	445	449	483	1691	2190	3881
366	240	269	216	497	252	185	388	499	431	307	431	1840	2241	4081
274	187	190	427	138	377	328	208	481	260	310	318	1593	1905	3498
160	429	362	104	476	178	434	498	161	195	134	285	1709	1707	3416
381	490	239	210	457	183	485	317	454	397	100	189	1960	2242	4202
225	373	162	159	372	131	374	374	459	304	435		1422	2306	3728
416	128	154	305	188	476	404	435	243	228	415	110	1667	1835	3502
317	185	367	163	360	158	351	270	462	159	408	321	1550	1971	3521
479	161	465	365	270	479	450	314	318	366	339	161	2419	1948	4367
127	166	355	411	365	272	323	407	340	371	1698	2126	3824		
273	397	124	162	457	380	126	399	119	294	448	356	1793	1742	3535
112	406	301	135	271	323	433	407	101	363	1832	2240	4072		
443	394	300	349	187	152	431	451	457	229	309	363	1832	2240	4072
394	172	314	146	457	183	180	217	208	1744	2023	3767			
212	335	436	122	449	277	计算			208	1831	1579	3410		
305	248	318	146	433	154	填充公式的效果			321	1604	1462	3066		

Step 06 切换至"视图"选项卡❶，单击"窗口"选项组中"冻结窗格"下三角按钮❷，在列表中选择"冻结首行"选项❸，如下图所示。

Step 07 向下拖动垂直滚动条时，可见首行的标题始终显示。选中D41单元格，输入"=SUM(D2:D40)"公式，按Enter键执行计算，如下图所示。将该公式向右填充到O41单元格即可。

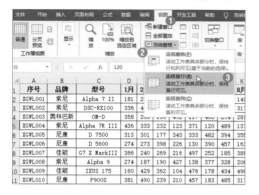

	B	C	D	E	F	G	H	I
1	品牌	型号	1月	2月	3月	4月	5月	6月
32	佳能	SX720	176	268	403	101	406	485
33	奥林巴斯	EM5 MarkIII	220	322	356	213	329	321
34	佳能	6D2	191	114	496	208	100	397
35	奥林巴斯	TG6潜水	301	317	439	126	349	493
36	佳能	MarK IV5D4	471	316	223	138	155	189
37	尼康	SB-5000	379	249	268	238	364	370
38	索尼	PMW -Ex	176	206	388	466	224	460
39	奥林巴斯	TG-5	407	449	472	121	349	183
40	尼康	D 850	408	429	240	319	166	210
41		按月分汇	计算1月份总销量					

D41 =SUM(D2:D40)

5.2.2　计算各产品销售金额数据

▶▶▶ 卖场为了促销产品上下半年的折扣不同，根据折扣计算上下半年的产品价格，然后再计算出上下半年的销售金额和年销售金额。本节主要使用数组公式计算。

扫码看视频

1. 计算上下半年的折扣价格

上半年折扣为5%，下半年折扣为9%，根据折扣价格=价格*（1-折扣）的公式计算。

Step 01 切换至"各产品月销售统计表"工作表中，选择E3:F41单元格区域，输入"=D3:D41*(1-E2:F2)"公式，如下图所示。

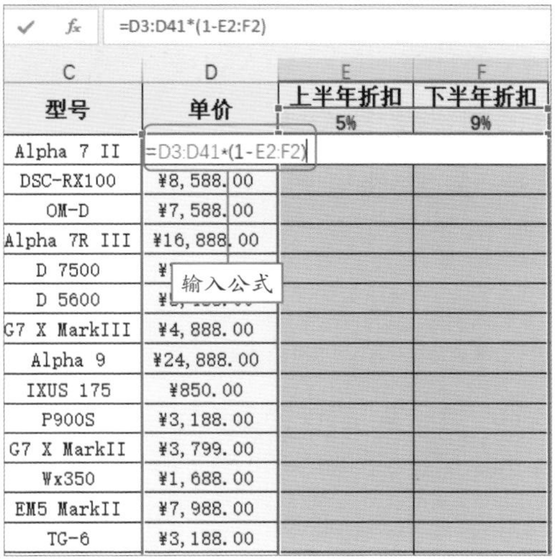

Step 02 按Ctrl+Shift+Enter组合键，即可快速计算出不同折扣的单价，如下图所示。

=D3:D41*(1-E2:F2)

C	D	E	F
型号	单价	上半年折扣 5%	下半年折扣 9%
Alpha 7 II	=D3:D41*(1-E2:F2)		
DSC-RX100	¥8,588.00		
OM-D	¥7,588.00		
Alpha 7R III	¥16,888.00		
D 7500	¥		
D 5600	输入公式		
G7 X MarkIII	¥4,888.00		
Alpha 9	¥24,888.00		
IXUS 175	¥850.00		
P900S	¥3,188.00		
G7 X MarkII	¥3,799.00		
Wx350	¥1,688.00		
EM5 MarkII	¥7,988.00		
TG-6	¥3,188.00		

{=D3:D41*(1-E2:F2)}

B	C	D	E	F
品牌	型号	单价	上半年折扣 5%	下半年折扣 9%
索尼	Alpha 7 II	¥7,699.00	¥7,314.05	¥7,006.09
索尼	DSC-RX100	¥8,588.00	¥8,158.60	¥7,815.08
奥林巴斯	OM-D	¥7,588.00	¥7,208.60	¥6,905.08
索尼	Alpha 7R III	¥16,888.00	¥16,043.60	¥15,368.08
尼康	D 7500	¥7,000.00	¥6,650.00	¥6,370.00
尼康	D 5600	¥5,488.00	¥5,213.60	¥4,994.08
佳能	G7 X MarkIII	¥4,888.00	¥4,643.60	¥4,448.08
索尼	Alpha 9	¥24,888.00	¥23,643.60	¥22,648.08
佳能	IXUS 175	¥850.00	¥807.50	¥773.50
尼康	P900S	¥3,188.00	¥3,028.60	¥2,901.08
佳能	G7 X MarkII	¥3,799.00	¥3,609.05	¥3,457.09
索尼	Wx350	¥1,688.00	¥1,603.60	¥1,536.08
奥林巴斯	EM5 MarkII	¥7,988.00	¥7,588.60	¥7,269.08
奥林巴斯	TG-6	¥3,188.00	¥3,028.60	¥2,901.08
佳能	SX720		查看计算单价的效果	¥2,456.09
佳能	80			¥7,643.09

Tips 操作解迷

本案例中是不同方向的一维数组之间的运行，其中D3:D41单元格区域为纵向一维数组，E2:F2为横向一维数组。运算后返回一个矩阵的结果。

2. 计算上下半年销售金额

计算上下半年销售金额时，使用同方向二维数组运算，需要跨工作表计算，下面介绍具体操作方法。

Step 01 选择G3:H41单元格区域，然后输入"=E3:F41*"，如下图所示。

× ✓ fx	=E3:F41*		
E 上半年折扣 5%	**F** 下半年折扣 9%	**G** 上半年销售金额	**H** 下半年销售金额
¥7,314.05	¥7,006.09	=E3:F41*	
¥8,158.60	¥7,815.08		
¥7,208.60	¥6,905.08		
¥16,043.60	¥15,368.08		
¥6,650.00	¥6,370.00		
¥5,213.60	¥4,994.08	输入	
¥4,643.60	¥4,448.08		
¥23,643.60	¥22,648.08		
¥807.50	¥773.50		
¥3,028.60	¥2,901.08		
¥3,609.05	¥3,457.09		
¥1,603.60	¥1,536.08		
¥7,588.60	¥7,269.08		

Step 02 然后切换至"各产品月销量统计表"工作表中，选中P2:Q40单元格区域，如下图所示。

× ✓ fx	=E3:F41*各产品月销量统计表!P2:Q40							
J 7月	**K** 8月	**L** 9月	**M** 10月	**N** 11月	**O** 12月	**P** 上半年	**Q** 下半年	**R** 总销量
325	141	183	214	105	365	1193	1333	2526
213	317	152	174	291	361	1686	1508	3194
294	281	260	224	437	291	1790	1787	3577
489	137	119	412	294	457	1615	1908	3523
394	355	346	202	382	327	1949	2006	3955
457	163	189	445	449	483	1691	2186	3877
185	388	499	431	307	431	1840	2241	4081
328	208	481	260	310	318	1593	1905	3498
434	498	161	195	134	285	1709	1707	3416
485	317	454	397	100	489	1960	2242	4202
374	374	459	360	304	435	1422	2306	3728
404	435	243	228	415	110	1667	1835	3502
351	270	426	159	408	321	1550	1971	3521
450	314	318	366	139	161	2419	1948	4367
272	323	413				98	2126	3824
126	399	119	选择单元格区域			93	1742	3535

Step 03 按Ctrl+Shift+Enter组合键，即可完成计算，如下图所示。

{=E3:F41*各产品月销量统计表!P2:Q40}			
F 下半年折扣 9%	**G** 上半年销售金额	**H** 下半年销售金额	**I** 年销售额
¥7,006.09	¥8,725,661.65	¥9,339,117.97	
¥7,815.08	¥13,755,399.60	¥11,785,140.64	
¥6,905.08	¥12,903,394.00	¥12,339,377.96	
¥15,368.08	¥25,910,414.00	¥29,322,296.64	
¥6,370.00	¥12,960,850.00	¥12,778,220.00	
¥4,994.08	¥8,816,197.60	¥10,917,058.88	
¥4,448.08	¥8,544,224.00	¥9,968,147.28	
¥22,648.08	¥37,664,254.80	¥43,144,592.40	
¥773.50	¥1,380,017.50	¥1,320,364.50	
¥2,901.08	¥5,936,056.00	¥6,504,221.36	
¥3,457.09	¥5,132,069.10	¥7,972,049.54	
¥1,536.08			
¥7,269.08	计算上下半年销售金额		

3. 计算年销售额和总销售额

计算各产品年销售额时，可以使用SUM函数计算，也可以使用数组公式计算，下面介绍使用数组公式计算的方法。

Step 01 选择I3:I40单元格区域，输入"=G3:G41+H3:H41"公式，按Ctrl+Shift+Enter组合键，计算结果如下图所示。

× ✓ fx	{=G3:G41+H3:H41}		
G 上半年销售金额	**H** 下半年销售金额	**I** 年销售额	
¥8,725,661.65	¥9,339,117.97	¥18,064,779.62	
¥13,755,399.60	¥11,785,140.64	¥25,540,540.24	
¥12,903,394.00	¥12,339,377.96	¥25,242,771.96	
¥25,910,414.00	¥29,322,296.64	¥55,232,710.64	
¥12,960,850.00	¥12,778,220.00	¥25,739,070.00	
¥8,816,197.60	¥10,917,058.88	¥19,733,256.48	
¥8,544,224.00	¥9,968,147.28	¥18,512,371.28	
¥37,664,254.80	¥43,144,592.40	¥80,808,847.20	
¥1,380,017.50	¥1,320,364.50	¥2,700,382.00	
¥5,936,056.00	¥6,504,221.36	¥12,440,277.36	
¥5,132,069.10	计算年销售金额	¥13,104,118.64	

Step 02 在I42单元格中输入"=SUM（G3：H41）"公式，按Ctrl+Shift+Enter组合键计算结果，如下图所示。

I42		× ✓ fx	{=SUM(G3:H41)}	
	G 上半年销售金额	**H** 下半年销售金额	**I** 年销售额	
36	¥10,942,290.00	¥11,470,193.28	¥22,412,483.28	
37	¥24,094,382.60	¥21,966,107.80	¥46,060,490.40	
38	¥6,189,804.80	¥5,976,792.64	¥12,166,597.44	
39	¥103,968,000.00	¥77,908,740.00	¥181,876,740.00	
40	¥5,999,656.60	¥4,928,934.92	¥10,928,591.52	
41	¥33,479,459.20	¥43,163,920.80	¥76,643,380.00	
42	计算年销售总金额		销售总额 ¥1,262,797,613.65	
43				

5.2.3 分析计算销量数据

▶▶▶ 在分析销量时，需要查找以下几组数据，某个月的销量之和、前几个或后几个月销量之和以及标记某产品一年中有5个月销量大于等于400。本节将使用函数分析以上数据，下面介绍具体操作方法。

扫码看视频

1. 计算某个月的销量之和

在分析销量数据时，需要查看某个月的销量之和，下面介绍具体操作方法。

Step 01 在B43:J44单元格区域中完善表格。选中C44单元格，输入"=SUM(CHOOSE(C43,D2:D40,E2:E40,F2:F40,G2:G40,H2:H40,I2:I40,J2:J40,K2:K40,L2:L40,M2:M40,N2:N40,O2:O40))"公式，如下图所示。

	A	B	C	D	E	F
1	序号	品牌	型号	1月	2月	3月
38	XGWL037	索尼	PMW -Ex	176	206	388
39	XGWL038	奥林巴斯	407	449	472
40	XGWL039	尼康	D 850	408	429	240
41			按月分汇总销量：	11785	11332	10951
42						
43		月份			前几个月	
44	=SUM(CHOOSE(C43,D2:D40,E2:E40,F2:F40,G2:G40,H2:H40,I2:					
45	40,J2:J40,K2:K40,L2:L40,M2:M40,N2:N40,O2:O40))					

输入公式

VLOOKUP ... × ✓ fx =SUM(CHOOSE(C43,D2:D40,E

Step 02 按Enter键执行计算，可见返回"#VALUE!"错误值，这是因为引用的C43单元格中没有数据，如下图所示。

	A	B	C	D	E	F
1	序号	品牌	型号	1月	2月	3月
35	XGWL034	奥林巴斯	TG6潜水	301	317	439
36	XGWL035	佳能	MarK IV5D4	471	316	223
37	XGWL036	尼康	SB-5000	379	249	268
38	XGWL037	索尼	PMW -Ex	176	206	388
39	XGWL038	奥林巴斯	TG-5	407	449	472
40	XGWL039	尼康	D 850	408	429	240
41			按月分汇总销量：	11785	11332	10951
42						
43		月份			前几个月	
44		产	#VALUE!		产量	
45						

查看计算结果

Step 03 选中C44单元格，按F2功能键，公式为可编辑状态，将公式修改为"=IFERROR(SUM(CHOOSE(C43,D2:D40,E2:E40,F2:F40,G2:G40,H2:H40,I2:I40,J2:J40,K2:K40,L2:L40,M2:M40,N2:N40,O2:O40)),"输入查询月份")"，按Enter键，如下图所示。

C44 ... × ✓ fx =IFERROR(SUM(CHOOSE(C4

	A	B	C	D	E	F
1	序号	品牌	型号	1月	2月	3月
35	XGWL034	奥林巴斯	TG6潜水	301	317	439
36	XGWL035	佳能	MarK IV5D4	471	316	223
37	XGWL036	尼康	SB-5000	379	249	268
38	XGWL037	索尼	PMW -Ex	176	206	388
39	XGWL038	奥林巴斯	TG-5	407	449	472
40	XGWL039	尼康	D 850	408	429	240
41			按月分汇总销量：	11785	11332	10951
42						
43			前几个月			
44		产量	输入查询月份		产量	
45						

修改公式后的结果

> **Tips** **操作解迷**
>
> IFERROR 函数表示如果表达式错误，则返回指定的值，否则返回表达式计算的值。
> 表达式：IFERROR(value,value_if_error)

Step 04 在C43单元格中输入查询的月份，即可自动在C44单元格计算出该月的总销量，如下图所示。

	A	B	C	D	E	F
1	序号	品牌	型号	1月	2月	3月
35	XGWL034	奥林巴斯	TG6潜水	301	317	439
36	XGWL035	佳能	MarK IV5D4	471	316	223
37	XGWL036	尼康	SB-5000	379	249	268
38	XGWL037	索尼	PMW -Ex	176	206	388
39	XGWL038	奥林巴斯	TG-5	407	449	472
40	XGWL039	尼康	D 850	408	429	240
41				11785	11332	10951
42						
43		月份	6		前几个月	
44		产量	11590		产量	

计算6月总销量

 知识充电站!!!

在步骤3中，也可以将公式修改为"=IF(C43="","输入查询月份",SUM(CHOOSE(C43,D2:D40,E2:E40,F2:F40,G2:G40,H2:H40,I2:I40,J2:J40,K2:K40,L2:L40,M2:M40,N2:N40,O2:O40)))"。

2. 计算前几个月的总销量

要分析销量时需要查看前几个月的销量之和，此时也可以使用相关函数计算结果，下面介绍具体操作方法。

Step 01 选择F45单元格，然后输入"=IFERROR(SUM(D2:CHOOSE(F43,D40,E40,F40,G40,H40,I40,J40,K40,L40,M40,N40,O40))，"输入月数")"公式，如下图所示。

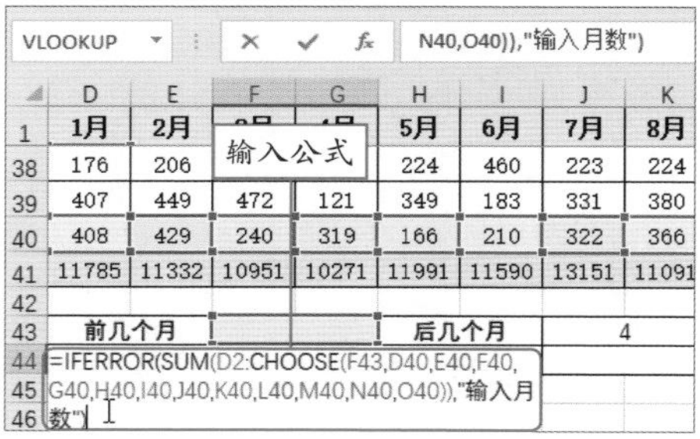

Tips 操作解迷

步骤1中SUM和CHOOSE的函数公式，首先CHOOSE根据F43单元格中数字在之后参数中选择，如输入5，在参数中选择H40单元格，然后SUM函数计算D2:H40单元格区域内数据之和，即可计算出前5个月销量。

Step 02 按Enter键后，在F43单元格输入数字5，即可在F44单元格中显示前5个月的销量之和，如下图所示。

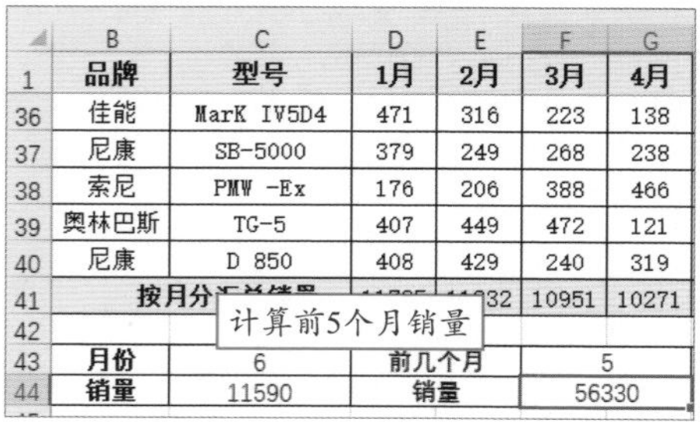

Tips 操作解迷

CHOOSE函数在数值参数列表中返回指定的数值参数。表达式：CHOOSE(index_num, value1, [value2], ...)

3. 计算后几个月的总销量

计算后几个月的总销量和计算前几个月的总销量的方法类似，下面介绍具体操作方法。

Step 01 选中J44单元格，输入"=IFERROR(SUM(CHOOSE(J43,O2,N2,M2,L2,K2,J2,I2,H2,G2,F2,E2,D2):O40)，"输入月数")"公式，如下图所示。

Step 02 按Enter键执行计算，在J43单元格中输入数字4，在J44单元格显示后4个月的销量之和，如下图所示。

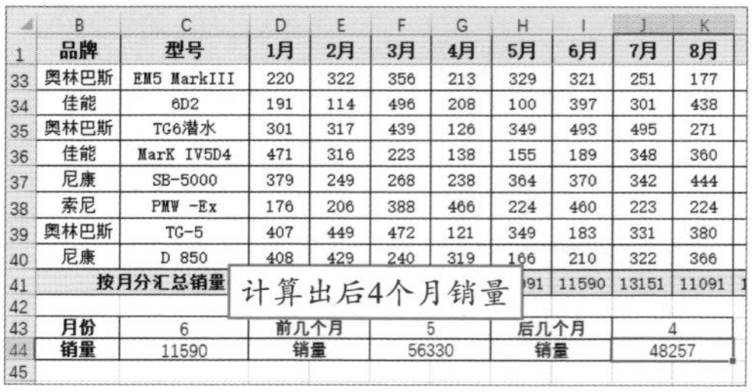

知识充电站!!!

函数是Excel中预先编好的公式，只需要在函数中输入相应的参数即可计算结果。在Excel中包含10多种类型的函数，如财务函数、日期与时间函数、数学与三角函数、统计函数、查找与引用函数、逻辑函数、文本函数等。本案例中IFERROR为逻辑函数，SUM为数据与三角函数，CHOOSE为查找与引用函数。Excel中大部分的函数都是有参数的，也有的函数是无参数，如TODAY、NOW函数。

函数的种类很多，其中每一大类中还包含多个函数。用户只需要熟悉常用的几个函数或者在其领域中的函数即可。不需要记住每个函数。

5.2.4 突出显示满足条件的信息

▶▶▶ 在分析销量时，可以使用条件格式结合函数突出显示满足条件的信息，如本案例中突显产品一年中有5个月销量大于等于400的信息。下面介绍具体操作方法。

扫码看视频

Step 01 选择A2:R40单元格区域❶，切换至"开始"选项卡❷，单击"样式"选项组中"条件格式"下三角按钮❸，在列表中选择"新建规则"选项❹，如下图所示。

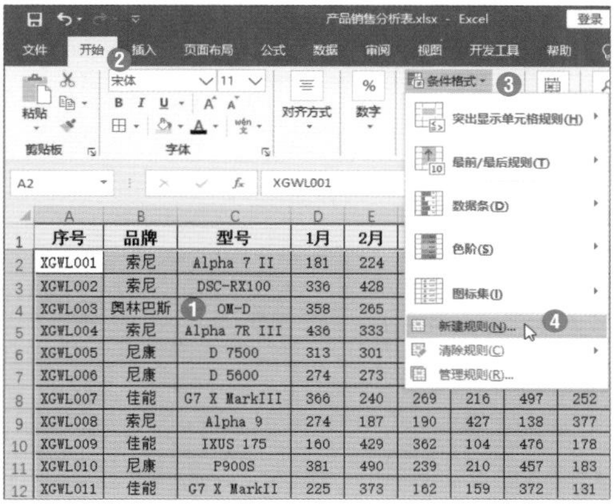

	A	B	C	D	E
1	序号	品牌	型号	1月	2月
2	XGWL001	索尼	Alpha 7 II	181	224
3	XGWL002	索尼	DSC-RX100	336	428
4	XGWL003	奥林巴斯	OM-D	358	265
5	XGWL004	索尼	Alpha 7R III	436	333
6	XGWL005	尼康	D 7500	313	301
7	XGWL006	尼康	D 5600	274	273
8	XGWL007	佳能	G7 X MarkIII	366	240
9	XGWL008	索尼	Alpha 9	274	187
10	XGWL009	佳能	IXUS 175	362	104
11	XGWL010	尼康	P900S	381	490
12	XGWL011	佳能	G7 X MarkII	225	373

Step 02 打开"新建格式规则"对话框，在"选择规则类型"列表框中选择"使用公式确定设置格式的单元格"选项❶，在"为符合此公式的值设置格式"文本框中输入公式"=COUNTIF($D2:$O2,">=400")>=5"❷，单击"格式"按钮❸，如下图所示。

Step 03 打开"设置单元格格式"对话框，在"字体"选项卡中加粗文本，在"填充"选项卡❶中设置填充底纹颜色❷，如下图所示。

Tips 操作解迷

=COUNTIF($D2:$O2,">=400") 公式统计出在 D2:O2 单元格区域中大于或等于 400 的个数。

Step 04 依次单击"确定"按钮，返回工作表中，可见满足条件的信息均填充底纹颜色，如下图所示。

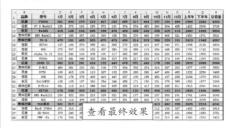
查看最终效果

Tips 操作解迷

COUNTIF 函数对指定单元格区域中满足指定条件的单元格进行计数。
表达式：COUNTIF (range,criteria)

5.2.5 分析计算销售金额

▶▶▶ 在分析销售额时，首先分析销售额前3的数据，然后再按品牌统计销售金额之和，并对品牌的销售额进行排名。下面介绍具体操作方法。

扫码看视频

1. 计算销售额前3的数据

使用LARGE函数计算出销售额最多的3个数据，并按降序排列，然后使用VLOOKUP函数查找数据对应的型号，下面介绍具体操作方法。

Step 01 选择D:H列并右击❶，在快捷菜单中选择"隐藏"命令❷，将选中的列隐藏起来，如下图所示。

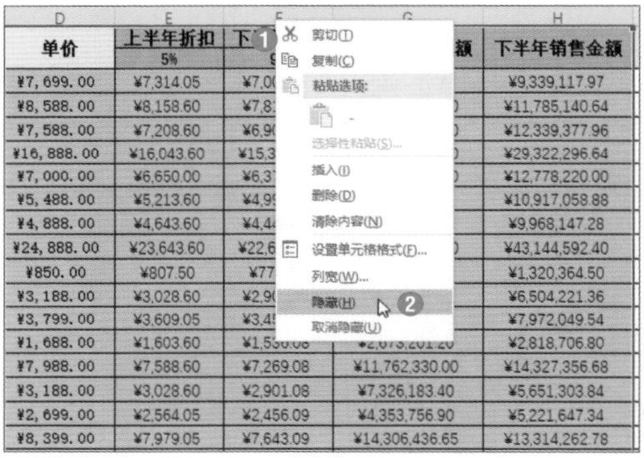

Tips 操作解迷

> 由于表格横向太宽，为了在计算时能够将应用的数据展示完整，可以先将其他不相关的数据隐藏起来。

Step 02 选择 L3:L5 单元格区域，然后输入"=LARGE(I3:I41,{1;2;3})"公式，如下图所示。

	C			J	K	
	型号	年销售额			型号	销售额前3
	Alpha 7 II	¥18,064,779.62				=LARGE(I3:I41,{1;2;3})
	DSC-RX100	¥25,540,540.24				
	OM-D	¥25,242,771.96				
	Alpha 7R III	¥55,232,710.64				
	D 7500	¥25,739,070.00				
	D 5600	¥19,733,256.48				
	G7 X MarkIII	¥18,512,371.28				输入公式
	Alpha 9	¥80,808,847.20				
	IXUS 175	¥2,700,382.00				
	P900S	¥12,440,277.36				

Tips 操作解迷

> LARGE 函数返回数据集中第 k 个最大值。
> 表达式：LARGE(array,k)

Step 03 按Ctrl+Shift+Enter组合键即可计算出销售额前3的数据，如下图所示。

fx {=LARGE(I3:I41,{1;2;3})}

I	J	K	L
年销售额		型号	销售额前3
¥18,064,779.62			¥181,876,740.00
¥25,540,540.24			¥135,273,967.92
¥25,242,771.96			¥80,808,847.20
¥55,232,710.64			
¥25,739,070.00			
¥19,733,256.48			
¥18,512,371.28			
¥80,808,847.20			
¥2,700,38...	计算销售金额前3的数据		
¥12,440,2...			

Tips 操作解迷

> 步骤 2 公式中 LARGE 函数的第 2 个参数为数组形式，表示计算出最大的 3 个数值并分行显示。

Step 04 选中K3单元格并输入"=VLOOKUP(L3,IF({1,0},I3:I41,C3:C41),2,FALSE)"公式，如下图所示。

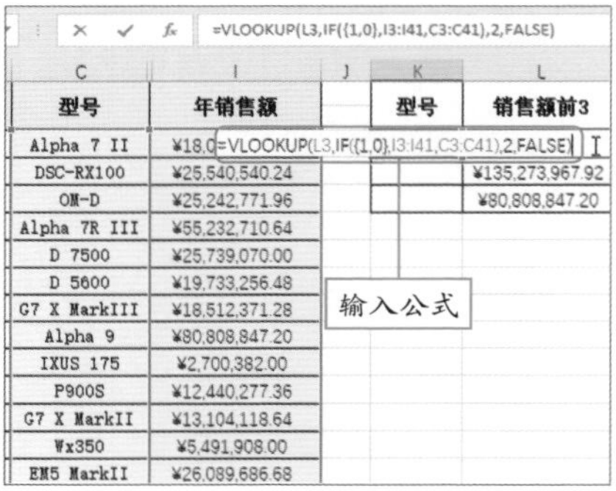

fx =VLOOKUP(L3,IF({1,0},I3:I41,C3:C41),2,FALSE)

	C			J	K	
	型号	年销售额			型号	销售额前3
	Alpha 7 II	¥18,0 =VLOOKUP(L3,IF({1,0},I3:I41,C3:C41),2,FALSE)				
	DSC-RX100	¥25,540,540.24				¥135,273,967.92
	OM-D	¥25,242,771.96				¥80,808,847.20
	Alpha 7R III	¥55,232,710.64				
	D 7500	¥25,739,070.00				
	D 5600	¥19,733,256.48				
	G7 X MarkIII	¥18,512,371.28				输入公式
	Alpha 9	¥80,808,847.20				
	IXUS 175	¥2,700,382.00				
	P900S	¥12,440,277.36				
	G7 X MarkII	¥13,104,118.64				
	Wx350	¥5,491,908.00				
	EM5 MarkII	¥26,089,686.68				

Tips 操作解迷

IF 函数根据指定的条件来判断真（TRUE）或假（FALSE），根据逻辑计算的真假值，从而返回相应的内容。

表达式：IF(logical_test,value_if_true,value_if_false)

Step 05 按Enter键执行计算，将K3单元格中公式向下填充至K5单元格，如下图所示。

| fx | =VLOOKUP(L3,IF({1,0},I3:I41,C3:C41),2,FALSE) |

I	J	K	L
年销售额		**型号**	**销售额前3**
¥18,064,779.62		PMW - Ex	¥181,876,740.00
¥25,540,540.24		D5	¥135,273,967.92
¥25,242,771.96		Alpha 9	¥80,808,847.20
¥55,232,710.64			
¥25,739,070.00			
¥19,733,256.48		查看计算结果	

Tips 操作解迷

步骤 4 中的公式，使用 VLOOKUP 函数查找满足件对应的数据。使用 VLOOKUP 函数有一个弊端，就是查找的数据在被查找数据的左侧，否则无法使用该函数查找数据。本案例中销售额为查找的数据，型号是被查找的数据，但是型号是在销售额的右侧，所以使用 IF 函数将两列数据重新组合，然后再根据销售额查找对应的型号。

知识充电站

除了使用 IF 函数将数据重新组合外，用户也可以将两列数据通过复制粘贴重新组合，但是这样会更改源数据，不推荐使用。

2. 计算各品牌的销售总额

分析销售额时还需要对不同的品牌进行分析，计算各品牌的销售总额，下面介绍具体操作方法。

Step 01 在K7:M11单元格区域完善表格。选中L8单元格并输入"=SUMIF($B$3:$B$41,K8,$I$3:$I$41)"公式，如下图所示。

Tips 操作解迷

SUMIF 函数返回指定数据区域中满足条件的数值的和。

表达式：SUMIF(range,criteria,sum_range)

Step 02 将L8单元格中公式向下填充到L11单元格中，计算出各品牌的销售总额，如下图所示。

品牌	**年销售额**	**排名**
索尼	¥455,618,592.34	
奥林巴斯	¥222,229,005.48	
尼康	¥352,906,863.36	
佳能	¥232,043,152.47	
	查看计算结果	

Tips 操作解迷

步骤 1 中公式表示，在 B3:B41 单元格区域中为 K8 中数据，将对应的 I3:I41 单元格区域中数值进行求和。

Step 03 在M8单元格中输入"=RANK(L8,$L$8:$L$11)"公式，并将公式向下填充至M11单元格，对各品牌进行排名，如下图所示。

品牌	**年销售额**	**排名**
索尼	¥455,618,592.34	1
奥林巴斯	¥222,229,005.48	4
尼康	¥352,906,863.36	2
佳能	查看排名结果	3

Tips 操作解迷

RANK 函数返回一个数字在数字列表中的排位。

表达式：RANK (number,ref,order)

知/识/大/迁/移

SUBTOTAL函数的应用

1. SUBTOTAL函数的介绍

SUBTOTAL函数返回列表或数据库中的分类汇总。

表达式：SUBTOTAL(function_num,ref1,ref2, ...)

参数含义：function_num 表示1 到 11（包含隐藏值）或 101 到 111（忽略隐藏值）之间的数字，指定使用何种函数在列表中进行分类汇总计算。ref表示要对其进行分类汇总计算的第1至29个命名区域或引用，该参数必须是对单元格区域的引用。

下面通过表格形式介绍function_num参数的取值和说明，如表1所示。

表1　function_num参数

值 （包含隐藏值）	值 （忽略隐藏值）	函数	函数说明
1	101	AVERAGE	平均值
2	102	COUNT	非空值单元格计数
3	103	COUNTA	非空值单元格计数包括字母
4	104	MAX	最大值
5	105	MIN	最小值
6	106	PRODUCT	乘积
7	107	STDEV	标准偏差忽略逻辑值和文本
8	108	STDEVP	标准偏差值
9	109	SUM	求和
10	110	VAR	给定样本的方差
11	111	VARP	整个样本的总体方差

2. 使用SUBTOTAL函数计算数据

SUBTOTAL函数可以进行11种运算，使用方法和SUM函数类似，只是第一个参数需要根据表1选择合适的计算类型。下面通过案例介绍包含隐藏值和忽略隐藏值的结果的不同。

Step 01 打开"产品销售分析表.xlsx"工作簿，切换至"各产品月销售统计表"工作表，在K3:M6单元格区域中完善表格，如下图所示。

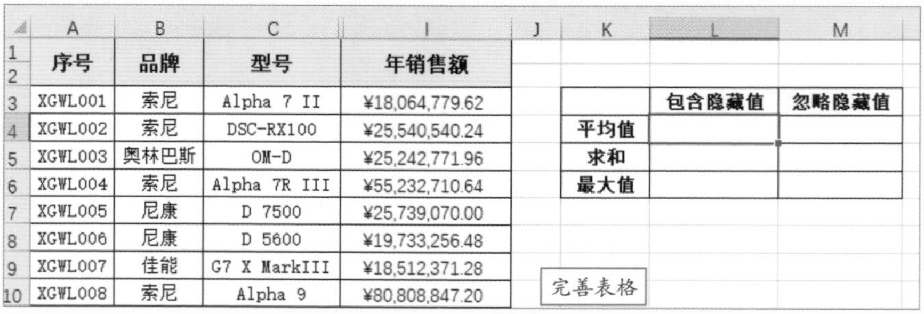

	A	B	C	I	J	K	L	M
1 2	序号	品牌	型号	年销售额				
3	XGWL001	索尼	Alpha 7 II	¥18,064,779.62			包含隐藏值	忽略隐藏值
4	XGWL002	索尼	DSC-RX100	¥25,540,540.24		平均值		
5	XGWL003	奥林巴斯	OM-D	¥25,242,771.96		求和		
6	XGWL004	索尼	Alpha 7R III	¥55,232,710.64		最大值		
7	XGWL005	尼康	D 7500	¥25,739,070.00				
8	XGWL006	尼康	D 5600	¥19,733,256.48				
9	XGWL007	佳能	G7 X MarkIII	¥18,512,371.28		完善表格		
10	XGWL008	索尼	Alpha 9	¥80,808,847.20				

Step 02 选中L4单元格并输入"=SUBTOTAL(1,$I$3:$I$41)"公式，按Enter键执行计算，如下左图所示。

Step 03 选中L5单元格，在编辑栏中将第1个参数修改为9，表示对第2个参数进行求和，将L6单元格公式的第1个参数修改为4，表示对第2个参数求最大值，计算结果如下右图所示。

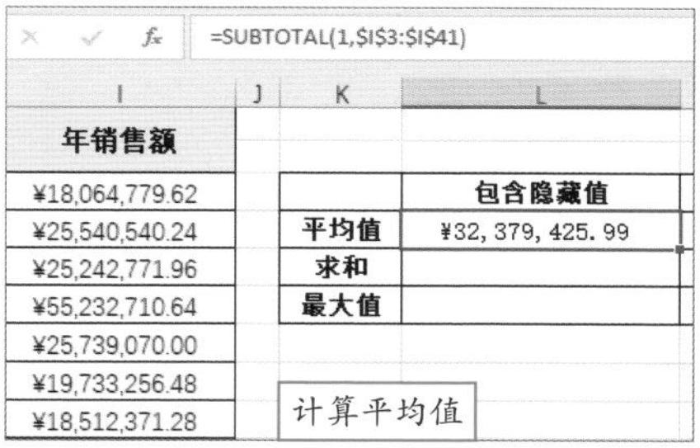

	I	J	K	L
	× ✓ fx		=SUBTOTAL(1,$I$3:$I$41)	
	年销售额			
	¥18,064,779.62			**包含隐藏值**
	¥25,540,540.24		平均值	¥32,379,425.99
	¥25,242,771.96		求和	
	¥55,232,710.64		最大值	
	¥25,739,070.00			
	¥19,733,256.48		计算平均值	
	¥18,512,371.28			

	I	J	K	L
	SUBTOTAL(9,$I$3:$I$41)			
	年销售额			
	¥18,064,779.62			**包含隐藏值**
	¥25,540,540.24		平均值	¥32,379,425.99
	¥25,242,771.96		求和	¥1,262,797,613.65
	¥55,232,710.64		最大值	¥181,876,740.00
	¥25,739,070.00			
	¥19,733,256.48		计算其他数据	
	¥18,512,371.28			

Step 04 将表格中L4和L6单元格区域中公式向右填充到M行，然后将第1个参数参照表1修改为忽略隐藏值对应的数值，如M4中修改为101，如下图所示。

fx	=SUBTOTAL(101,$I$3:$I$41)	
K	**L**	**M**
	包含隐藏值	**忽略隐藏值**
平均值	¥32,379,425.99	¥32,379,425.99
求和	¥1,262,797,613.65	¥1,262,797,613.65
最大值	¥181,876,填充并修改公式	¥181,876,740.00

Step 05 将第33行到第39行的数据进行隐藏，可见包含隐藏值的数值没有变化，而忽略隐藏值的数据发生变化，因为隐藏的值不参于计算，如下图所示。

	包含隐藏值	**忽略隐藏值**
平均值	¥32,379,425.99	¥28,877,370.87
求和	¥1,262,797,613.65	¥924,075,867.96
最大值	¥181,8 隐藏数据查看效果	135,273,967.92

使用SUBTOTAL函数还可以使表格中的序号连续，无论是隐藏行还是对数据进行筛选。"各产品月销量统计表"工作表中在A2单元格中输入"=SUBTOTAL(103,$B$1:B2)-1"公式，然后按该公式向下填充到表格结尾。隐藏第3行到第6行，序号自动连续，如下图所示。对其进行筛选也是如此。

A2		× ✓ fx	=SUBTOTAL(103,$B$1:B2)-1								
	A	**B**	**C**	**D**	**E**	**F**	**G**	**H**	**I**	**J**	**K**	**L**
1	序号	品牌	型号	1月	2月	3月	4月	5月	6月	7月	8月	9月
2	1	索尼	Alpha 7 II	181	224	317	179	161	131	325	141	183
7	2	尼康	D 5600	274	273	398	226	130	390	457	163	189
8	3	佳能	G7 X MarkIII	366	240	269	216	497	252	185	388	499
9	4	索尼	Alpha 9	274	187	190	427	138	377	328	208	481
10	5	佳能	IXUS 175	160	429	362	104	476	178	434	498	161
11	6	尼康	P900S	381	490	239	210	457	183	485	317	454
12	7	佳能	G7 X MarkII	225	373	162	159	372	131	374	374	459
13	8	索尼	Wx350	查看序号连续的效果				188	476	404	435	243
14	9	奥林巴斯	EM5 MarkII					360	158	351	270	462

Chapter

06

分析Excel数据

本章导读

对表格中数据进行查看和分析时，经常需要将表格中数据进行排序、筛选出满足条件的数据、对数据进行分类汇总以及展示表格中不同的数据结构。

本章结合员工基本信息表和销售统计表两个案例介绍Excel中排序、筛选、合并计算、分类汇总、数据透视表以及单变量求解等知识。

本章要点

1. 分析员工基本信息表

▶ 快速排序或筛选

▶ 按笔划排序

▶ 自定义排序或筛选

▶ 高级筛选

▶ 在受保护工作表中筛选数据

2. 分析各地区年度销售数据

▶ 合并计算

▶ 修改合并计算的运算方式

▶ 单项分类汇总

▶ 多项分类汇总

▶ 数据透视表应用

▶ 单变量求解

6.1 分析员工基本信息表

案 / 例 / 简 / 介

企业为了更好地管理员工，需要统计员工的基本信息。员工的基本信息包括很多项，例如姓名、部门、联系方式、学历以及基本的待遇等。在员工基本信息表中可以对数据进行分析，如排序和筛选，可以掌握员工的相关信息。本节将介绍分析员工基本信息表的方法，效果如下图所示。

	A	B	C	D	E	F	H	I	J
1	员工编号	姓名	部门	职务	联系方式	最高学历	基本工资	岗位津贴	合计工资
35	BHWLan22980	何爽悦	企划部	职员	16662087064	大专	¥3,500.00	¥655.00	¥4,155.00
36	BHWLan28621	戈大	人事部	职员	17128886740	大专	¥3,500.00	¥650.00	¥4,150.00
37	BHWLan70990	马家	人事部	职员	14825040687	大专	¥3,500.00	¥649.00	¥4,149.00
38	BHWLan25646	姚伶俐	销售部	职员	16163044895	大专	¥3,500.00	¥642.00	¥4,142.00
39	BHWLan19590	李清雅	生产部	职员	13277022557	大专	¥3,500.00	¥642.00	¥4,142.00
40	BHWLan87008	朱时贸	销售部	职员	17413604006	大专	¥3,500.00	¥636.00	¥4,136.00
41	BHWLan84472	马家							
42	BHWLan52763	车鲜							
43	BHWLan46610	何济							
44	BHWLan24261	皮超							
45	BHWLan24261	皮超							
46	BHWLan46546	宁采							
47	BHWLan89966	钱文							
48	BHWLan74706	方鹏							
49	BHWLan44399	向左							
50	BHWLan59435	赵亦非	研发部	职员	16306411753	本科	¥3,500.00	¥963.00	¥4,463.00

	A	B	C	D	F	H	I	J
1	员工编号	姓名	部门	职务	最高学历	基本工资	岗位津贴	合计工资
3	BHWLan12981	孙永成	财务部	经理	研究生	¥4,580.00	¥1,811.00	¥6,391.00
24	BHWLan42203	赵石民	销售部	经理	研究生	¥4,580.00	¥1,930.00	¥6,510.00
45	BHWLan70345	马宁智	人事部	经理	研究生	¥4,580.00	¥1,929.00	¥6,509.00
56	BHWLan77879	李世民	研发部	经理	研究生	¥4,580.00	¥1,938.00	¥6,518.00
68	BHWLan92871	蒋昌	企划部	经理	研究生	¥4,580.00	¥1,601.00	¥6,181.00
69	BHWLan99918	姚明	生产部	经理	研究生	¥4,580.00	¥1,973.00	¥6,553.00

思 / 路 / 分 / 析

分析员工基本信息表中数据时，首先对表格中数据进行排序操作，根据不同的需求使用不同的排序方式。然后对数据进行筛选，可以筛选出想要的员工信息。分析员工基本信息表的流程如下图所示。

分析员工基本信息表	排序员工基本信息表	按合计工资升序排列
		按笔画对部门排序
		自定义排序
		多条件排序
	筛选员工信息表中的数据	筛选指定类别的数据
		自定义筛选
	高级筛选数据	高级筛选"与"关系
		高级筛选"或"关系
		删除表格中重复值
	设置保护的工作表允许筛选数据	

6.1.1 排序员工基本信息表

▶▶▶ 在查看数据时，经常需要按一定的顺序排列数据，方便对数据查找和分析。下面介绍对员工基本信息表内数据进行排序的方法。

扫码看视频

1. 按合计工资升序排列

在分析数据时，升序和降序排列是最基本的排列方式，下面介绍具体操作方法。

Step 01 打开"员工基本信息表.xlsx"工作簿，将光标定位在"合计工资"列的任意单元格中❶。切换至"数据"选项卡❷，单击"排序和筛选"选项组中"升序"按钮❸，如下图所示。

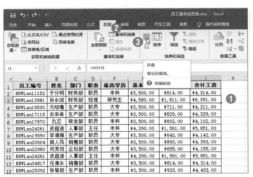

Step 02 操作完成后，可见"合计工资"列的金额从小到大排列，效果如下图所示。

查看排序的效果

Tips 操作解迷

用户可以使用相同的方法对数据进行降序排列，但是需要注意，在排序之前必须将光标定位在需要排序的列中。

2. 按笔划对部门排序

在Excel中也可以对文本进行排序，默认情况下是按第一个字母排序的，也可以通过设置按笔划进行排序，下面介绍具体操作方法。

Step 01 将光标定位在表格的任意单元格中❶，切换至"数据"选项卡❷，单击"排序和筛选"选项组中"排序"按钮❸，如下图所示。

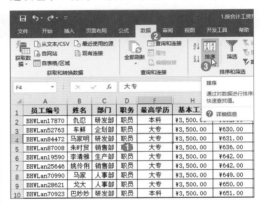

Step 02 打开"排序"对话框，设置"主要关键字"为"部门"❶，单击"选项"按钮❷，如下图所示。

知识充电站!!!

在"排序"对话框中"排序依据"默认为"单元格值"，单击右侧下三角按钮，用户还可以在列表中选择其他排序依据，如"单元格颜色""字体颜色"以及"条件格式图标"选项。

Step 03 打开"排序选项"对话框，在"方法"

选项区域中选中“笔划排序”单选按钮❶，单击“确定”按钮❷，如下图所示。

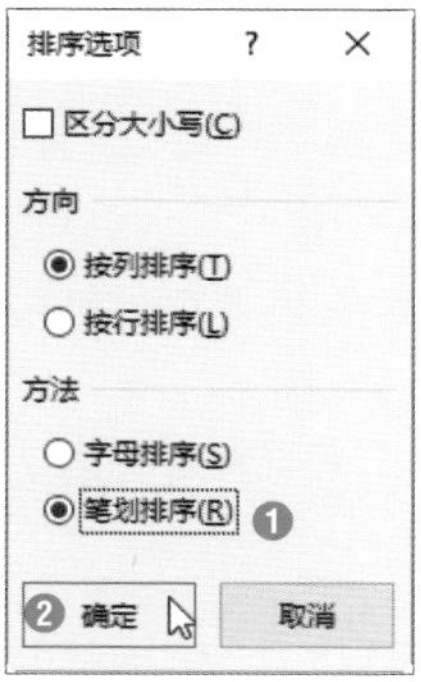

Step 04 返回“排序”对话框，保持次序为“升序”，单击“确定”按钮。即可按笔划升序对部门进行排序。为了使效果展示更全面，隐藏了部分内容，效果如下图所示。

	A	B	C	D	F	H	I	J
1	员工编号	姓名	部门	职务	最高学历	基本工资	岗位津贴	合计工资
2	BHWLan70990	马家	人事部	职员	大专	¥3,500.00	¥649.00	¥4,149.00
3	BHWLan28621	戈大	人事部	职员	大专	¥3,500.00	¥650.00	¥4,150.00
8	BHWLan24261	皮超迪	人事部	主任	本科	¥4,290.00	¥1,561.00	¥5,851.00
9	BHWLan24261	皮超迪	人事部	主任	本科	¥4,290.00	¥1,561.00	¥5,851.00
10	BHWLan70345	马宁智	人事部	经理	研究生	¥4,580.00	¥1,929.00	¥6,509.00
11	BHWLan19590	李濡雅	生产部	职员	大专	¥3,500.00	¥642.00	¥4,142.00
12	BHWLan16530	元咕噜	生产部	职员	大专	¥3,500.00	¥711.00	¥4,211.00
23	BHWLan99918	姚明	生产部	经理	研究生	¥4,580.00	¥1,973.00	¥6,553.00
24	BHWLan52763	车鲜	企划部	职员	大专	¥3,500.00	¥630.00	¥4,130.00
25	BHWLan22980	何爽悦	企划部	职员	大专	¥3,500.00	¥655.00	¥4,155.00
29	BHWLan74706	方鹏彬	企划部	主任	本科	¥4,290.00	¥1,074.00	¥5,364.00
30	BHWLan92871	蒋晶	企划部	经理	研究生	¥4,580.00	¥1,601.00	¥6,181.00
31	BHWLan11152	于分明	财务部	职员	本科	¥3,500.00	¥814.00	¥4,314.00
37	BHWLan46610	何济玲	财务部	主任	本科	¥4,290.00	¥1,568.00	¥5,858.00
38	BHWLan12981	孙永成	[illegible]	[illegible]	[illegible]	[illegible]	¥1,811.00	¥6,391.00
39	BHWLan17870	仇忍	[illegible]	[illegible]	[illegible]	[illegible]	¥602.00	¥4,102.00
40	BHWLan84472	马家明	[illegible]	[illegible]	[illegible]	[illegible]	¥631.00	¥4,131.00

查看排序的效果

知识充电站!!

除了在“数据”选项卡的“排序和筛选”选项组中进行排序外，也可以通过以下方法进行排序。其一，在“开始”选项卡的“编辑”选项组中单击“排序和筛选”下三角按钮，在列表中选择“升序”“降序”或“自定义排序”选项。其二，右击单元格在快捷菜单中选择“排序”命令，在子菜单中选择相应的命令。最后，也可以通过“筛选”功能进行排序，这部分内容将在下一小节中介绍。

3. 自定义排序

以上介绍了自动排序，当然也可以根据用户的需求进行自定义排序。对部门按笔划升序排列后为“人事部、生产部、企划部、财务部、研发部、销售部”，我们需要按以下顺序排列“销售部、人事部、财务部、生产部、研发部、企划部”。这种排序方式使用拼音和笔划是无法实现的，下面介绍自定义排序的操作方法。

Step 01 选中表格中任意单元格，单击“数据”选项卡中“排序”按钮，打开“排序”对话框，设置主要关键字为“部门”❶，单击“次序”下三角按钮❷，在列表中选择“自定义序列”选项❸，如下图所示。

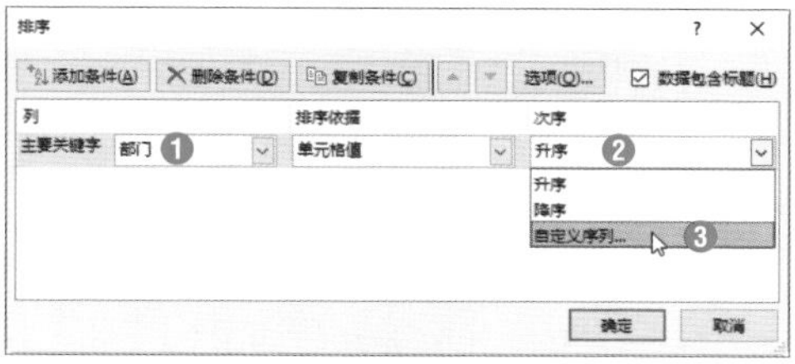

Step 02 打开“自定义序列”对话框，在“输入序列”文本框中输入按自定义排序的内容❶，然后单击“添加”按钮❷，如下图所示。

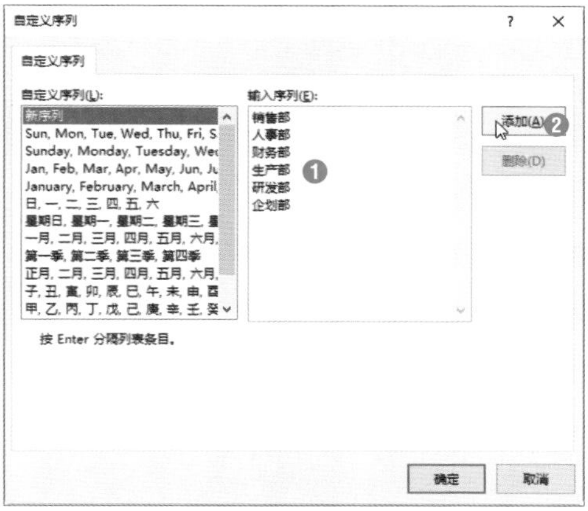

Step 03 即可将自定义的排序添加到“自定义序列”列表框中，单击“确定”按钮，返回“排序”对话框，在“次序”文本框中显示自定义排列内容，如下图所示。

Step 04 单击“确定”按钮，返回工作表中可见部门按指定的顺序排列。为了展示全面，隐藏部分内容，如下图所示。

	A	B	C	D	F	H	I	J
1	员工编号	姓名	部门	职务	最高学历	基本工资	岗位津贴	合计工资
2	BHWLan87008	朱咕贸	销售部	职员	大专	¥3,500.00	¥636.00	¥4,136.00
50	BHWLan42203	赵石民	销售部	经理	研究生	¥4,580.00	¥1,930.00	¥6,510.00
51	BHWLan70990	马蒙	人事部	职员	大专	¥3,500.00	¥649.00	¥4,149.00
54	BHWLan24261	皮超迪	人事部	主任	本科	¥4,290.00	¥1,561.00	¥5,851.00
55	BHWLan70345	马宁智	人事部	职员	大专	¥4,580.00	¥1,929.00	¥6,509.00
56	BHWLan11152	于分明	财务部	职员	本科	¥3,500.00	¥814.00	¥4,314.00
57	BHWLan46610	何济玲	财务部	主任	本科	¥4,290.00	¥1,568.00	¥5,858.00
58	BHWLan12981	孙永成	财务部	经理	研究生	¥4,580.00	¥1,811.00	¥6,391.00
59	BHWLan19590	李清雅	生产部	职员	大专	¥3,500.00	¥642.00	¥4,142.00
60	BHWLan16530	元咕噜	生产部	职员	大专	¥3,500.00	¥711.00	¥4,211.00
61	BHWLan99918	姚明	生产部	经理	研究生	¥4,580.00	¥1,973.00	¥6,553.00
62	BHWLan17870	仇忌	研发部	职员	本科	¥3,500.00	¥602.00	¥4,102.00
63	BHWLan84472	马家明	研发部	职员	大专	¥3,500.00	¥631.00	¥4,131.00
64	BHWLan46546	宇采臣	研发部	主任	本科	¥4,290.00	¥1,390.00	¥5,680.00
65	BHWLan77879	李世民	研发部	经理	研究生	¥4,580.00	¥1,938.00	¥6,518.00
66	BHWLan52763	车鲜				¥630.00	¥4,130.00	
67	BHWLan22980	何其悦	查看排序的效果			¥655.00	¥4,155.00	
68	BHWLan74706	万朝彬				¥1,074.00	¥5,364.00	

4. 多条件排序

以上介绍都是按照一个字段进行排序的，有时在排列的字段中存在相同的内容，此时还可以对相同的内容再进行排列。

本案例中需要按最高学历升序排列，学历相同时再按岗位津贴降序排列，下面介绍具体操作方法。

Step 01 将光标定位在表格中，单击"排序"按钮，打开"排序"对话框，设置主要关键字为"最高学历"，次序为"升序"❶，单击"添加条件"按钮❷，如下图所示。

Step 02 设置次要关键字为"岗位津贴"❶，设置次序为"降序"❷，如下图所示。

Step 03 操作完成后，学历按升序排列，相同学历按岗位津贴降序排列，如下图所示。

	A	B	C	D	F	H	I	J
1	员工编号	姓名	部门	职务	最高学历	基本工资	岗位津贴	合计工资
2	BHWLan16530	元咕噜	生产部	职员	大专	¥3,500.00	¥711.00	¥4,211.00
50	BHWLan22980	何其悦	企划部	职员	大专	¥3,500.00	¥655.00	¥4,155.00
51	BHWLan70990	马蒙	人事部	职员	大专	¥3,500.00	¥649.00	¥4,149.00
54	BHWLan19590	李清雅	生产部	职员	大专	¥3,500.00	¥642.00	¥4,142.00
55	BHWLan87008	朱咕贸	销售部	职员	大专	¥3,500.00	¥636.00	¥4,136.00
56	BHWLan84472	马家明	研发部	职员	大专	¥3,500.00	¥631.00	¥4,131.00
57	BHWLan52763	车鲜	企划部	职员	大专	¥3,500.00	¥630.00	¥4,130.00
58	BHWLan46610	何济玲	财务部	主任	本科	¥4,290.00	¥1,568.00	¥5,858.00
59	BHWLan24261	皮超迪	人事部	主任	本科	¥4,290.00	¥1,561.00	¥5,851.00
60	BHWLan46546	宇采臣	研发部	主任	本科	¥4,290.00	¥1,390.00	¥5,680.00
61	BHWLan74706	万朝彬	企划部	职员	本科	¥4,290.00	¥1,074.00	¥5,364.00
62	BHWLan11152	于分明	财务部	职员	本科	¥3,500.00	¥814.00	¥4,314.00
63	BHWLan17870	仇忌	研发部	职员	本科	¥3,500.00	¥602.00	¥4,102.00
64	BHWLan99918	姚明	生产部	经理	研究生	¥4,580.00	¥1,973.00	¥6,553.00
65	BHWLan77879	李世民	研发部	经理	研究生	¥4,580.00	¥1,938.00	¥6,518.00
66	BHWLan42203	赵石民	销售部	经理	研究生	¥4,580.00	¥1,930.00	¥6,510.00
67	BHWLan70345	马宁智	人事			¥1,929.00	¥6,509.00	
68	BHWLan12981	孙永成	财务	查看排序的效果		¥1,811.00	¥6,391.00	

知识充电站

在"排序"对话框中，选择需要删除的条件，单击"删除条件"按钮即可删除该条件。如果删除主要关键字，则次要关键字自动变为主要关键字。

6.1.2 筛选员工信息表中的数据

▶▶▶ 在工作中，有时需要从数据繁多的工作簿中查找符合某条件的数据，此时可以使用Excel的筛选功能。下面以员工信息表为例介绍筛选的具体操作方法。

扫码看视频

1. 筛选指定类别的数据

快速筛选表格中的数据可以使用自动筛选功能。本案例中需要筛选出"销售部"和"生产部"员工的信息。下面介绍具体操作方法。

Step 01 将光标定位在表格的任意单元格中❶，切换到"数据"选项卡❷，单击"排序和筛选"选项组中"筛选"按钮❸，如右图所示。

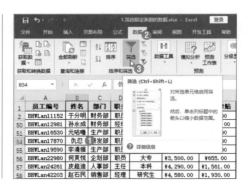

用户也可以按 Ctrl+Shift+L 组合键进入筛选状态，如果需要取消筛选状态，再次单击"筛选"按钮或按 Ctrl+Shift+L 组合键即可。

Step 02 表格进入筛选模式，单击"部门"右侧筛选按钮❶，在列表中取消勾选"全选"复选框❷，然后勾选"生产部"和"销售部"复选框❸，最后单击"确定"按钮❹，如下图所示。

	A	B	C	D	F	H	I
1	员工编号	姓名	部门	职	最高学	基本工资	岗位津贴
				职员	本科	¥3,500.00	¥814.00
				经理	研究生	¥4,580.00	¥1,811.00
				职员	大专	¥3,500.00	¥711.00
				职员	大专	¥3,500.00	¥602.00
				职员	大专	¥3,500.00	¥642.00
				职员	大专	¥3,500.00	¥655.00
				主任	本科	¥4,290.00	¥1,561.00
				经理	研究生	¥4,580.00	¥1,930.00
				职员	大专	¥3,500.00	¥1,390.00
				主任	本科	¥4,290.00	¥1,568.00
				职员	大专	¥3,500.00	¥630.00
				经理	研究生	¥4,580.00	¥1,929.00
				职员	大专	¥3,500.00	¥649.00
				主任	本科	¥4,290.00	¥1,074.00
				经理	研究生	¥4,580.00	¥1,938.00
				职员	大专	¥3,500.00	¥631.00
				职员	大专	¥3,500.00	¥636.00
				经理	研究生	¥4,580.00	¥1,601.00

Step 03 返回工作表中只显示"销售部"和"生产部"的员工信息，其他不满足条件的数据均被隐藏起来，如下图所示。

	A	B	C	D	F	H	I
1	员工编号	姓名	部门	职	最高学	基本工资	岗位津贴
3	BHWLan25646	姚伶俐	销售部	职员	大专	¥3,500.00	¥642.00
8	BHWLan78860	严伟己	销售部	职员	大专	¥3,500.00	¥681.00
9	BHWLan81109	孔思昌	销售部	职员	大专	¥3,500.00	¥691.00
10	BHWLan75858	庄小燕	销售部	职员	大专	¥3,500.00	¥706.00
11	BHWLan83653	皮吉祥	销售部	职员	大专	¥3,500.00	¥711.00
12	BHWLan44146	孙才笑	销售部	职员	大专	¥3,500.00	¥733.00
13	BHWLan54718	戈大明	生产部	职员	大专	¥3,500.00	¥785.00
14	BHWLan17115	古来希	生产部	职员	大专	¥3,500.00	¥829.00
15	BHWLan39186	马彬彬	生产部	职员	大专	¥3,500.00	¥872.00
16	BHWLan60400	方笛国	生产部	职员	大专	¥3,500.00	¥893.00
17	BHWLan48538	宋习			查看筛选效果	¥3,500.00	¥912.00
18	BHWLan77600	孔几				¥3,500.00	¥913.00

单击标题栏右侧的筛选按钮后，在列表中可以进行排序操作。如果取消筛选，在列表中选择"从 ** 中清除筛选"选项即可。

2. 自定义筛选

如果自动筛选满足不了筛选的需求时，可以使用自定义筛选，当筛选不同类型的值时其选项各不相同。下面以自定义筛选文本和数值为例介绍具体操作方法。

Step 01 首先对数值进行筛选，单击"合计工资"筛选按钮❶，在列表中选择"数字筛选>大于或等于"选项❷，如下图所示。

Tips 操作解迷

"大于或等于"是筛选出大于或等于指定数值的信息。除此之外还包括等于、大于、小于、小于或等于、介于、前 10 项和高于平均值等条件。

Step 02 打开"自定义自动筛选方式"对话框，在"大于或等于"右侧数值框中输入5500，如下图所示。

Step 03 单击"确定"按钮，即可筛选出合计工资大于或等于5500元的员工信息，如下图所示。

	A	B	C	D	F	H	I	J
1	员工编号	姓名	部门	职	最高学	基本工资	岗位津贴	合计工资
3	BHWLan12981	孙永成	财务部	经理	研究生	¥4,580.00	¥1,811.00	¥6,391.00
10	BHWLan24261	皮超迪	人事部	主任	本科	¥4,290.00	¥1,561.00	¥5,851.00
11	BHWLan24261	皮超迪	人事部	主任	本科	¥4,290.00	¥1,561.00	¥5,851.00
24	BHWLan42203	赵石民	销售部	经理	研究生	¥4,580.00	¥1,930.00	¥6,510.00
29	BHWLan46546	宁采臣	研发部	主任	本科	¥4,290.00	¥1,390.00	¥5,680.00
30	BHWLan46610	何济玲	财务部	主任	本科	¥4,290.00	¥1,568.00	¥5,858.00
45	BHWLan70345	马宁智	人事部	经理	研究生	¥4,580.00	¥1,929.00	¥6,509.00
56	BHWLan77879	李世民	研发部	主任	本科	¥4,580.00	¥1,938.00	¥6,518.00
67	BHWLan89966	钱文成	销售部	主任	本科	¥4,290.00	¥1,235.00	¥5,525.00
68	BHWLan92871	蒋昌	企划部			查看筛选结果	¥1,601.00	¥6,351.00
69	BHWLan99918	姚明	生产部				¥1,973.00	¥6,553.00

Step 04 筛选出姓"马"的员工，单击"姓名"筛选按钮❶，在列表中选择"文本筛选>等于"选项❷，如下图所示。

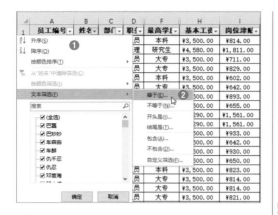

Step 07 如果在"自定义自动筛选方式"对话框中输入"马*",则返回所有姓"马"的员工信息,如下图所示。

	A	B	C	D	F	H	I	J
1	员工编号	姓名	部门	职员	最高学历	基本工资	岗位津贴	合计工资
22	BHWLan39186	马彬	生产部	职员	大专	¥3,500.00	¥872.00	¥4,372.00
45	BHWLan70345	马宁智	人事部	经理	研究生	¥4,580.00	¥1,929.00	¥6,509.00
47	BHWLan70990	马硕	人事部	职员	大专	¥3,500.00	¥649.00	¥4,149.00
65	BHWLan84472	马家明	研发部	职员	大专	¥3,500.00	¥631.00	¥4,131.00

知识充电站!!!

如果是对日期型数据进行筛选,则在列表中选择"日期筛选"选项,在子列表中是关于日期的相关选项,如明天、下周、下月、下季度、明年以及期间所有日期等,如下图所示。

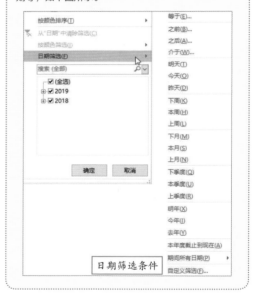

Tips 操作解迷

当对文本型数据进行筛选时,其列表中包含等于、不等于、开头是、结尾是、包含和不包含等条件。

Step 05 打开"自定义自动筛选方式"对话框,在"等于"右侧文本框中输入"马?"❶,单击"确定"按钮❷,如下图所示。

Step 06 返回工作表中显示两条满足条件的信息,员工的姓名均为两个字,如下图所示。

6.1.3 高级筛选数据

▶▶▶ 在Excel中可以通过高级筛选功能对表格中的数据根据需求进行多条件筛选。在设置筛选条件时需要注意条件之间的关系,下面介绍具体操作方法。

扫码看视频

1. 高级筛选"与"关系

"与"关系是同时满足多个条件,我们筛选出销售部岗位津贴大于800的员工信息。下面介绍具体操作方法。

Step 01 首先在A71:J72单元格区域中输入筛选的条件,如下图所示。

	A	B	C	D	F	H	I	J
1	员工编号	姓名	部门	职务	最高学历	基本工资	岗位津贴	合计工资
62	BHVLan78860	严焯己	销售部	职员	大专	¥3,500.00	¥681.00	¥4,181.00
63	BHVLan79054	朱时	销售部	职员	大专	¥3,500.00	¥770.00	¥4,270.00
64	BHVLan80790	苗紫衣	销售部	职员	本科	¥3,500.00	¥796.00	¥4,296.00
65	BHVLan81109	孔思昌	销售部	职员	大专	¥3,500.00	¥691.00	¥4,191.00
66	BHVLan83653	皮吉祥	销售部	职员	大专	¥3,500.00	¥711.00	¥4,211.00
67	BHVLan84218	向左	销售部	职员	本科	¥3,500.00	¥798.00	¥4,298.00
68	BHVLan87008	朱时贸	销售部	职员	大专	¥3,500.00	¥636.00	¥4,136.00
69	BHVLan89966	钱文成	销售部	主任	本科	¥4,290.00	¥1,235.00	¥5,525.00
70								
71	员工编号	姓名	部门	职务	最高学历	基本工资	岗位津贴	合计工资
72			销售部				>800	
73								

输入筛选条件

Tips 操作解迷

在设置筛选条件时，将所有条件在同一行显示，表示条件之间是"与"关系；如果在不同行显示，表示条件之间是"或"关系。

Step 02 将光标定位在表格中任意单元格中❶，单击"数据"选项卡中"高级"按钮❷，如下图所示。

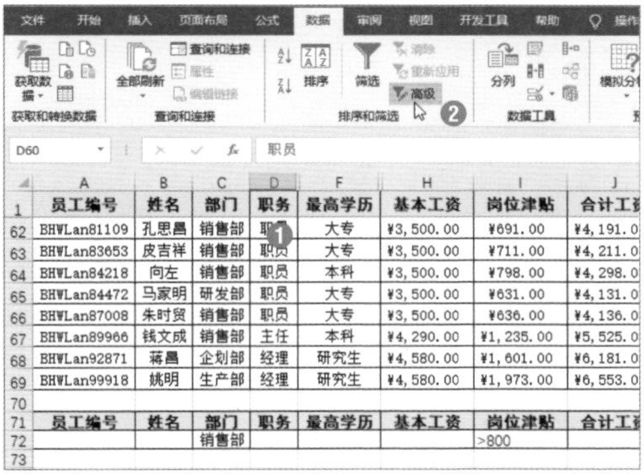

Step 03 打开"高级筛选"对话框，保持各参数不变，单击"条件区域"右侧折叠按钮，如下图所示。

高级筛选　　　？　×

方式

◉ 在原有区域显示筛选结果(F)

○ 将筛选结果复制到其他位置(O)

列表区域(L)：　$A$1:$J$69　↑

条件区域(C)：　　　　　↑

复制到(T)：　　　　　　↑

□ 选择不重复的记录(R)

单击

确定　　取消

Tips 操作解迷

因为将光标定位在表格数据区域，所以列表区域自动为表格区域，否则还需要进行选择。

Step 04 返回工作表中选择筛选条件区域，再次单击折叠按钮，如下图所示。

	A	B	C	D	F	H	I	J
1	员工编号	姓名	部门	职务	最高学历	基本工资	岗位津贴	合计工资
62	BHVLan81109	孔思昌	销售部	职员	大专	¥3,500.00	¥691.00	¥4,191.00
63	BHVLan83653	皮吉祥	销售部	职员	大专	¥3,500.00	¥711.00	¥4,211.00
64	BHVLan84218	向左	销售部		选择条件区域		¥798.00	¥4,298.00
65	BHVLan84472	马家明	研发部				¥631.00	¥4,131.00
66	BHVLan87008	朱时贸	销售部				¥636.00	¥4,136.00
67	BHVLan89966	钱文成	销售部	高级筛选 - 条件信息:	?	×	¥1,235.00	¥5,525.00
68	BHVLan92871	蒋昌	企划部	员工基本信息!$A$71:$J$72			¥1,601.00	¥6,181.00
69	BHVLan99918	姚明	生产部	经理	研究生	¥4,580.00	¥1,973.00	¥6,553.00
70								
71	员工编号	姓名	部门	职务	最高学历	基本工资	岗位津贴	合计工资
72			销售部				>800	

Step 05 返回"高级筛选"对话框，单击"确定"按钮，即可筛选出同时满足条件的所有信息，如下图所示。

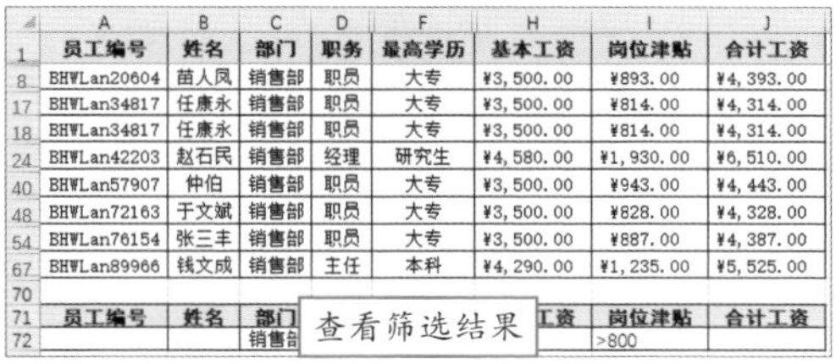

	A	B	C	D	F	H	I	J
1	员工编号	姓名	部门	职务	最高学历	基本工资	岗位津贴	合计工资
8	BHVLan20604	苗人凤	销售部	职员	大专	¥3,500.00	¥893.00	¥4,393.00
17	BHVLan34817	任俊永	销售部	职员	大专	¥3,500.00	¥814.00	¥4,314.00
18	BHVLan34817	任俊永	销售部	职员	大专	¥3,500.00	¥814.00	¥4,314.00
24	BHVLan42203	赵石民	销售部	经理	研究生	¥4,580.00	¥1,930.00	¥6,510.00
40	BHVLan57907	仲伯	销售部	职员	大专	¥3,500.00	¥943.00	¥4,443.00
48	BHVLan72163	于文斌	销售部	职员	大专	¥3,500.00	¥828.00	¥4,328.00
56	BHVLan76154	张三丰	销售部	职员	大专	¥3,500.00	¥887.00	¥4,387.00
67	BHVLan89966	钱文成	销售部	主任	本科	¥4,290.00	¥1,235.00	¥5,525.00
70								
71	员工编号	姓名	部门	职务			岗位津贴	合计工资
72			销售部	查看筛选结果			>800	

查看筛选结果

2. 高级筛选"或"关系

如果是"或"关系表示只要满足多条件中任意一个条件即可被筛选出来。下面介绍具体操作方法。

Step 01 在A71:J73单元格区域中输入筛选条件，如下图所示。

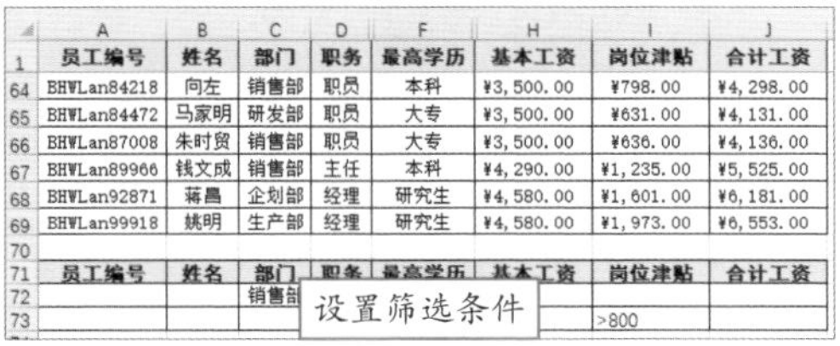

	A	B	C	D	F	H	I	J
1	员工编号	姓名	部门	职务	最高学历	基本工资	岗位津贴	合计工资
64	BHVLan84218	向左	销售部	职员	本科	¥3,500.00	¥798.00	¥4,298.00
65	BHVLan84472	马家明	研发部	职员	大专	¥3,500.00	¥631.00	¥4,131.00
66	BHVLan87008	朱时贸	销售部	职员	大专	¥3,500.00	¥636.00	¥4,136.00
67	BHVLan89966	钱文成	销售部	主任	本科	¥4,290.00	¥1,235.00	¥5,525.00
68	BHVLan92871	蒋昌	企划部	经理	研究生	¥4,580.00	¥1,601.00	¥6,181.00
69	BHVLan99918	姚明	生产部	经理	研究生	¥4,580.00	¥1,973.00	¥6,553.00
70								
71	员工编号	姓名	部门	职务	最高学历	基本工资	岗位津贴	合计工资
72			销售部					
73					设置筛选条件		>800	

设置筛选条件

Step 02 根据相同的方法在"高级筛选"对话框中设置条件区域❶，单击"确定"按钮❷，如下图所示。

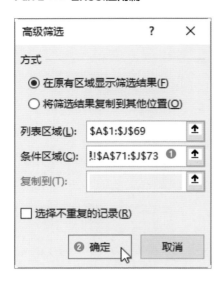

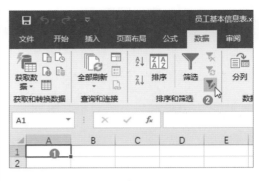

Step 03 返回工作表中即可筛选满足条件的员工信息，如下图所示。

	A	B	C	D	F	H		J
1	员工编号	姓名	部门	职务	最高学历	基本工资	岗位津贴	合计工资
2	BHWLan11152	于分明	财务部	职员	本科	¥3,500.00	¥814.00	¥4,314.00
3	BHWLan12981	孙永成	财务部	经理	研究生	¥4,580.00	¥1,811.00	¥6,391.00
5	BHWLan17115	古来希	生产部	职员	大专	¥3,500.00	¥829.00	¥4,329.00
8	BHWLan20604	苗人凤	销售部	职员	本科	¥3,500.00	¥893.00	¥4,393.00
10	BHWLan24261	皮超迪	人事部	主任	本科	¥4,290.00	¥1,561.00	¥5,851.00
11	BHWLan24261	皮超迪	人事部	主任	本科	¥4,290.00	¥1,561.00	¥5,851.00
12	BHWLan25392	张智能	生产部	职员	本科	¥3,500.00	¥933.00	¥4,433.00
13	BHWLan25646	姚伶俐	销售部	职员	大专	¥3,500.00	¥642.00	¥4,142.00
14	BHWLan28252	仇千忍	财务部	职员	大专	¥3,500.00	¥930.00	¥4,430.00
16	BHWLan31345	宁隆昌	企划部	职员	大专	¥3,500.00	¥823.00	¥4,323.00
17	BHWLan34817	任凌永	销售部	职员	大专	¥3,500.00	¥814.00	¥4,314.00
18	BHWLan34817	任凌永	销售部	职员	查看筛选结果	.00	¥814.00	¥4,314.00
19	BHWLan36722	仲宗昌	研发部		.00	¥821.00	¥4,321.00

Tips 操作解迷

使用高级筛选前必须要设置筛选的条件，而且条件区域的项目必须和表格项目一致，否则不能筛选出结果。

3. 删除表格中重复值

当在表格中输入大量数据时，难免会出现重复输入数据，此时用户可以使用"高级"功能将重复的数据删除，下面介绍具体操作方法。

Step 01 打开"员工基本信息表.xlsx"工作簿，在"员工基本信息表"工作表中总共显示69条数据，切换至"删除重复值"工作表，选中A1单元格❶，单击"高级"按钮❷，如下图所示。

Step 02 打开"高级筛选"对话框，选中"将筛选结果复制到其他位置"单选按钮，设置"列表区域"为"员工基本信息表"中A1:J69单元格区域❶，复制位置为"删除重复值"工作表中A1单元格❷，勾选"选择不重复的记录"复选框❸，如下图所示。

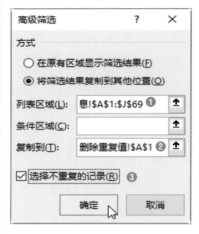

Step 03 单击"确定"按钮，返回工作表中可见复制的数据为67条，说明有两条是重复的，如下图所示。

1	员工编号	姓名	部门	职务	最高学历	基本工资	岗位津贴	合计
50	BHWLan75023	庄鹏	企划部	职员	大专	¥3,500.00	¥878.00	¥4,378.00
51	BHWLan75858	庄小燕	销售部	职员	大专	¥3,500.00	¥706.00	¥4,206.00
52	BHWLan76154	张三丰	生产部	职员	大专	¥3,500.00	¥887.00	¥4,387.00
53	BHWLan77600	孔飞	生产部	职员	大专	¥3,500.00	¥913.00	¥4,413.00
54	BHWLan77879	李世民	研发部	经理	研究生	¥4,580.00	¥1,938.00	¥6,518.00
55	BHWLan78860	严津己	销售部	职员	大专	¥3,500.00	¥681.00	¥4,181.00
56	BHWLan79054	童时	销售部	职员	大专	¥3,500.00	¥770.00	¥4,270.00
57	BHWLan80379	米虹八	人事部	职员	本科	¥3,500.00	¥720.00	¥4,220.00
58	BHWLan80790	苗紫衣	销售部	职员	大专	¥3,500.00	¥796.00	¥4,296.00
59	BHWLan81108	邓菌海	研发部	职员	大专	¥3,500.00	¥996.00	¥4,496.00
60	BHWLan81109	孔思易	销售部	职员	大专	¥3,500.00	¥691.00	¥4,191.00
61	BHWLan83653	皮吉祥	销售部	职员	大专	¥3,500.00	¥711.00	¥4,211.00
62	BHWLan84218	向友	销售部	职员	大专	¥3,500.00	¥798.00	¥4,298.00
63	BHWLan84472	马家明	研发部	职员	大专	¥3,500.00	¥631.00	¥4,131.00
64	BHWLan87008	朱时贤	销售部	职员	大专	¥3,500.00	¥636.00	¥4,136.00
65	BHWLan89966	钱文成	销售部	主任	本科	¥4,290.00	¥1,235.00	¥5,525.00
66	BHWLan92871	蒋昌	企划部	经理	研究生	¥4,580.00	¥1,601.00	¥6,181.00
67	BHWLan99918	姚明	生产部	经理	研究生	¥4,580.00	¥1,973.00	¥6,553.00
68								

6.1.4 设置保护的工作表允许筛选数据

▶▶▶ 为了对重要的数据进行有效保护，而且还允许进行筛选操作，此时可以使用"保护工作表"功能。下面介绍具体的操作方法。

扫码看视频

Step 01 在"员工基本信息表.xlsx"中单击"筛选"按钮，使表格进入筛选模式。然后切换至"审阅"选项卡❶，单击"保护"选项组中"保护工作表"按钮❷，如下图所示。

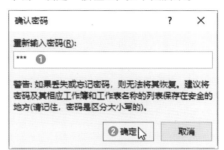

Step 02 打开"保护工作表"对话框，在"允许此工作表的所有用户进行"列表框中勾选"使用自动筛选"复选框❶，设置密码为123❷，单击"确定"按钮。如下图所示。

Step 03 打开"确认密码"对话框，输入123❶，单击"确定"按钮❷，如下图所示。

Step 04 返回工作表中，用户只能进行自动筛选的操作，其他操作均不能执行，如筛选出"经理"的相关信息，如下图所示。

Step 05 如果对表格中进行其他操作，则弹出提示对话框，显示工作表受保护，如果需要更改数据，要取消工作表保护，如下图所示。

知识充电站 ‖‖

在受保护的工作表中进行筛选操作时，可以进行自动筛选、自定义筛选以及高级筛选。但是必须要注意，在设置密码保护之前要进入筛选模式，否则只能进行高级筛选操作。

案／例／简／介

　　企业按季度统计各产品各地区的销售数据，根据汇总的数据可以从不同角度去分析，如汇总各地区的销售数据或者汇总各产品的销售数量。也可以对表格的数据进行分类汇总，更直观地分析数据。各地区年度销售数据分析后的效果，如下图所示。

	A	B	C	D	E	F
1	产品	第1季度	第2季度	第3季度	第4季度	单位:万元
2	笔记本电脑	136.2	165.6	108	166.6	
3	数码产品	178	149.8	108.6	144	
4	手机	144.6	97.6	124	141.4	
5	台式机	170.2	137	91.2	136.4	
6						

按地区统计　按产品统计

	A	B	C
3	行标签	数量最大值	求和项:销售金额(万元)
4	北京	19	19.47%
5	南京	19	21.83%
6	上海	20	19.17%
7	深圳	20	20.77%
8	苏州	19	18.76%
9	总计	20	100.00%
10			

	A	B	C	D	E	F
1	序号	地区	产品	季度	数量(万台)	销售金额(万元)
6				第1季度 汇总	69	
11				第2季度 汇总	46	
12	BHLan027	北京	台式机	第3季度	17	53
13	BHLan052	北京	数码产品	第3季度	18	59
14	BHLan121	北京	笔记本电脑	第3季度	17	67
15	BHLan174	北京	手机	第3季度	11	144
16				第3季度 汇总	63	
21				第4季度 汇总	54	
22		北京 汇总				1906
23	BHLan096	南京	手机	第1季度	10	101
24	BHLan124	南京	台式机	第1季度	14	159
25	BHLan139	南京	笔记本电脑	第1季度	5	167
26	BHLan171	南京	数码产品	第1季度	11	121
27				第1季度 汇总	40	

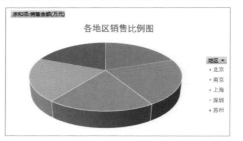

各地区销售比例图

思／路／分／析

　　在分析各地区年度销售数据时，首先使用合并计算功能对数据进行汇总；接着使用分类汇总对数据按不同类别汇总；然后使用数据透视表对数据进行动态分析；最后根据要求预测明年的销售金额。各地区年度销售分析流程如下图所示。

分析各地区年度销售数据	使用合并计算汇总销售数据	按地区汇总销售数据
		汇总各产品的平均销售金额
	使用分类汇总统计销售数据	按产品进行分类汇总
		多项分类汇总
	使用数据透视表分析数据	创建数据透视表
		设置数据透视表计算方式
		修改数据的显示方式
		使用数据透视图展示数据
	使用单变量求解计算目标销售金额	

6.2.1 使用合并计算汇总销售数据

▶▶▶ 如果按照某字段进行汇总数据，可以使用Excel中的合并计算功能。合并计算可以将一个或多个表格中具有相同标签的数据进行汇总，下面介绍具体操作方法。

扫码看视频

1. 按地区汇总销售数据

根据"各地区销售统计表"中的数据按地区汇总各季度的销售数据，具体操作如下。

Step 01 打开"销售统计表.xlsx"工作簿，切换至"按地区统计"工作表❶，将光标定位在A1单元格❷。单击"数据"选项卡❸的"数据工具"选项组中"合并计算"按钮❹，如下图所示。

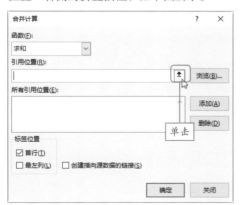

Step 02 打开"合并计算"对话框，单击"引用位置"右侧的折叠按钮，如下图所示。

Step 03 返回工作表中切换至"各地区销售统计表"工作表，选择B1:G21单元格区域，如下图所示。

选择单元格区域

Step 04 返回"合并计算"对话框，在"引用位置"文本框中显示选中的单元格区域，单击"添加"按钮即可添加到"所有引用位置"列表中❶。勾选"首行"和"最左列"复选框❷，单击"确定"按钮❸，如下图所示。

Step 05 对表格进行适当美化，删除多余的数据，添加数据的单位，即可完成统计各地区销售数据，如下图所示。

	A	B	C	D	E	F
1	地区	第1季度	第2季度	第3季度	第4季度	单位:万元
2	南京	684	663	297	608	
3	深圳	638	529	509	474	
4	苏州	545	468	534	547	
5	上海	678	440	348	726	
6	北京	600	650	471	587	

查看表格的效果

2. 汇总各产品的平均销售金额

使用合并计算功能时默认是求和汇总，还包括10几种计算类型，如计数、平均值、最大值和最小值等。下面介绍汇总各产品平均销售金额的方法。

Step 01 切换至"按产品统计"工作表，选中A1单元格❶，单击"数据"选项卡❷中"合并计算"按钮❸，如下图所示。

Step 02 打开"合并计算"对话框，单击"函数"下三角按钮❶，在列表中选择"平均值"选项❷，如下图所示。

Step 03 然后根据相同的方法添加"各地区销售统计表"工作表中C1:G21单元格区域，如下图所示。

Step 04 操作完成后，即可在"按产品统计"工作表中汇部各产品的平均销售金额。适当进行美化，效果如下图所示。

	A	B	C	D	E	F
1	产品	第1季度	第2季度	第3季度	第4季度	单位:万元
2	笔记本电脑	136.2	165.6	108	166.6	
3	数码产品	178	149.8	108.6	144	
4	手机	144.6	97.6	124	141.4	
5	台式机	170.2	137	91.2	136.4	
6						

查看表格的效果

知识充电站!!

完成合并计算后，用户可以对数据源进行修改以及设置自动更新源数据。打开"合并计算"对话框，选择引用位置，单击折叠按钮，返回工作表中重新选择数据即可。如果勾选"创建指向源数据的链接"复选框，即可自动更新数据，如下图所示。

6.2.2 使用分类汇总统计销售数据

扫码看视频

▶▶▶ 合并计算是按照某类进行汇总数据的，分类汇总可将数据进行分类，然后对每类中数据进行汇总，可以更好地掌握数据信息。下面介绍分类汇总的操作方法。

1. 按产品进行分类汇总

分类汇总首先要分类，所以需要对分类的字段进行排序，然后再汇总数据。

本案例将对相同产品的销售金额进行求和，下面介绍具体操作方法。

Step 01 切换至"每季度各地区销售统计"工作表，将光标定位在"产品"列任意单元格中❶，单击"数据"选项卡❷中"升序"按钮❸，如下图所示。

	A	B	C	D	E	F
1	序号	地区	产品	季度	数量(万台)	销售金额(万元
2	BHLan001	上海	台式机	第1季度	10	173
3	BHLan003	上海	台式机❶	第2季度	7	57
4	BHLan005	南京	台式机	第4季度	14	55
5	BHLan006	苏州	手机	第1季度	5	77
6	BHLan007	南京	笔记本电脑	第4季度	16	144

Tips 操作解迷

分类汇总之前需要将数据进行排序，让相同的数据排列在一起，汇总时才能把相同的数据进行运算，否则结果会很乱。

Step 02 单击"数据"选项卡的"分类汇总"按钮，如下图所示。

	A	B	C	D	E
1	序号	地区	产品	季度	数量
2	BHLan019	南京	笔记本电脑	第4季度	16
3	BHLan021	深圳	笔记本电脑	第2季度	11
4	BHLan031	北京	笔记本电脑	第2季度	12
5	BHLan038	苏州	笔记本电脑	第4季度	8
6	BHLan042	北京	笔记本电脑	第3季度	10
7	BHLan057	上海	笔记本电脑	第4季度	15
8	BHLan066	深圳	笔记本电脑	第3季度	7
9	BHLan089	南京	笔记本电脑	第3季度	11
10	BHLan092	深圳	笔记本电脑	第3季度	7

单击

Step 03 打开"分类汇总"对话框，设置分类字段为"产品"❶，在"选定汇总项"列表框中勾选"销售金额"复选框❷，单击"确定"按钮❸，如下图所示。

Step 04 返回工作表中，查看分类汇总后的结果，用户可以通过单击左侧展开按钮，展开或收缩数据，如下图所示。

	A	B	C	D	E	F
1	序号	地区	产品	季度	数量(万台)	销售金额(万元)
22			笔记本电脑 汇总			2216
43			手机 汇总			2485
44	BHLan020	苏州	数码产品	第2季度	14	51
45	BHLan023	南京	数码产品	第4季度	11	164
46	BHLan052	北京	数码产品	第3季度	18	59
47	BHLan065	上海	数码产品	第1季度	20	163
48	BHLan070	北京	数码产品	第2季度	10	171
49	BHLan081	北京	数码产品	第2季度	12	136
50	BHLan082	苏州	数码产品	第1季度	9	124
51	BHLan084	上海	数码产品	第4季度	6	115
52	BHLan100	北京	数码产品 第1季度		14	187
53	BHLan103	深圳	查看分类汇总结果		15	187

Tips 操作解迷

在"分类汇总"对话框中单击"汇总方式"下三角按钮，在列表中包含和合并计算一样的汇总方式。在"选定汇总项"列表框中用户可以勾选一个汇总项也可以勾选多个汇总项。

2. 多项分类汇总

在处理复杂的数据时，可以在分类汇总的基础上按其他字段再进行分类汇总，并且不覆盖之前分类汇总的结果。

在本案例中首先根据各地区对销售金额进行汇总，然后根据季度对数量进行汇总，下面介绍具体操作方法。

Step 01 将光标定位在"每季度各地区销售统计"工作表中数据区域。单击"数据"选项卡的"排序"按钮。在打开的对话框中对地区和季度进行排序，如下图所示。

知识充电站!!

在设置多条件排序的条件时，设置排序条件的先后顺序必须和汇总数据的类别顺序一致。在本案例中先按地区汇总然后再按季度汇总，所以排序时地区为主要关键字，季度为次要关系字。设置的排序方式没有特定限制，升序和降序都不影响汇总数据的结果。

Step 02 单击"数据"选项卡❶中"分类汇总"按钮❷，如下图所示。

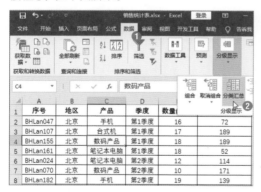

Step 03 打开"分类汇总"对话框，设置"分类字段"为"地区"❶，单击"确定"按钮❷，如下图所示。

Step 04 再次打开"分类汇总"对话框，设置分类字段为"季度"❶，汇总字段为"数量"❷，取消勾选"替换当前分类汇总"复选框❸，如下图所示。

Step 05 操作完成后，可见在对地区分类汇总的基础上对季度进行分类汇总，如下图所示。

	序号	地区	产品	季度	数量(万台)	销售金额(万元)
6				第1季度 汇总	69	
11				第2季度 汇总	46	
12	BHLan027	北京	台式机	第3季度	17	53
13	BHLan052	北京	数码产品	第3季度	18	59
14	BHLan121	北京	笔记本电脑	第3季度	17	67
15	BHLan174	北京	手机	第3季度	11	144
16				第3季度 汇总	63	
21				第4季度 汇总	54	
22		北京 汇总				1906
23	BHLan096	南京	手机	第1季度	10	101
24	BHLan124	南京	台式机	第1季度	14	159
25	BHLan139	南京	笔记本电脑	第1季度	5	167
26	BHLan171			查看分类汇总结果	11	121
27					40	

6.2.3 使用数据透视表分析数据

扫码看视频

▶▶▶ 在庞大的数据中需要分析某些数据时，使用数据透视表会让统计分析的工作变得简单、高效。数据透视表集合了数据排序、筛选、分类汇总等数据分析的所有优点，更方便地调整分类汇总的方式，能以多种不同的方式展示数据特征。

1. 创建数据透视表

数据透视表是一种交互式的Excel报表，可以动态地改变报表的版面。下面介绍使用数据透视表汇总各地区的数据，具体操作方法如下。

Step 01 打开"销售统计表.xlsx"工作簿，切换至"每季度各地区销售统计"工作表，将光标定位在表格中❶，切换至"插入"选项卡❷，单击"表格"选项组中"数据透视表"按钮❸，如下图所示。

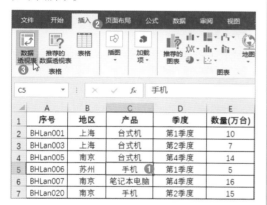

Step 02 打开"创建数据透视表"对话框，保持各参数不变单击"确定"按钮，如下图所示。

Step 03 返回工作表中可见新创建空白的数据透视表，同时打开"数据透视表字段"导航窗格，如下图所示。

创建空白数据透视表

知识充电站!!!

除此方法创建数据透视表外，用户还可以使用"推荐的数据透视表"功能。选中表格任意单元格，切换至"插入"选项卡，单击"表格"选项组中"推荐的数据透视表"按钮。打开"推荐的数据透视表"对话框，在左侧列表中选择合适的透视表❶，单击"确定"按钮即可❷，如下图所示。

Step 04 在"数据透视表字段"导航窗格中将"地区"字段拖曳到"行"区域，可见数据透视表中显示地区的行标签，如下图所示。

141

查看添加字段的效果

Tips 操作解迷

数据透视表的结构，包括行区域、列区域、数值区域和报表筛选区域4个部分。其中报表筛选区域显示"数据透视表字段"导航窗格的报表筛选选项；行区域显示任务窗格中的行字段；列区域显示任务窗格中的列字段；数值区域显示任务窗格中的值字段。

Step 05 根据相同的方法将"数量"和"销售金额"字段拖曳到"值"区域，即可统计出各地区的总数量和总的销售金额，如下图所示。

行标签 ▼	求和项:数量(万台)	求和项:销售金额(万元)
北京	232	1906
南京	210	2137
上海	202	1876
深圳	199	2033
苏州	191	1836
总计	1034	9788

查看添加值字段的效果

Tips 操作解迷

使用数据透视表可以根据用户需求随时调整字段，在表格中显示不同的数据信息，实现动态地分析数据。

2. 设置数据透视表计算方式

数据透视表默认对数据进行求和，对文本进行统计，用户可以根据需要进行更改。下面介绍统计各地区数量的最大值，具体操作方法如下。

Step 01 将光标定位在"求和项:数量"列中任意单元格①，切换至"数据透视表工具-分析"选项卡，单击"活动字段"选项组中"字段设置"按钮②，如下图所示。

Step 02 打开"值字段设置"对话框，在"值汇总方式"选项卡中选择"最大值"选项①，在"自定义名称"文本框中输入名称②，单击"确定"按钮③，如下图所示。

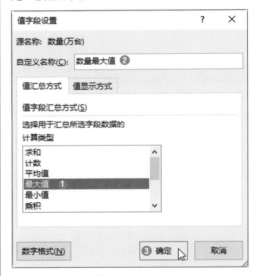

知识充电站

用户也可以右击值字段单元格，在快捷菜单中选择"值字段设置"命令，打开"值字段设置"对话框，然后设置即可。

3. 修改数据的显示方式

在数据透视表中也可以修改数据的显示方式，例如，将销售金额数据以百分比形式显示，可以直观查看各地区的销售比例，下面介绍具体操作方法。

Step 01 选中"求和项:销售金额"列任意单元格，打开"值字段设置"对话框，在"值显示方式"选项卡中设置值显示方式为"列汇总的百分比",如下图所示。

知识充电站

设置为百分比后,默认保留两位小数,如果要设置,单击"值字段设置"对话框中"数字格式"按钮,在打开的"设置单元格格式"对话框中设置即可。

Step 02 单击"确定"按钮,返回数据透视表中可见销售金额以百分比形式显示,可以更直观地比较各个地区的占比,如下图所示。

▲	A	B	C
3	行标签 ▼	数量最大值	求和项:销售金额(万元)
4	北京	19	19.47%
5	南京	19	21.83%
6	上海	20	19.17%
7	深圳	20	20.77%
8	苏州	19	18.76%
9	**总计**	**20**	**100.00%**
10		查看值显示方式的效果	

4. 使用数据透视图展示数据

数据透视表可以动态展示数据,将表格中数据直观地显示。下面介绍使用饼图展示各地区销售占比。

Step 01 在"数据透视表字段"导航窗格中单击"数量最大值"字段❶,在快捷菜单中选择"删除字段"命令❷,如下图所示,即可将该字段从数据透视表中删除。

Step 02 将光标定位在数据透视表中❶,切换至"数据透视表工具-分析"选项卡❷,单击"工具"选项组中"数据透视图"按钮❸,如下图所示。

Step 03 打开"插入图表"对话框,选择"饼图"选项❶,在右侧选择"三维饼图"❷,单击"确定"按钮,如下图所示。

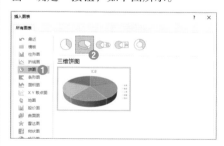

Step 04 在工作表中创建三维饼图,修改标题名称,效果如下图所示。

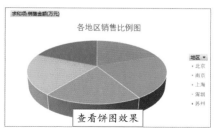

6.2.4 使用单变量求解计算目标销售金额

▶▶▶ 根据统计各地区的销售金额以及利润率，可以对明年的销售计划进行预测。例如预计明年的利润为3000万，根据利润率为23.58%计算明年需要达到多少销售金额呢？下面介绍具体操作方法。

扫码看视频

Step 01 在“按地区统计”工作表中完善表格，B8单元格中为今年销售总金额，B9单元格中为利润率，B10单元格中公式为“=B8*B9”，如下图所示。

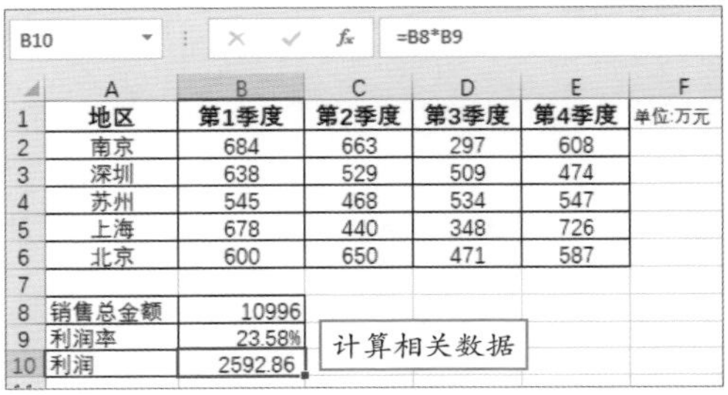

B10
=B8*B9
地区 第1季度 第2季度 第3季度 第4季度 单位:万元
南京 684 663 297 608
深圳 638 529 509 474
苏州 545 468 534 547
上海 678 440 348 726
北京 600 650 471 587
销售总金额 10996
利润率 23.58%
利润 2592.86
计算相关数据

Step 02 切换至“数据”选项卡❶，单击“预测”选项组中“模拟分析”下三角按钮❷，在列表中选择“单变量求解”选项❸，如下图所示。

文件 开始 插入 页面布局 公式 数据 审阅 视图 开发工具 帮助
获取数据 全部刷新 排序 筛选 数据工具 模拟分析 预测工作表 分级显示
获取和转换数据 查询和连接 排序和筛选
方案管理器(S)...
单变量求解(G)...
模拟运算表(T)...
B10
=B8*B9
地区 第1季度 第2季度 第3季度 第4季度 单位:万元
南京 684 663 297 608
深圳 638 529 509 474
苏州 545 468 534 547
上海 678 440 348 726
北京 600 650 471 587
销售总金额 10996

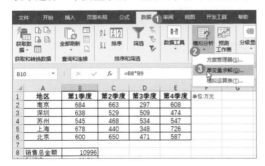

Step 03 打开“单变量求解”对话框，设置目标单元格为B10❶，目标值为3000❷，可变单元格为B8❸，如下图所示。

单变量求解
目标单元格(E): $B$10
目标值(V): 3000
可变单元格(C): $B$8
确定
取消

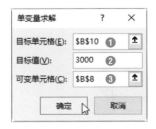

Step 04 单击“确定”按钮，Excel根据设置的数据进行计算，得出结果后，单击“确定”按钮，如下图所示。

单变量求解状态
对单元格 B10 进行单变量求解
求得一个解。
目标值：3000
当前解：3000.00
单步执行(S)
暂停(P)
确定
取消

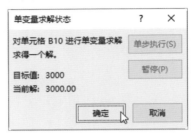

Tips 操作解迷

在“单变量求解”对话框中目标单元格为计算利润的单元格，目标值是需要达到的利润，可变单元格为销售总金额。

Step 05 返回工作表中可见计算出利润为3000万时销售总金额要达到12722.646万元，如下图所示。

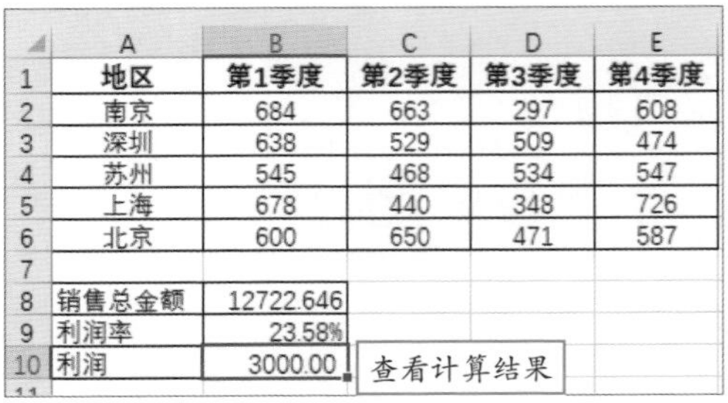

地区 第1季度 第2季度 第3季度 第4季度
南京 684 663 297 608
深圳 638 529 509 474
苏州 545 468 534 547
上海 678 440 348 726
北京 600 650 471 587
销售总金额 12722.646
利润率 23.58%
利润 3000.00
查看计算结果

Tips 操作解迷

在使用单变量求解分析数据时，需要使用公式计算数据，而不能直接输入数据，否则将不能查看数据的变化情况。例如本案例中 B10 单元格中数据需要使用公式计算。

数据分析时常用技巧

1. 为条件格式的图标排序

本章介绍对数据进行排序操作，用户也可以对单元格颜色、字体颜色以及图标进行排序。下面以对图标排序为例介绍具体操作方法。

Step 01 打开"员工基本信息表.xlsx"工作簿，选中"合计"列中数据区域❶，单击"开始"选项卡❷中"条件格式"下三角按钮❸，在列表中选择合适的图标❹，如下图所示。

Step 02 打开"排序"对话框，设置"主要关键字"为"合计"❶、"排序依据"为"条件格式图标"❷，选择合适的图标❸，并设置位置，如下左图所示。

Step 03 单击"添加条件"按钮，设置次要关键字也为"合计"，再设置排序依据和图标的位置，单击"确定"按钮，如下右图所示。

Step 04 返回工作表中可见图标按照设置的顺序进行排序，如下图所示。

	A	B	C	D	E	F	G	H	I	J
1	员工编号	姓名	部门	职务	联系方式	最高学历	身份证号	基本工资	岗位津贴	合计
2	BHVLan12981	孙永成	财务部	经理	13216808925	研究生	241632199309196527	¥4,580.00	¥1,811.00	¥6,391.00
3	BHVLan24261	皮超迪	人事部	主任	17707535589	本科	728697199005068539	¥4,290.00	¥1,561.00	¥5,851.00
7	BHVLan70345	马宁智	人事部	经理	15860703797	研究生	821363197612194566	¥4,580.00	¥1,929.00	¥6,509.00
8	BHVLan77879	李世民	研发部	经理	17069690151	研究生	265041197405307845	¥4,580.00	¥1,938.00	¥6,518.00
9	BHVLan92871	蒋昌	企划部	经理	14323162237	研究生	180945198205235623	¥4,580.00	¥1,601.00	¥6,181.00
10	BHVLan99918	姚明	生产部	经理	14978611470	研究生	513385198806223188	¥4,580.00	¥1,973.00	¥6,553.00
11	BHVLan44399	向左右	生产部	主任	17495933917	本科	120637199304301416	¥4,290.00	¥1,071.00	¥5,361.00
12	BHVLan46546	宁采臣	研发部	主任	13842981967	本科	427169198508173351	¥4,290.00	¥1,390.00	¥5,680.00
13	BHVLan74706	方鹏彬	企划部	主任	16671758316	本科	135782199812194556	¥4,290.00	¥1,074.00	¥5,364.00
14	BHVLan89966	钱文成	销售部	主任	16934948198	本科	656058199307016062	¥4,290.00	¥1,235.00	¥5,525.00
15	BHVLan11152	于分明	财务部	职员	15533		7463	¥3,500.00	¥814.00	¥4,314.00
16	BHVLan16530	元咕噜	生产部	职员	14957		3268	¥3,500.00	¥711.00	¥4,211.00

查看对图标排序的效果

2. 将分类汇总的数据分组打印

对数据进行分类汇总后，在打印时可以将每类中的数据单独打印在一页，下面介绍具体操作方法。

Step 01 打开"员工基本信息表.xlsx"工作簿，隐藏联系方式和身份证号列。对部门进行排序，然后打开"分类汇总"对话框，设置分类字段等❶，勾选"每组数据分页"复选框❷，单击"确定"按钮❸，如下左图所示。

Step 02 切换至"页面布局"选项卡，单击"页面设置"选项组中"打印标题"按钮。打开"页面设置"对话框，在"工作表"选项卡中设置顶端标题行为第1行❶，单击"确定"按钮❷，如下右图所示。

Step 03 返回工作表中单击"文件"标签，在列表中选择"打印"选项，可见将6个部门的数据分别打印在不同的页面中，而且每一页上都显示标题，如下图所示。

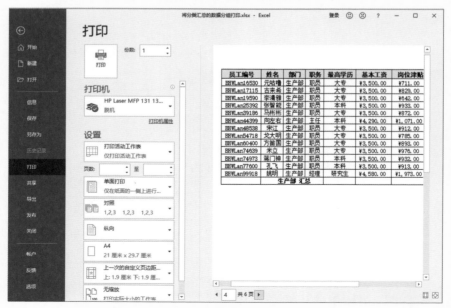

3.使用切片器筛选数据透视表中数据

为数据透视表插入切片器，可以快速进行筛选数据，对数据的分析有很大帮助，下面介绍具体操作方法。

Step 01 打开"销售统计表.xlsx"工作簿，在"每季度各地区销售统计"工作表中创建数据透视表，切换至"数据透视表工具-分析"选项卡，单击"筛选"选项组中"插入切片器"按钮，如下左图所示。

Step 02 打开"插入切片器"对话框，勾选相应的字段复选框❶，单击"确定"按钮❷，如下右图所示。

Step 03 返回工作表中即可插入选中的字段切片器，在功能区显示"切片器工具-选项"选项卡。用户可以设置切片器样式、大小、按钮大小等，如下图所示。

Step 04 在切片器中单击相应的按钮即可筛选出相关信息，也可以按住Ctrl键单击多个按钮，如下图所示。如果要清除筛选，单击切片器右上角"清除筛选器"按钮。

Chapter

07

展示Excel数据

本章导读

在对表格中数据进行查看和分析时，为了更加直观地展示数据以及各数据之间的关系，可以使用各种类型的图表。

本章结合费用统计图、企业各业务利润分析图和动态图表分析各产品销量三个案例介绍Excel中图表的应用，包括创建图表、编辑图表、美化图表、控件的使用以及迷你图的应用等。

本章要点

1. 创建费用统计图

▶ 插入图表

▶ 更改图表类型

▶ 添加图表元素

▶ 应用图表样式

2. 制作企业各项业务利润分析图

▶ 添加水平轴标签

▶ 添加数据

▶ 设置次坐标轴

▶ 添加数据标签

3. 制作动态图表分析各产品销量

▶ 迷你图的应用

▶ 辅助数据

▶ 添加控件

▶ 设置控件属性

▶ 调整图表布局

▶ 文本框的应用

创建费用统计图

费用是企业在日常活动中发生的会导致所有者权益减少的、与向所有者分配利润无关的经济利益的总流出。通过图表可以更加清晰地展示各项费用的对比情况。效果如下图所示。

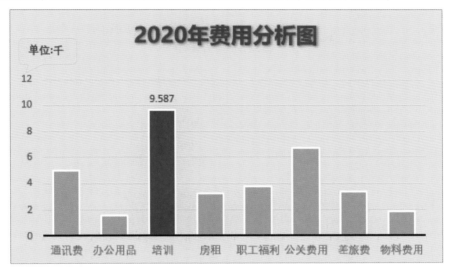

思 / 路 / 分 / 析

在创建图表分析数据时，首先插入合适的图表，然后添加相应的元素，最后对图表进行美化。创建费用统计图的流程如下图所示。

创建费用统计图	创建图表	插入图表
		更改图表类型
	调整图表的布局	设置图表标题
		调整图例
		添加数据标签
		调整纵坐标
	美化图表	应用图表样式
		美化数据系列
		设置图表区颜色
		添加线条

7.1.1 创建图表

▶▶▶ Excel提供14种图表的类型，如柱形图、折线图、饼图、条形图、面积图和股价图等。用户可以根据需要创建合适的图表，下面介绍创建图表的方法。

扫码看视频

1. 插入图表

图表用于显示一段时间内的数据变化或说明各项之间的比较情况，通常情况下沿横坐标轴组织类别，沿纵坐标轴组织数值。下面以饼图为例介绍插入图表的方法。

Step 01 打开"费用统计表.xlsx"工作簿，将光标定位在表格的任意单元格中❶。切换至"插入"选项卡❷，单击"图表"选项组中"推荐的图表"按钮❸，如下图所示。

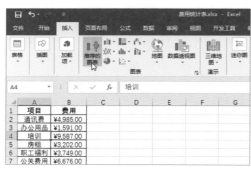

Step 02 打开"插入图表"对话框，在"推荐的图表"选项卡中选择合适的图表❶，单击"确定"按钮❷，如下图所示。

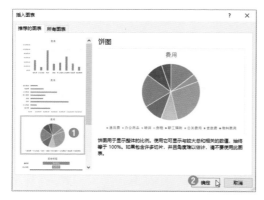

Step 03 返回工作表中即可插入选中的图表，如下图所示。

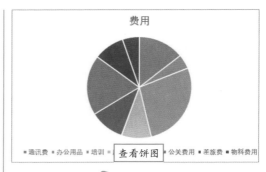

知识充电站

用户也可以在"插入图表"对话框的"所有图表"选项卡中选择合适的图表类型，每种图表类型还包含不同的子类型，用户可以根据需要选择。

2. 更改图表类型

创建图表后，用户可以更改图表类型，下面介绍具体操作方法。

Step 01 选中插入的饼图❶，切换至"图表工具-设计"选项卡❷，单击"类型"选项组中"更改图表类型"按钮❸，如下图所示。

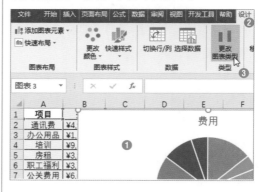

Step 02 打开"更改图表类型"对话框，在"所有图表"选项卡中选中"柱形图"选项❶，然后选择"簇状柱形图"类型❷，单击"确定"按钮❸，如下图所示。

知识充电站

用户也可以右击图表，在快捷菜单中选择“更改图表类型”命令，然后在打开的对话框中选择合适的图表类型。

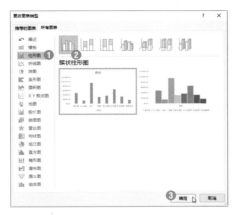

Step 03 返回工作表中可见饼图被更改为柱形图，如下图所示。

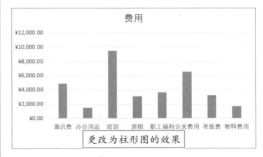

更改为柱形图的效果

知识充电站

柱形图包括 7 个子类型，分别为“簇状柱形图”“堆积柱形图”“百分比堆积柱形图”“三维簇状柱形图”“三维堆积柱形图”“三维百分比堆积柱形图”和“三维柱形图”。

7.1.2 调整图表的布局

▶▶▶ 图表默认包含标题、图例、纵横坐标轴，用户可以根据需要添加相关元素，以使图表更加清晰地展示数据。下面介绍具体操作方法。

扫码看视频

1. 设置图表标题

标题可以概述图表的含义或表现的内容，用户也可以对标题进行美化。下面介绍具体操作方法。

Step 01 在图表的标题框中删除原有内容，然后输入“2020年费用分析图”文本，如下图所示。

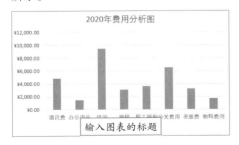

输入图表的标题

Step 02 选中图表标题，在“开始”选项卡的“字体”选项组中设置字体格式，效果如下图所示。

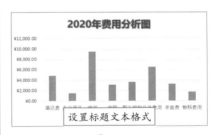

设置标题文本格式

知识充电站

用户也可以选中标题，在“图表工具－格式”选项卡的“艺术字样式”选项组中设置艺术字，进一步美化标题。

2. 调整图例

在图表中图例默认位于底部，用户可以根据需要删除或更改图例的位置，下面介绍具体操作方法。

Step 01 选中图表中的图例，直接按Delete键即可删除，效果如下图所示。

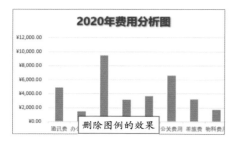

Step 02 选中图表❶，切换至"图表工具-设计"选项卡❷，单击"图表布局"选项组中"添加图表元素"下三角按钮❸，在列表中选择"图例"选项，在子列表中选择合适的选项❹，如下图所示。

3. 添加数据标签

在柱形图中可以通过数据系列的高矮判断数据的大小，为了更加准确可以添加数据标签。下面为最高的数据系列添加数据标签为例介绍具体操作方法。

Step 01 首先在图表中"培训"数据系列上连续单击两次，即可选中该数据系列，如下图所示。

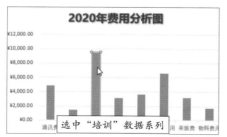

Step 02 切换至"图表工具-设计"选项卡，单击"添加图表元素"下三角按钮❶，在列表中选择"数据标签>数据标签外"选项❷，如下图所示。

4. 调整纵坐标

当纵坐标数值比较大时，可以为其设置单位，下面介绍具体操作方法。

Step 01 设置表格中数值为常规格式，右击图表纵坐标，在快捷菜单中选择"设置坐标轴格式"命令，如下图所示。

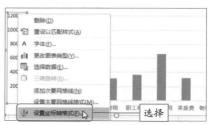

Step 02 打开"设置坐标轴格式"导航窗格，设置显示单位为"千"，如下图所示。

Step 03 返回工作表中，可见坐标轴显示以千为单位，为了更清晰，添加形状并输入文字，如下图所示。

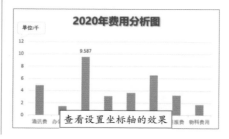

7.1.3 美化图表

▶▶▶ 为了图表更加完美，可以应用图表样式快速美化，也可以分别设置图表各元素的样式。下面介绍具体操作方法。

扫码看视频

1. 应用图表样式

Excel内置了10多种图表样式，用户可以直接应用，下面介绍具体操作方法。

Step 01 选中图表，切换至"图表工具-设计"选项卡，单击"图表样式"选项组中"其他"按钮，在列表中选择合适的图表样式，如下图所示。

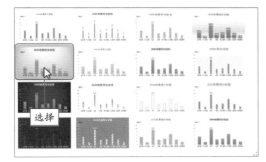

Step 02 选中的图表即可应用该图表样式，如下图所示。

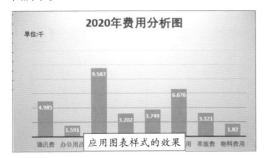

2. 美化数据系列

柱形图的数据系列默认是蓝色的，用户可以根据需要更改其颜色，也可以调整数据系列的宽度。下面介绍具体操作方法。

Step 01 选中图表❶，切换至"图表工具-设计"选项卡❷，单击"更改颜色"下三角按钮❸，在列表中选择合适的颜色❹，如下图所示。

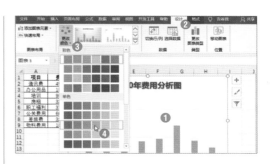

Step 02 选中"培训"数据系列，在"图表工具-格式"选项卡的"形状样式"选项组中单击"形状填充"下三角按钮，在列表中选择红色。效果如下图所示。

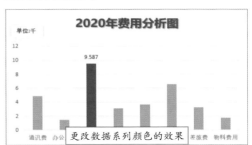

Step 03 选中所有数据系列❶，单击"图表工具-格式"选项卡中"设置所选内容格式"按钮❷，如下图所示。

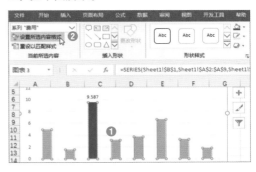

Step 04 打开"设置数据系列格式"导航窗格，设置"间隙宽度"为80%，如下图所示。

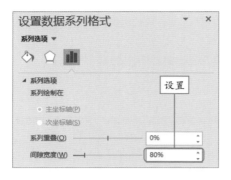

Step 05 设置完成后，可见数据系列变宽了，如下图所示。

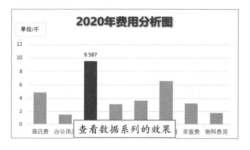

3. 设置图表区颜色

图表区的颜色默认为白色，可以通过设置图表区填充颜色来美化图表，下面介绍具体操作方法。

Step 01 选中图表区并双击，打开"设置图表区格式"导航窗格，在"填充"选项区域中选中"纯色填充"单选按钮❶，设置颜色为浅黄色❷，如下图所示。

Step 02 设置完成后，图表填充浅黄色，效果如下图所示。

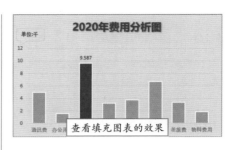

4. 添加线条

数据系列底部的线条不是很明显，可以添加直线形状进行修饰，下面介绍具体操作方法。

Step 01 切换至"插入"选项卡❶，单击"形状"下三角按钮❷，在列表中选择直线❸，如下图所示。

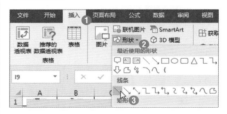

Step 02 按住Shfit键在数据系列下方绘制一条直线。然后在"绘图工具-格式"选项卡的"形状样式"选项组中设置"形状轮廓"的颜色为黑色，宽度为1.5磅，如下图所示。

Step 03 返回工作表中查看图表的最终效果，如下图所示。

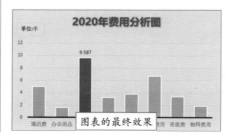

7.2 制作企业各项业务利润分析图

案 / 例 / 简 / 介

利润分析是以一定时期的利润计划为基础，计算利润增减幅度，查明利润变动原因和提出增加利润的措施等工作。因为该企业的业务涉及到国内和国外两大部分，所以考虑使用双层饼图分析数据。企业各项业务利润分析图，如下图所示。

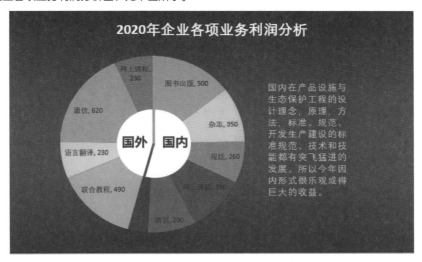

思 / 路 / 分 / 析

在制作企业各项业务利润分析图时，因为企业业务分为国内和国外的业务，每类中又包含很多业务，所以考虑使用双层饼图。首先创建内外饼图，并添加系列的名称；然后分离饼图并缩小外侧饼图；最后对图表进行适当美化，增加图表的美感。制作企业各项业务利润分析图的流程如下图所示。

	创建外侧饼图	插入饼图
		添加水平轴标签
制作企业各项业务利润分析图	创建内侧饼图	添加数据
		设置次坐标轴
		为内侧扇区添加名称
	美化双层饼图	美化各扇区
		为各扇区添加数据标签
		设置图表背景颜色
		添加文字说明

7.2.1 创建外侧饼图

▶▶▶ 饼图用于只有一个数据系列，展示各项的数值与总和的比例的图表，在饼图中各数据点的大小表示占整个饼图的比例。下面介绍具本操作方法。

1. 插入饼图

因为外侧数据是在合并单元格中的，所以先创建数据，然后再添加数据名称，下面介绍具体操作方法。

Step 01 打开"各项业务统计表.xlsx"工作簿，选择B2:B8单元格区域❶，在"插入"选项卡❷中单击"插入饼图或圆环图"下三角按钮❸，在列表中选择饼图❹，如下图所示。

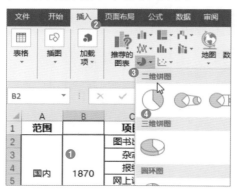

Step 02 返回工作表中即可为数据插入饼图，可见图例中不显示各扇区的名称，如下图所示。

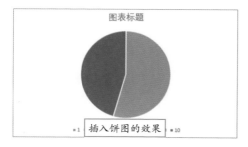

2. 添加水平轴标签

接着通过设置水平轴标签，为饼图的扇区添加名称，下面介绍具体操作。

Step 01 在饼图上右击，在快捷菜单中选择"选择数据"命令，如下图所示。

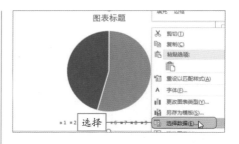

Step 02 打开"选择数据源"对话框，单击"水平(分类)轴标签"选项区域中"编辑"按钮，如下图所示。

Step 03 打开"轴标签"对话框，单击"轴标签区域"折叠按钮，在工作表中选择A2:A11单元格区域，如下图所示。

Step 04 依次单击"确定"按钮，在图例中添加名称，效果如下图所示。

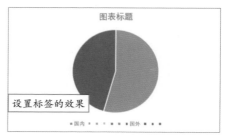

7.2.2　创建内侧饼图

▶▶▶ 创建内侧饼图时与插入饼图的操作方法不一样，需要在原饼图的基础上添加数据，然后通过设置次坐标轴使其分离。下面介绍具体的操作方法。

1. 添加数据

　　需要在饼图中添加业务明细数据来创建内侧饼图。下面介绍添加数据的具体操作方法。

Step 01 选中图表并右击，在快捷菜单中选择"选择数据"命令。打开"选择数据源"对话框，单击"图例项"选项区域中的"添加"按钮，如下图所示。

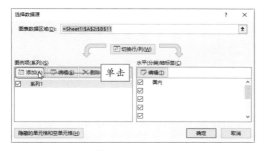

知识充电站!!!

选中图表，切换至"图表工具－设计"选项卡，单击"数据"选项组中"选择数据"按钮，也可以打开"选择数据源"对话框。

Step 02 打开"编辑数据系列"对话框，在"系列名称"文本框中输入"业务明细"文本❶，单击"系列值"右侧折叠按钮❷，如下图所示。

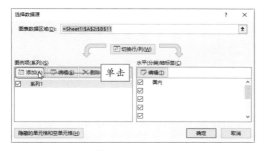

Step 03 返回工作表中，选中D2:D11单元格区域，再次单击折叠按钮，如下图所示。

Tips　操作解迷

在选择数据系列时，只能选择一列数据区域，无法选择C和D列，否则无法添加数据。

Step 04 单击"确定"按钮返回"编辑数据系列"对话框中，再次单击"确定"按钮，在"选择数据源"对话框中显示添加的数据系列，如下图所示。

Tips　操作解迷

到此，已经完成内侧饼图数据的添加，只是被外侧饼图覆盖，所以看不到，设置次坐标轴之后即可显示。

2. 设置次坐标轴

　　为外侧饼图设置次坐标轴，可以使内外侧饼图分离，再单独设置外侧饼图，下面介绍具体操作方法。

Step 01 选择外侧饼图的扇区并右击，在快捷菜单中选择"设置数据系列格式"命令，如下图所示。

Step 02 打开"设置数据系列格式"导航窗格，在"系列选项"选项区域选中"次坐标轴"单选按钮，如下图所示。

Step 03 选中外侧饼图的扇区，向外拖曳缩小扇区，内侧饼图即可显示，如下图所示。

拖曳外侧饼图

Tips 操作解迷

调整外侧扇区大小时，如果只选中一个扇区，则只调整该扇区的大小和位置。

Step 04 然后将外侧两个扇区分别选中并移到中间位置，如下图所示。

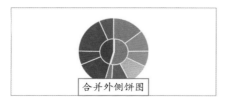

合并外侧饼图

3. 为内侧扇区添加名称

刚才只是为内侧扇区添加数据，根据为外侧扇区添加名称的方法对内侧扇区进行操作，下面介绍具体操作方法。

Step 01 选择图表右击，在快捷菜单中选择"选择数据"命令，打开"选择数据源"对话框，在"图例项(系列)"选项区域中选中"业务明细"❶，单击"水平(分类)轴标签"区域中"编辑"按钮❷，如下图所示。

Step 02 打开"轴标签"对话框，单击"轴标签区域"折叠按钮，在工作表中选择C2:C11单元格区域，如下图所示。

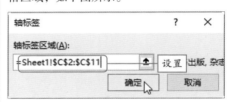

Step 03 单击"确定"按钮，返回"选择数据源"对话框，可见已经添加各扇区的名称，如下图所示。

添加轴标签

Tips 操作解迷

添加完系列名称后，只有添加数据系列之后并进一步设置，才会显示名称。

7.2.3 美化双层饼图

▶▶▶ 为了使内外两个饼图起到不同的作用，并很好地展示数据，还需要进行美化操作，为各扇区设置颜色。下面介绍美化图表的具体操作。

扫码看视频

1. 美化各扇区

需要将内侧扇区使用不同颜色填充，为了使内外扇区能够区分，再将外侧扇区填充白色，下面介绍具体操作方法。

Step 01 选中图表❶，在"图表工具-设计"选项卡中单击"更改颜色"下三角按钮❷，在列表中选择颜色❸，为所有扇区填充颜色，如下图所示。

Step 02 选择外侧饼图扇区，在"图表工具-格式"选项卡的"形状样式"选项组中设置填充颜色为白色、无轮廓，如下图所示。

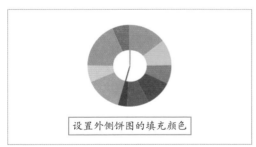

设置外侧饼图的填充颜色

2. 为各扇区添加数据标签

内侧扇区需要显示名称和金额，外侧扇区需要显示名称，下面介绍具体操作方法。

Step 01 选择内侧扇区❶，在"图表工具-设计"选项卡❷中单击"添加图表元素"下三角按钮❸，选择"数据标签>最佳匹配"选项❹，如下图所示。

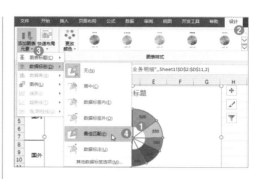

Step 02 即可在内侧扇区中添加数据标签，右击数据标签，在快捷菜单中选择"设置数据标签格式"命令，如下图所示。

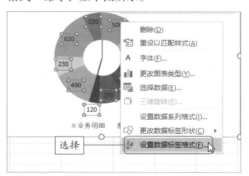

Step 03 打开"设置数据标签格式"导航窗格，在"标签选项"选项区域中勾选"系列名称"复选框，如下图所示。

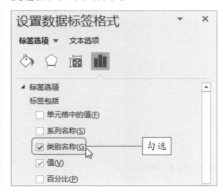

Step 04 返回工作表中可见数据标签中显示系列名称和值，如下图所示。

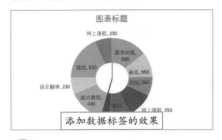

添加数据标签的效果

Tips 操作解迷

在"设置数据标签格式"导航窗格中如果勾选"百分比"复选框，则在数据标签中显示各扇区所占的百分比。

Step 05 根据相同的方法为外侧扇区添加数据标签，只显示类别名称，如下图所示。

添加外侧数据标签的效果

3. 设置图表背景颜色

为图表添加深色的渐变背景，并且根据需要设置图表中文本的格式，下面介绍具体操作方法。

Step 01 选中图表打开"设置图表区格式"导航窗格，设置渐变填充颜色为深蓝色的渐变，如下图所示。

设置

Step 02 然后调整图表的大小，并输入图表的标题，将绘图区向左移动，如下图所示。

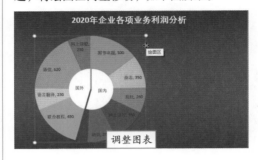

调整图表

4. 添加文字说明

饼图整体很空，还需要在右侧添加说明性的文字，下面介绍具体操作方法。

Step 01 切换至"插入"选项卡，单击"文本"选项组中"文本框"下三角按钮，在列表中选择"绘制横排文本框"选项，在图表右侧绘制文本框，如下图所示。

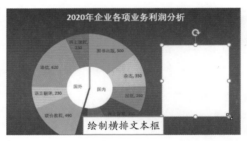

绘制横排文本框

Step 02 输入文本并设置文本格式，然后设置文本框为无填充和无轮廓。将外侧扇区内的文本加粗并放大，最终效果如下图所示。

输入文本

知识充电站‼

选中图表和文本框，在"绘图工具－格式"选项卡中单击"组合"按钮，进行组合。

7.3 制作动态图表分析各产品销量

案 / 例 / 简 / 介

　　企业按月统计出各产品的销量数据，在这繁杂的数据中如何更加清晰地查看数据呢？当然无法将所有数据通过图表展示，但是可以结合控件将每月的数据通过图表展示，选择不同月份时，图表展示该月的数据。制作动态图表分析各产品销量的效果，如下图所示。

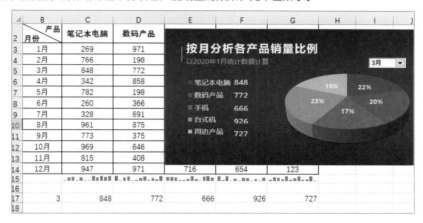

思 / 路 / 分 / 析

　　在制作动态图表分析各产品销量时，首先使用迷你图展示各产品一年中每个月的销量变化，其次，创建动态的饼图根据需要展示每月各产品的销量比例。制作动态图表分析各产品销量的流程如下图所示。

制作动态图表分析各产品销量	创建迷你图	插入迷你图
		更改迷你图类型
		美化迷你图
	创建饼图	创建辅助函数
		为提取数据创建饼图
		为饼图添加数据标签
	使用组合框控制饼图	添加开发工具
		添加组合框控件
	美化动态的三维饼图	调整图表的布局
		设置数据系列和图表颜色
		添加文本框

7.3.1 创建迷你图

扫码看视频

▶▶▶ 迷你图就是在单元格中直观地显示一组数据变化趋势的微型图表，包括折线图、柱形图和盈亏迷你图3种类型。下面介绍使用迷你图的具体操作方法。

1. 插入迷你图

在分析各产品销量时可以使用迷你图分析产品每月销量的变化，下面介绍创建迷你图的操作方法。

Step 01 打开"各产品销量分析统计表.xlsx"工作簿，选择C15:G15单元格区域❶，在"插入"选项卡❷中单击"迷你图"选项组中"折线"按钮❸，如下图所示。

Step 02 打开"创建迷你图"对话框，在"位置范围"文本框中为选中存放迷你图的单元格区域，单击"数据范围"右侧折叠按钮，如下图所示。

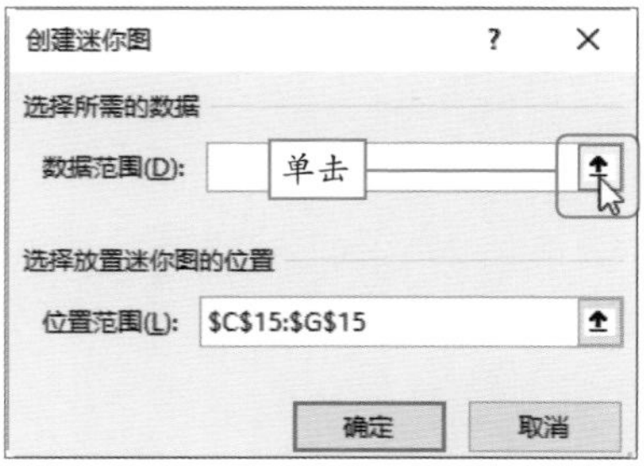

创建迷你图　　　　　　? ×
选择所需的数据
数据范围(D): 　单击　　　　　　↑
选择放置迷你图的位置
位置范围(L): $C$15:$G$15　　↑
确定　　取消

Tips 操作解迷

如果先选择数据区域，则在"创建迷你图"对话框中只需要选择位置范围即可。

Step 03 返回工作表中选中C3:G14单元格区域❶，再单击折叠按钮❷，如下图所示。

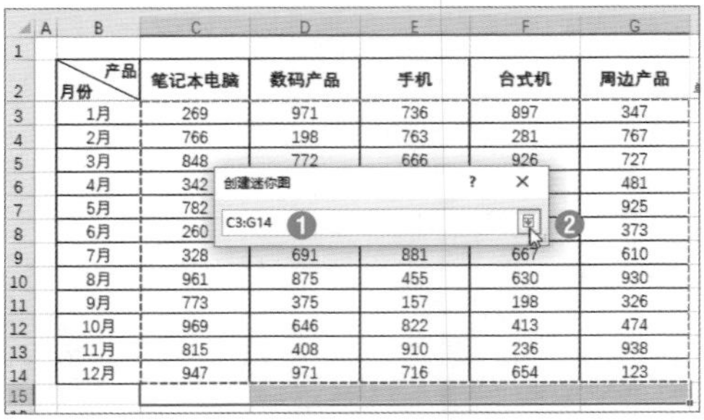

Step 04 返回上级对话框单击"确定"按钮，即可在选中单元格区域中创建折线迷你图，如下图所示。

知识充电站!!!

用户也可以通过填充迷你图的方法创建一组迷你图。首先创建单个迷你图，方法和本节一样。然后根据填充公式的方法填充迷你图即可。

2. 更改迷你图类型

迷你图共包含3种类型，分别为折线、柱形和盈亏，下面介绍将折线更改为柱形迷你图的具体操作。

Step 01 选中任意折线迷你图❶，切换至"迷你图工具-设计"选项卡❷，单击"类型"选项组中"柱形"按钮❸，如下图所示。

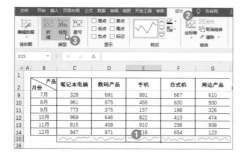

Step 02 即可将所有折线迷你图更改为柱形迷你图，为了展示更加清晰适当增加行高，如下图所示。

月份\产品	笔记本电脑	数码产品	手机	台式机	周边产品
1月	269	971	736	897	347
2月	766	198	763	281	767
3月	848	772	666	926	727
4月	342	858	301	130	481
5月	782	198	270	553	925
6月	260	366	482	146	373
7月	328	691	881	667	610
8月	961	875	455	630	930
9月	773	375	157	198	326
10月	969	646	822	413	474
11月	815	408	910	236	938
12月	947		更改迷你图的效果	654	123

Tips 操作解迷

创建一组迷你图时是组合在一起的，如果只更改单个迷你图，首先选中该迷你图所在的单元格，然后在"迷你图工具 – 设计"选项卡中单击"取消组合"按钮，然后再更改类型即可。

3. 美化迷你图

迷你图默认是蓝色的，用户可以进行美化操作，下面介绍具体操作方法。

Step 01 选择柱形迷你图，切换至"迷你图工具-设计"选项卡，单击"样式"选项组中"其他"按钮，在列表中选择合适的样式，如下图所示。

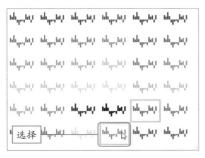

Step 02 可见迷你图应用选中的样式，效果如下图所示。用户也可以单击"样式"选项组中"迷你图颜色"下三角按钮，在列表中选择合适的颜色。

月份\产品	笔记本电脑	数码产品	手机	台式机	周边产品
4月	342	858	301	130	481
5月	782	198	270	553	925
6月	260	366	482	146	373
7月	328	691	881	667	610
8月	961	875	455	630	930
9月	773	375	157	198	326
10月	969				474
11月	815	更改迷你图颜色的效果			938
12月	947				123

Step 03 单击"样式"选项组中"标记颜色"下三角按钮❶，在列表中选择"高点"选项，在子列表中选择合适的颜色❷，如下图所示。

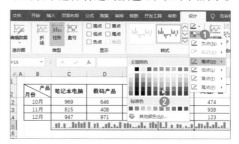

Tips 操作解迷

在"标记颜色"列表中设置各值点的颜色后，自动在折线迷你图上添加对应的值点，并应用设置的值点颜色。

Step 04 根据相同的方法标记低点的颜色为红色，迷你图的最终效果如下图所示。

月份\产品	笔记本电脑	数码产品	手机	台式机	周边产品
1月	269	971	736	897	347
2月	766	198	763	281	767
3月	848	772	666	926	727
4月	342	858	301	130	481
5月	782	198	270	553	925
6月	260	366	482	146	373
7月	328	691	881	667	610
8月	961	875	455	630	930
9月	773	375	157	198	326
10月	969			413	474
11月	815	查看迷你图的效果		236	938
12月	947			654	123

知识充电站!!!

用户也可以清除迷你图，选中迷你图，切换至"迷你图工具 – 设计"选项卡，单击"组合"选项组中"清除"下三角按钮，在列表中选择合适的选项即可。

7.3.2 创建饼图

▶▶▶ 在本案例中需要展示每月各产品的销量比例，每月的数据需要通过函数提取，然后根据提取的数据创建饼图。下面介绍具体的操作方法。

扫码看视频

1. 创建辅助数据

使用INDEX函数提取每月各产品的销量数据。下面介绍具体操作方法。

Step 01 在B17单元格中输入数字1，然后在C17单元格中输入"=INDEX(C3:C14,$B$17)"公式，如下图所示。

产品 月份	笔记本电脑	数码产品	手机	台式机	周边产品
1月	269	971	736	897	347
2月	766	198	763	281	767
3月	848	772	666	926	727
4月	342	858	301	130	481
5月	782	198	270	553	925
6月	260	366	482	146	373
7月	输入公式	691	881	667	610
8月	961	875	455	630	930
9月	773	375	157	198	326
10月	969	646	822	413	474
11月	815	408	910	236	938
12月	947	971	716	654	123

| 1 | =INDEX(C3:C14,$B$17) |

Tips 操作解迷

INDEX 函数包含两种形式，分别为引用形式和数组形式。本案例使用数组形式。
INDEX() 函数的数组形式返回指定的数值或数值数组。
表达式：INDEX(array,row_num,column_num)

Step 02 按Enter键即可引用数组中第一列数据，然后将公式向右填充到G17单元格，即可完成1月份各产品销量的引用，如下图所示。

产品 月份	笔记本电脑	数码产品	手机	台式机	周边产品
1月	269	971	736	897	347
2月	766	198	763	281	767
3月	848	772	666	926	727
4月	342	858	301	130	481
5月	782	198	270	553	925
6月	260	366	482	146	373
7月	328	691	881	667	610
8月	961	875	455	630	930
9月	773	375	157	198	326
10月	969	646	822	413	474
11月	815	408	910	236	938
12月	947	971	710	654	123

填充公式

| 1 | 269 | 971 | 736 | 897 | 347 |

Tips 操作解迷

当B17单元格中数据为1时提取的为1月份销量数据，为2时提取的是2月份销量数据。在添加控件时设置B17为链接单元格，即可控制提取的数据了。

2. 为提取数据创建饼图

接着为提取的数据创建饼图，这样可以根据B17单元格中数据的不同而变化了，下面介绍具体操作方法。

Step 01 选中B17:G17单元格区域❶，切换至"插入"选项卡❷，单击"图表"选项组中"插入饼图和圆环图"下三角按钮❸，在列表中选择择"三维饼图"选项❹，如下图所示。

Step 02 即可在工作表中创建三维饼图，然后右击饼图，在快捷菜单中选择"选择数据"命令，如下图所示。

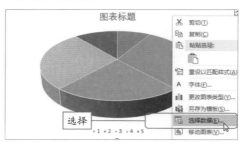

Step 03 打开"选择数据源"对话框，单击"水平(分类)轴标签"区域中"编辑"按钮，如下图所示。

Step 04 打开"轴标签"对话框，单击"轴标签区域"右侧折叠按钮，在工作表中选择C2:G2单元格❶，再次单击折叠按钮，然后单击"确定"按钮❷，如下图所示。

Step 05 返回"选择数据源"对话框，单击"确定"按钮，可见图表的图例显示各产品的名称，如下图所示。

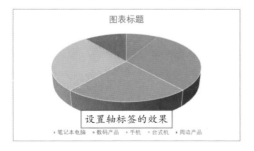

3. 为饼图添加数据标签

为了让饼图展示数据更加清晰，可以添加数据标签，下面介绍具体操作方法。

Step 01 选中饼图，单击"图表工具-设计"选项卡中"添加图表元素"下三角按钮，在列表中选择"数据标签>数据标签内"选项。添加数据标签的效果如下图所示。

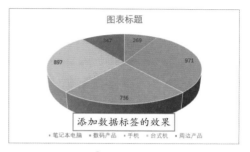

Step 02 打开"设置数据标签格式"导航窗格，在"标签选项"选项区域中勾选"类别名称"❶和"百分比"❷复选框，取消勾选"值"复选框❸，如下图所示。

Step 03 然后输入图表的标题，并删除图例，如下图所示。

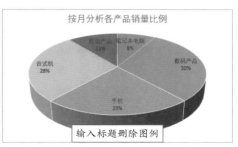

7.3.3 使用组合框控制饼图

▶▶▶ 为了让图表动起来，还需要使用控件，本案例中使用组合框控制显示月份来使图表展示不同月份的销量比例。下面介绍具体的操作方法。

扫码看视频

1. 添加开发工具

所有控件都在"开发工具"选项卡中，默认情况下是不显示该选项卡的。下面介绍添加"开发工具"选项卡的具体操作方法。

Step 01 单击"文件"标签，在列表中选择"选项"选项。在打开的"Excel选项"对话框中选择"自定义功能区"选项❶，勾选"开发工具"复选框❷，单击"确定"按钮❸，如下图所示。

Step 02 返回工作表中，在功能区显示"开发工具"选项卡，如下图所示。

2. 添加组合框控件

在Excel中包含很多控件，如命令按钮、组合框、复选框等。本案例使用组合框控件，下面介绍具体操作方法。

Step 01 切换至"开发工具"选项卡❶，单击"控件"选项组中"插入"下三角按钮❷，在列表中选择"组合框(窗体控件)"控件❸，如下图所示。

产品	笔记本电脑	数码产品	手机	台式机	
月份					
1月	269	971	736	897	347
2月	766	198	763	281	767
3月	848	772	666	926	727
4月	342	858	301	130	481
5月	782	198	270	553	925
6月	260	366	482	146	373

Step 02 光标变为黑色十字形状，在图表的右上角绘制组合框，然后根据需要调整组合框的大小和位置，如下图所示。

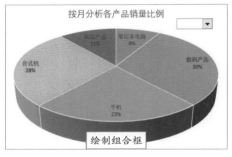

Step 03 右击绘制的组合框，在快捷菜单中选择"设置控件格式"命令，如下图所示。

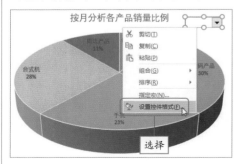

Step 04 打开"设置对象格式"对话框，在"控制"选项卡中设置数据源区域❶和单元格链接❷，勾选"三维阴影"复选框❸，如下图所示。

查看设置属性后的效果

Step 05 返回工作表中，此时组合框中不显示任何内容，因此饼图中也无任何数据。提取数据的单元格区域也无数据，如下图所示。

Step 06 单击组合框下三角按钮，在列表中显示所有月份，选择2月，则饼图中显示2月份销量的比例，效果如下图所示。

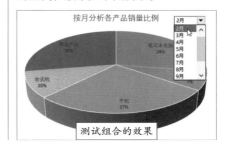

测试组合的效果

7.3.4 美化动态的三维饼图

▶▶▶ 动态图表已经制作完成了，为了使图表更加完美地展示数据，还需要进行美化。本案例主要设置图表的背景、数据系列并添加相关数据，下面介绍具体的操作方法。

扫码看视频

1. 调整图表的布局

在图表中还需要展示相关数据，结构为左侧展示文字右侧展示图形，所以适当进行调整图表。下面介绍具体操作方法。

Step 01 选择绘图区适当缩小，并移到图表的右侧上下居中位置，效果如下图所示。

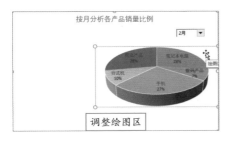

调整绘图区

Step 02 通过"添加图表元素"功能在左侧添加图例，然后移动图例放在合适的位置，如下图所示。

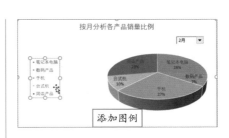

添加图例

Step 03 将图表的标题移至左侧与图例左侧对齐，然后设置数据标签中只显示百分比，不显示类别名称并居中显示，效果如下图所示。

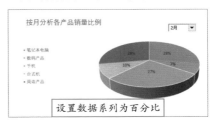

设置数据系列为百分比

2. 设置数据系列和图表颜色

图表区域设置为深色，数据系列设置为蓝色的单色调，下面介绍具体操作方法。

Step 01 双击图表区，打开"设置图表区域格式"导航窗格，设置为"渐变填充"，如下图所示。

Step 02 单击"图表样式"选项组中"更改颜色"下三角按钮，在列表中选择合适的样式，并设置数据系列为无轮廓，如下图所示。

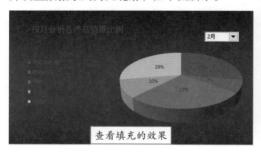

查看填充的效果

Step 03 选择数据系列，在"图表工具-格式"选项卡的"形状样式"选项组中添加阴影效果，然后设置各文字的格式，如下图所示。

为扇区添加阴影效果

3. 添加文本框

在图表中还需要添加相应的文本进行说明，在图例右侧显示销量的数据，下面介绍具体操作方法。

Step 01 在图例的每项名称右侧绘制文本框，设置无填充无轮廓。在编辑栏中输入"="，然后选择C17单元格，即可在文本框中显示笔记本电脑的销量，如下图所示。

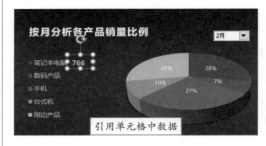

引用单元格中数据

Step 02 根据相同的方法，为其他产品添加文本框并设置文本格式，如下图所示。

引用所有单元格中数据

Step 03 在标题下方法添加文本框并输入相关文本，并在标题左侧添加线条，最终效果如下图所示。

查看图表的最终效果

图表的类型

在Excel中包含10多种图表类型，每种图表都适应不同的数据类型，下面以表格形式介绍各种类型图表的应用，如表7-1所示。

表7-1　图表的类型

名称	含义	子类型
柱形图	柱形图用于显示一段时间内的数据变化或说明各项之间的比较情况，通常情况下沿横坐标轴组织类别，沿纵坐标轴组织数值	簇状柱形图、堆积柱形图、百分比堆积柱形图、三维簇状柱形图、三维堆积柱形图、三维百分比堆积柱形图和三维柱形图
折线图	折线图用于显示在相等时间间隔下数据的变化情况。在折线图中，类别数据沿横坐标均匀分布，所有数值沿垂直轴均匀分布	折线图、堆积折线图、百分比堆积折线图、带数据标记的折线图、带数据标记的堆积折线图、带数据标记的百分比堆积折线图和三维折线图
饼图和圆环图	饼图用于只有一个数据系列，展示各项的数值与总和的比例，在饼图中各数据点的大小表示占整个饼图的百分比	饼图、三维饼图、复合饼图、复合条饼图和圆环图
条形图	条形图用于多个项目之间的比较情况	簇状条形图、堆积条形图、百分比堆积条形图、三维簇状条形图、三维堆积条形图和三维百分比堆积条形图
XY散点图	XY散点图显示若干数据系列中各数值之间的关系	散点图、带平滑线和数据标记的散点图、带平滑线的散点图、带直线和数据标记的散点图、带直线的散点图、气泡图和三维气泡图
面积图	面积图用于显示各数值随时间变化的情况，通过显示所绘制的数值总和，与整体的关系	面积图、堆积面积图、百分比堆积面积图、三维面积图、三维堆积面积图和三维百分比堆积面积图
曲面图	曲面图是以平面来显示数据的变化趋势，像在地形图中一样，颜色和图案表示处于相同数值范围内的区域	三维曲面图、三维线框曲面图、曲面图和曲面图(俯视框架图)
股价图	股价图用于描述股票波动趋势，不过也可以显示其他数据。创建股价图必须按照正确的顺序	盘高-盘低-收盘图、开盘-盘高-盘低-收盘图、成交量-盘高-盘低-收盘图和成交量-开盘-盘高-盘低-收盘图
雷达图	雷达图用于显示数据系列相对于中心点以及相对于彼此数据类别间的变化	雷达图、带数据标记的雷达图和填充雷达
树状图	树状图用于展示数据之间的层级和占比关系，其中矩形的面积表示数据的大小	
旭日图	旭日图可以表达清晰的层级和归属关系，以父子层次结构来显示数据的构成情况	

（续表）

名称	含　义	子类型
直方图	直方图用于展示数据的分组分布状态，常用于分析数据在各个区间分部比例，用矩形的高度表示频数的分布	
箱型图	箱型图方便一次查看到一批数据的四分值、平均值以及离散值	
瀑布图	瀑布图采用绝对值与相对值结合的方式，适用于表达多个特定数值之间的数量变化关系	
地图	使用地图图表比较值并跨地理区域显示类别	
漏斗图	漏斗图适用于业务流程比较规范、周期长、环节多的流程分析，通过漏斗各环节业务数据的比较，能够直观地发现和说明问题所在	

Chapter

08

PPT幻灯片的编辑和设计

本章导读

　　PowerPoint也是微软公司的Office办公软件的重要组成部分，可以用于设计制作广告宣传、产品演示、学术交流、演讲、工作汇报、辅助教学等众多领域。

　　本章结合2020年电子产品销售分析和工作总结汇报演示文稿两个案例介绍制作PPT的基本操作和要求。本章涉及的知识主要包括新建演示文稿、幻灯片母版的应用、文本的应用、形状和图片的应用以及SmartArt图形的应用等。

本章要点

1. 制作2020年电子产品销售分析
幻灯片

▶ 创建演示文稿

▶ 创建版式

▶ 文本的应用

▶ 插入文本框

▶ 绘制形状

▶ 编辑形状

2. 制作工作总结汇报演示文稿

▶ 编辑形状

▶ 形状和图片的运算

▶ 插入SmartArt形状

▶ 编辑图片

▶ 折线图表的应用

▶ 更改图表类型

制作2020年电子产品销售分析幻灯片

案 / 例 / 简 / 介

　　2020年即将结束，某电子卖场统计各种产品年销售数据，并计算出各产品占年销售的百分比，需要在企业总结报告中展示相关的数据，本节将利用PPT制作该部分的幻灯片。制作完成后的效果，如下图所示。

思 / 路 / 分 / 析

　　在制作2020年电子产品销售分析幻灯片时，首先通过母版设置字体和背景，其次添加文本内容，然后添加形状进一步修饰，最后添加图标。制作2020年电子产品销售分析幻灯片的流程如下图所示。

		创建空白演示文稿
	创建演示文稿	保存演示文稿
		根据模板创建演示文稿
制作2020年电子产品销售分析幻灯片	通过母版设置字体和版式	设置字体
		创建版式
	在幻灯片中添加文本	插入文本框
		设置文本格式
	添加形状修饰幻灯片	绘制形状
		设置形状的填充颜色
		继续绘制正圆形
		对形状进行运算
		编辑形状顶点
	添加图标	

8.1.1 创建演示文稿

▶▶▶ PowerPoint文件被称为演示文稿，通常也叫做PPT。在制作演示文稿之前首先要创建文稿，可以创建空白的演示文稿也可以创建带模板的演示文稿。

1. 创建空白演示文稿

空白演示文稿就是一张空白幻灯片，没有任何内容和对象。下面介绍具体操作方法。

Step 01 单击桌面左下角"开始"按钮，在列表中选择PowerPoint选项，如下图所示。

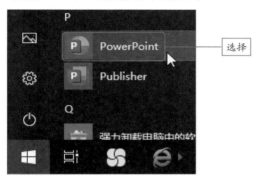

Step 02 启动PowerPoint 2019后，在右侧列表中单击"空白演示文稿"按钮，如下图所示。

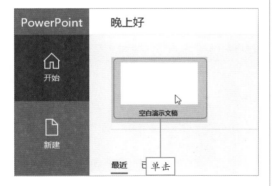

知识充电站

在 PowerPoint 2019 的开始界面包含"开始"、"新建"和"打开"三个选项功能，其中在"开始"选项功能中包括新建文档的类型（空白文档以及模板）、最近打开文档的名称和时间等信息。

Step 03 即可创建空白演示文稿，包含一张幻灯片，其版式为"标题幻灯片"，如下图所示。

创建空白演示文稿

2. 保存演示文稿

创建演示文稿后，还需要对其进行保存，下面介绍具体操作方法。

Step 01 单击快速访问工具栏中"保存"按钮，进入"另存为"选项区域❶，选择"浏览"选项❷，如下图所示。

Step 02 打开"另存为"对话框，选择保存的路径，在"文件名"文本框中输入"2020年电子产品销售分析"❶，单击"保存"按钮❷，如下图所示。

Tips 操作解迷

在"保存类型"文本框中可见演示文稿的扩展名为
".pptx"，在早期版本中其扩展名为".ppt"。单击"保
存类型"下三角按钮，在列表中选择"PowerPoint
97-2003演示文稿"类型，即可保存为扩展名为
".ppt"的演示文稿。

3. 根据模板创建演示文稿

PowerPoint 2019为用户提供了很多模板，
可以直接下载使用。下面介绍具体操作方法。

Step 01 单击"文件"标签，在列表中选择"新
建"选项，如下图所示。

Step 02 在右侧"建议的搜索"区域可以单击关
键字，也可以在搜索框中输入关键字，如输入
"工作总结"❶，单击"开始搜索"按钮❷，如
下图所示。

Tips 操作解迷

在联机搜索模板时，首先保证电脑为联网状态。

Step 03 PowerPoint会联网进行搜索工作总结的
模板，在搜索结果中选择需要的模板，如下图
所示。

Step 04 在展开的该演示文稿模板说明界面中单
击"创建"按钮，如下图所示。

Step 05 PowerPoint将从网络中下载该模板，然
后在新的演示文稿中创建模板，并显示该模板
中包含的所有幻灯片，如下图所示。

知识充电站!!!

PowerPoint和Word、Excel一样都可以设置自动
保存。单击"文件"标签，选择"选项"选项。打开
"PowerPoint选项"对话框，选择"保存"选项，在
右侧"保存演示文稿"选项区域中设置保存的格式、
自动保存的时间和自动恢复文件的位置等。

8.1.2 通过母版设置字体和版式

▶▶▶ 在制作演示文稿之前，可以通过母版规范字体和版式等。例如本案例规范字体和版式，还可以设置统一的幻灯片背景。下面介绍具体操作方法。

扫码看视频

1. 设置字体

演示文稿进入母版视图后，为其统一设置字体格式，可以提高工作效率。下面介绍具体操作方法。

Step 01 切换至"视图"选项卡①，单击"母版视图"选项组中"幻灯片母版"按钮②，如下图所示。

Step 02 即可进入幻灯片母版视图，在功能区显示"幻灯片母版"选项卡①，单击"背景"选项组中"字体"下三角按钮②，在列表中选择合适的字体选项③，如下图所示。

知识充电站!!!

在"背景"选项组中还可以设置颜色、效果、背景样式等。

Step 03 设置完成后单击"关闭"选项组中"关闭母版视图"按钮，即可退出母版视图，如下图所示。

2. 创建版式

在制作演示文稿之前，可以先在母版视图中设计版式，在使用时插入该版式幻灯片直接应用即可。下面介绍具体操作方法。

Step 01 进入幻灯片母版视图，单击"编辑母版"选项组中"插入版式"按钮，如下图所示。

Step 02 即可在左侧缩略图最下方插入版式幻灯片。为了方便以后使用，还需要重命名。选中该版式幻灯片①，单击"编辑母版"选项组中"重命名"按钮②，如下图所示。

Step 03 打开"重命名版式"对话框，在"版式名称"文本框中输入"正文"❶，单击"重命名"按钮❷，如下图所示。

知识充电站

也可以右击该版式幻灯片，在快捷菜单中选择"重命名版式"命令，打开"重命名版式"对话框并设置。

Step 04 清除该幻灯片中所有元素，切换至"插入"选项卡❶，单击"插图"选项组中"形状"下三角按钮❷，在列表中选择矩形形状❸，如下图所示。

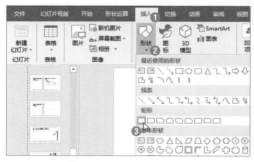

知识充电站

演示文稿进入母版视图后，在左侧缩略图中第一张幻灯片为母版幻灯片，其他为版式幻灯片。如果为演示文稿中所有幻灯片都添加相同的元素，可以在母版幻灯片中添加，如添加企业 Logo 或名称等。

Step 05 在该幻灯片中绘制矩形形状，使其充满整个幻灯片，如下图所示。

绘制矩形形状

Step 06 右击绘制的形状，在快捷菜单中选择"设置形状格式"命令，在打开的导航窗格中设置填充为"渐变填充"❶、类型为"射线"❷、方向为"从中心"❸，然后设置渐变光圈的颜色❹，如下图所示。

Step 07 设置完成后，单击"关闭母版视图"按钮，退出母版视图，效果如下图所示。

设置渐变填充的效果

8.1.3 在幻灯片中添加文字

▶▶▶ 制作PPT时，文字是最重要的元素，它不仅可以清晰地说明观点，合理地设计还可以在视觉上更加美观。下面介绍具体操作方法。

扫码看视频

1. 插入文本框

PowerPoint和Word、Excel不同，它需要借助文本框输入文本。下面介绍具体操作方法。

Step 01 选择幻灯片❶，单击"开始"选项卡❷的"幻灯片"选项组中"版式"下三角按钮❸，在列表中选择创建的"正文"版式❹，如下图所示。

Step 02 切换至"插入"选项卡❶，单击"文本"选项组中"文本框"下三角按钮❷，在列表中选择"绘制横排文本框"选项❸，如下图所示。

Step 03 光标变成十字形状，在幻灯片中单击或者拖曳绘制文本框，然后输入文本即可，如下图所示。

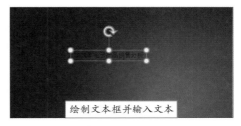

绘制文本框并输入文本

2. 设置文本格式

在PowerPoint中也可以设置文本的格式以及段落格式，下面介绍具体操作方法。

Step 01 选中文本框，在"开始"选项卡的"字体"选项组中设置文本格式，如下图所示。

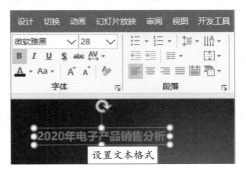

设置文本格式

Step 02 然后单击"字体"选项组中"字符间距"下三角按钮❶，在列表中选择"稀疏"选项❷，如下图所示。

知识充电站 !!

在 Word 和 Excel 中绘制的文本框都是有填充颜色和边框的，而在 PowerPoint 中绘制的文本框都是无边框和无填充的。

Chapter 08

PPT幻灯片的编辑和设计

用户也可以选中文本框，单击"字体"选项组中对话框启动器按钮，在打开的"字体"对话框中切换至"字符间距"选项卡，设置"间距"为"加宽"，然后在"度量值"数值框中输入字符宽度，其单位是磅，单击"确定"按钮，如下图所示。

设置

Step 03 然后根据相同的方法添加其他文本，并放置在幻灯片中不同的位置，如下图所示。

输入文本

如果要设置段落格式，选中文本框，单击"段落"选项组中对话框启动器按钮，在打开的"段落"对话框中设置即可，如下图所示。

设置段落格式

Step 04 接着在幻灯片中输入"38%"文本，并设置字体格式，如下图所示。

输入文本设置格式

Step 05 选择"%"并适当缩小，以突出数据，如下图所示。

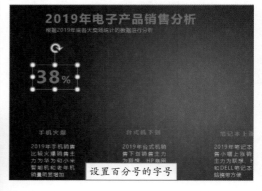

设置百分号的字号

Step 06 根据相同的方法输入其他3个百分比数据，效果如下图所示。

输入其他百分比数字

按照西方国家的字母体系，可以将字体分为两类：衬线字体和非衬线字体。衬线字体在开始和结束的地方有额外的修饰，如果从远处看横线会被弱化，从而识别性会下降，所以通常不使该类型字体。非衬线字体没有额外的修饰，其笔画粗细都差不多，从远处看不会被弱化，所以通常使用该类字体。

8.1.4　添加形状修饰幻灯片

▶▶▶ 形状也是PowerPoint中常用的元素之一，使用形状可以突出重点、修饰、区域分隔等作用。在本案例中文字比较多，可以适当添加形状进行修饰。下面介绍具体操作方法。

1. 绘制形状

本案例主要是通过椭圆形状展示百分比数据。下面介绍具体操作方法。

Step 01 切换至"插入"选项卡，单击"插图"选项组中"形状"下三角按钮❶，在列表中选择椭圆形状❷，如下图所示。

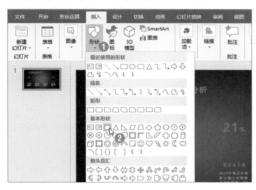

Step 02 光标变为十字形状，按住Shift键在幻灯片中绘制正圆形形状，如下图所示。

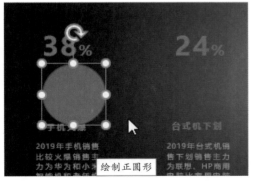

绘制正圆形

知识充电站

在绘制形状时，按住 Shift 键可以绘制正的形状，如正圆形、正方形等。按住 Ctrl 键可以绘制以单击点为中心的形状；按住 Shift+Ctrl 组合键可以绘制以单击点为中心的正形状。

Step 03 选中正圆形，在"绘图工具-格式"选项卡的"大小"选项组中设置高度和宽度均为5厘米，如下图所示。

设置

知识充电站

在设置形状大小时，可以根据形状的纵横比进行设置。单击"大小"选项组中对话框启动器按钮，在打开的"设置形状格式"导航窗格的"大小"选项区域中勾选"锁定纵横比"复选框即可，如下图所示。

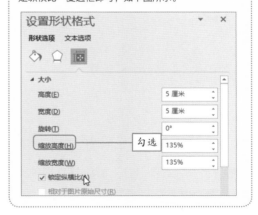

勾选

2. 设置形状的填充颜色

绘制形状后，用户可以根据幻灯片的需求设置底纹颜色，可以填充纯色、渐变、图案以及图片等。下面介绍具体操作方法。

Step 01 选择绘制的形状并右击，在快捷菜单中选择"设置形状格式"命令，如下图所示。

Step 02 打开"设置形状格式"导航窗格，在"填充"选项区域中选中"渐变填充"单选按钮❶，设置"类型"为"线性"❷、"角度"为45度❸，然后设置渐变光圈颜色为白色❹，左侧透明度为80%❺，右侧透明度为100%，在"线条"选项区域中选中"无线条"单选按钮，如下图所示。

Step 03 设置完成后，正圆形的效果如下图所示。

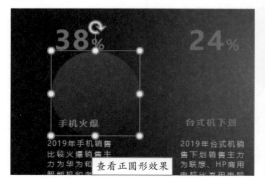

查看正圆形效果

Step 04 复制3份正圆形形状，并放置在其他百分比数字的下方，如下图所示。

复制并移动正圆形的效果

Step 05 调整好最左侧和最右侧正圆形，然后将中间正圆向下移动。按住Ctrl键选中4个正圆形❶，切换至"绘图工具-格式"选项卡❷，单击"排列"选项组中"对齐"下三角按钮❸，在列表中选择"顶端对齐"选项❹，如下图所示。

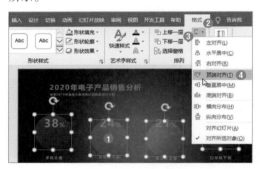

Step 06 再次单击"对齐"下三角按钮，在列表中选择"横向分布"选项，即可整齐地将正圆形放在百分比数据的下方，如下图所示。

调整对齐方式后的效果

知识充电站‼

在制作PPT时，对齐功能相当重要，它可以保证幻灯片内容整齐。在PowerPoint中除了上述介绍的对齐功能外，也可以使用智能参考线对齐各元素。

3. 继续绘制正圆形

在圆形内部添加半圆形制作圆球体的效果，首先需要再绘制正圆形。

Step 01 再次添加正圆形形状，设置直径大小为4.5厘米，并将正圆形与之前圆形中心对齐，如下图所示。

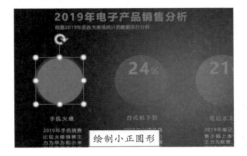

绘制小正圆形

Step 02 选择绘制的正圆形❶，切换至"绘图工具-格式"选项卡，单击"形状样式"选项组中"形状填充"下三角按钮❷，在列表中选择"取色器"选项❸，如下图所示。

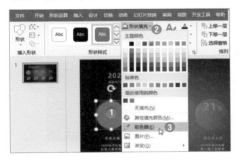

Step 03 光标变为吸管形状，移到标题文字上方，在右上角显示吸取的颜色，单击即可完成填充形状，如下图所示。

吸取颜色

Step 04 然后单击"形状轮廓"下三角按钮，在列表中选择"无轮廓"，效果如下图所示。

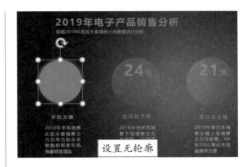

设置无轮廓

Step 05 复制3份正圆形，分别放在之前圆形的上方，如下图所示。

复制并移动圆形

知识充电站!!

用户可以按住 Ctrl 键拖曳正圆形到右侧的正圆中心位置，释放鼠标后按两次 F4 功能键，即可等距离复制圆形。

4. 对形状进行运算

在PowerPoint中可以对形状进行拆分、剪除、结合等运算。下面介绍具体操作方法。

Step 01 单击"文件"标签，在列表中选择"选项"选项，在打开的"PowerPoint选项"对话框中选择"自定义功能区"选项❶，单击右侧"新建选项卡"按钮❷，如下图所示。

Step 02 选择新建的选项卡，单击"重命名"按钮，在打开的对话框中命名为"形状运算"，根据相同的方法为新建组命名为"组合"，如下图所示。

Step 03 在"从下列位置选择命令"列表中选择"不在功能区中的命令"选项❶，再选择"拆分形状"选项❷，单击"添加"按钮❸，如下图所示。

Step 04 根据相同的方法添加其他命令，单击"确定"按钮，即可在功能区显示添加的功能，如下图所示。

添加选项卡的效果

Step 05 绘制矩形，根据百分比大小保留小正圆下方的大小，如下图所示。

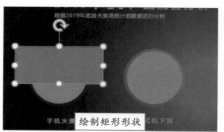

绘制矩形形状

Step 06 选中正圆形再选择矩形❶，切换至"形状运算"选项卡中单击"剪除"按钮❷，如下图所示。

Step 07 即可从正圆形中减去矩形部分，效果如下图所示。

剪切形状后的效果

Step 08 根据相同的方法对其他正圆形进行运算，如下图所示。

剪切其他形状

5. 编辑形状顶点

为了让球体更加真实，还需要制作水面的效果，下面介绍具体操作方法。

Step 01 绘制细长的椭圆形状，并填充渐变色，如下图所示。

设置填充颜色

Step 02 调整椭圆形状的大小并放在最左侧小半圆的上方，即可制作水面的效果，如下图所示。

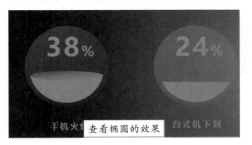

Step 03 根据相同的方法，为其他球体添加椭圆形状，效果如下图所示。

Step 04 选择左侧小半圆形状并右击，在快捷菜单中选择"编辑顶点"命令，如下图所示。

Step 05 单击右上角控制点，拖曳控制点，调整

上边线的弧度，根据相同方法调整左侧，如下图所示。

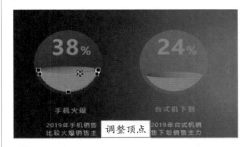

Tips 操作解迷

以上介绍的是简单的编辑顶点，通常情况下还需要在边上添加顶点进行细致调整。将光标移到边上按住鼠标左键拖动，释放鼠标即可完成添加顶点操作，再通过调整控制点调整形状。

Step 06 根据相同的方法调整其他3个半圆的顶点，效果如下图所示。

Tips 操作解迷

从效果上看与步骤3中没有什么区别，这是为接下来添加图标做准备的，制作出图标一半在水中一半在水面上方的效果。

8.1.5　添加图标

▶▶▶ 图标是具有指定意义的图形符号，它的标识度比较高，看到图标就能理解其含义。本案例中需要在百分比下方添加图标，让浏览者很清晰地明白什么产品占比多少。

扫码看视频

在PowerPoint中可以插入准备好的图片，也可以联机搜索图片或者截取屏幕图片。本案例中准备好图标图片，直接插入即可。下面介绍插入图标的具体操作方法。

Step 01 切换至"插入"选项卡❶，单击"图像"选项组中"图片"按钮❷，如下图所示。

Step 02 打开"插入图片"对话框，选择准备好的图片，如"手机.png"❶，单击"插入"按钮❷，如下图所示。

Step 03 即可将选中图片插入到PPT中，调整大小，并放在左侧球体中，如下图所示。

插入图片的效果

知识充电站!!!

调整图片的大小和调整形状一样，可以拖曳角控制点调整，也可以在"大小"选项组中设置宽度和高度的值。在调整图片大小时，一定不要调整边上的控制点，否则图片会变形。

Step 04 根据相同的方法插入其他图片，并放在对应的位置，如下图所示。

插入其他图片

Step 05 选择左侧半圆形状❶，切换至"绘图工具-格式"选项卡❷，单击"排列"选项组中"上移一层"下三角按钮❸，在列表中选择"置于顶层"选项❹，如下图所示。

Step 06 即可制作出手机在球体中的效果，根据相同的方法制作其他图片的效果。选择手机图片，切换至"图片工具-格式"选项卡，单击"调整"选项组中"颜色"下三角按钮，在列表中选择"冲蚀"选项，如下图所示。

选择

Step 07 根据相同的方法处理笔记本电脑和打印机图片。然后在标题左侧添加形状修改，最终效果如下图所示。

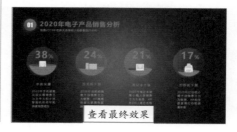

查看最终效果

8.2 制作工作总结汇报演示文稿

工作总结是以年终总结、半年总结和季度总结最为常见，就其内容而言，工作总结就是把一个时间段的工作进行一次全面系统的总检查、总评价、总分析、总研究，并分析成绩的不足，从而得出引以为戒的经验。制作工作总结汇报演示文稿的效果，如下图所示。

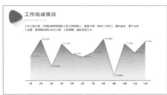
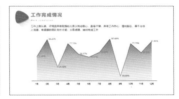

在制作工作总结汇报演示文稿时，首先通过插入形状和图片制作演示文稿的封面；然后再制作演示文稿的内容页，如使用SmartArt形状展示不足的问题、制作明年工作计划以及使用折线图和面积图展示工作情况。制作工作总结汇报演示文稿的流程如下图所示。

制作工作总结汇报演示文稿	使用图片和形状制作封面	制作圆角三角形
		形状和图片运算
		为形状添加阴影
	使用SmartArt形状展示不足的问题	设计版式
		插入SmartArt形状
		在SmartArt图形中输入文本
		添加形状和文本
	制作明年工作计划幻灯片	制作形状
		添加图片
		为图片添加边框
	使用图表展示工作情况	插入折线图
		更改图表类型

8.2.1 使用图片和形状制作封面

▶▶▶ 本案例主要通过自制的圆角三角形和图片制作工作总结汇报演示文稿的封面。本节使用形状的编辑以及形状和图片的运算等知识点。

扫码看视频

1. 制作圆角三角形

在制作圆角三角形时，主要是将角点的控制点设置为平滑顶点，下面介绍具体操作方法。

Step 01 新建演示文稿，并保存为"工作总结汇报"，然后按住Shfit键绘制等边三角形，如下图所示。

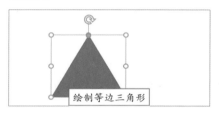

绘制等边三角形

Step 02 右击等边三角形，在快捷菜单中选择"编辑顶点"命令，再选择顶点控制点并右击，在快捷菜单中选择"平滑顶点"命令，如下图所示。

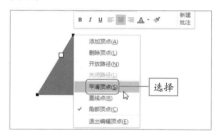

选择

Step 03 操作完成后，该顶点变为平滑的，如下图所示。

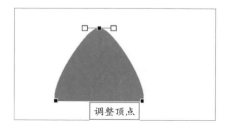

调整顶点

Step 04 根据相同的方法对其他两个顶点进行操作，效果如下图所示。

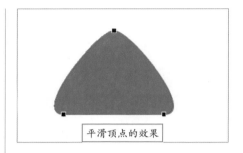

平滑顶点的效果

Step 05 调整下方两个控制点的控制柄，效果如下图所示。

调整下方控制点

2. 形状和图片运算

在PowerPoint中可以通过形状与图片进行运算，将图片裁剪成指定的形状。下面介绍具体操作方法。

Step 01 选中制作的形状，按Ctrl+C和Ctrl+V组合键复制形状，效果如下图所示。

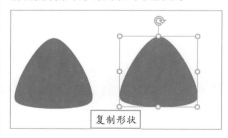

复制形状

Step 02 选择任意形状❶，切换至"绘图工具-格式"选项卡，单击"排列"选项组中"旋转"下三角按钮❷，在列表中选择"向左旋转90°"选项❸，如下图所示。

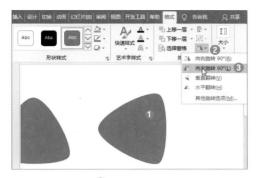

知识充电站

选中形状后在上方显示 ⊕ 图标，按住该图标即可绕形状中心点进行旋转，然后释放鼠标左键即可。

Step 03 按住Shift键拖曳角控制点将旋转的形状放大，并移到幻灯片的右侧，如下图所示。

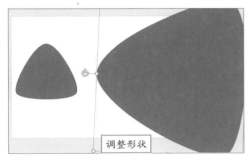

调整形状

Step 04 切换至"插入"选项卡，单击"图片"按钮，在打开的对话框中选择"城市.jpg"图片❶，单击"插入"按钮❷，如下图所示。

Step 05 复制一份大的形状，然后将图片放大到覆盖大的形状。此时无法选中图片下方的形状，可以先选中图片❶，切换至"图片工具-格

式"选项卡，单击"排列"选项组中"选择窗格"按钮❷，如下图所示。

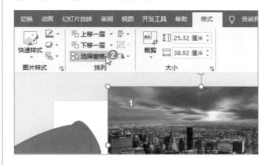

Step 06 打开"选择"导航窗格，选中"图片6"，再按Ctrl键选中下方的等腰三角形1，如下图所示。

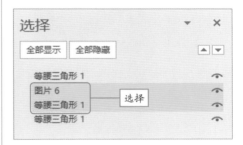

Step 07 然后单击"形状运算"选项卡中"相交"按钮，即可将图片裁剪成圆角三角形的形状，如下图所示。

相交的效果

知识充电站

用户也可以通过"裁剪"功能将图片裁剪为形状，但是只能裁剪为PowerPoint规则的形状。选中图片，切换至"图片工具－格式"选项卡，单击"大小"选项组中"裁剪"按钮，在列表中选择"裁剪为形状"选项，在子列表中选择形状即可。

Chapter 08 PPT幻灯片的编辑和设计

3. 为形状添加阴影

为了让形状和图片更加形象立体，可以为其添加阴影。首先为形状添加颜色，然后再添加阴影，下面介绍具体操作方法。

Step 01 将复制的形状适当放大并移到图片的下方。在"绘图工具-格式"选项卡的"形状样式"选项组中设置填充颜色为浅灰色，无轮廓，效果如下图所示。

设置复制形状的格式

Step 02 选择小点的形状，使用"取色器"吸取图片上的颜色，并设置无轮廓，如下图所示。

填充形状

Step 03 适当对形状进行旋转，然后调整大小，在幻灯片中绘制矩形并适当旋转和调整大小，如下图所示。

绘制并调整矩形

Step 04 设置矩形为渐变填充，并移到形状的下层，效果如下图所示。

查看设置矩形的效果

Step 05 选中圆角三角形，为其添加阴影效果，如下图所示。

查看制作阴影的效果

Step 06 将圆角三角形和矩形组合在一起，并复制两份放在其他位置修饰幻灯片，然后更改左上角形状的颜色，如下图所示。

复制形状的效果

Step 07 在左侧大的圆角三角形中输入封面的相关标题文本，并设置文本的格式，如下图所示。

输入文本

8.2.2 使用SmartArt形状展示不足的问题

▶▶▶ 在工作总结汇报演示文稿中需要将一年工作中不足的问题进行总结，本节将使用SmartArt形状制作该部分内容。下面介绍具体操作方法。

扫码看视频

1. 设计版式

在工作总结汇报演示文稿中所有正文幻灯片的左上角为圆角三角形和标题文本，我们可以通过幻灯片母版统一版式。下面介绍具体操作方法。

Step 01 切换至"视图"选项卡，单击"母版视图"选项组中"幻灯片母版"按钮。然后单击"插入版式"按钮，如下图所示。

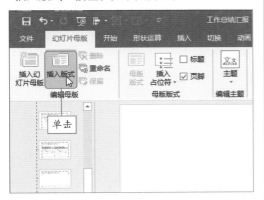

单击

Step 02 清除插入版式幻灯片中所有元素，将圆角三角形和阴影复制到该幻灯片中。适当调整大小和位置，如下图所示。

复制并移动形状

Step 03 重命名该版式幻灯片的名称为"正文版式"。单击"母版版式"选项组中"插入占位符"下三角按钮，在列表中选择"文本"选项，如下图所示。

选择

Step 04 在左上角绘制文本框，并清除文本。选择文本框，在"开始"选项卡的"字体"选项组中设置文本格式，如下图所示。

绘制文本框并设置格式

Step 05 根据相同的方法的再添加文本占位符并设置格式，如下图所示。

设置其他文本占位符

2. 插入SmartArt形状

通过插入SmartArt形状展示当年工作中遇到的主要问题，下面介绍具体操作方法。

Step 01 单击"开始"选项卡中"新建幻灯片"下三角按钮❶，在列表中选择"正文版式"选项❷，如下图所示。

Step 02 即可插入该版式的幻灯片，如下图所示。

插入正文版式幻灯片

Step 03 在文本框内输入相关文本❶。切换至"插入"选项卡，单击SmartArt按钮❷，如下图所示。

Step 04 打开"选择SmartArt图形"对话框，选择"关系"选项❶，在右侧选择"堆积维恩图"❷，单击"确定"按钮❸，如下图所示。

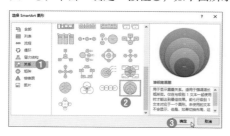

Step 05 即可在幻灯片中插入选中的SmartArt图形，适当缩小并放在中间位置，如下图所示。

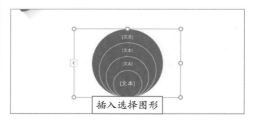

插入选择图形

Step 06 选择SmartArt图形中各个形状，并填充和圆角三角形一样的颜色，然后从小到大分别设置透明度为0%、30%、50%和70%，效果如下图所示。

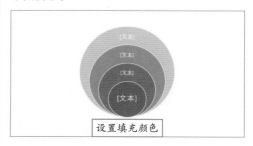

设置填充颜色

3. 在SmartArt图形中输入文本

在SmartArt图形中添加文字，可以直接输入，也可以通过文本窗格输入。下面介绍具体操作方法。

Step 01 将光标移至最小圆中"文本"上方单击，然后输入"35%"，如下图所示。

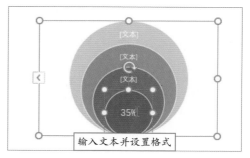

输入文本并设置格式

知识充电站!!!

选中SmartArt形状，切换至"SmartArt工具－设计"选项卡，单击"创建图形"选项组中"添加形状"下三角按钮，在列表中选择相应的选项添加形状。

Step 02 切换至"SmartArt工具-设计"选项卡，单击"创建图形"选项组中"文本窗格"按钮，如下图所示。

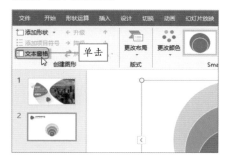

Step 03 打开"在此处键入文字"面板，单击相应用的文本，输入数值即可，如下图所示。

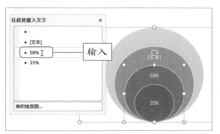

Tips

操作解迷

当在 SmartArt 图形中添加形状，可以使用文本窗格添加文本，因为添加形状后不显示"文本"，无法使用第一种方法输入文本。

Step 04 选择输入的文本，在"字体"选项组中设置文本格式，如下图所示。

设置文本的格式

4. 添加形状和文本

SmartArt图形创建完成后，还需要添加相关文本说明数据的含义，再添加形状进行修饰。下面介绍具体操作方法。

Step 01 复制圆角三角形和阴影形状，设置圆角三角形的填充颜色和最外侧圆形一样（使用取色器吸取）。再绘制直线，直线的颜色和三角形一样，如下图所示。

复制三角形并填充颜色

Step 02 根据相同的方法，在其他位置添加形状，并设置颜色，效果如下图所示。

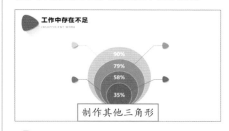

制作其他三角形

Tips

操作解迷

在添加形状时，注意上下两层形状的左右对齐，左右形状的顶端对齐。

Step 03 然后再添加标题文本，如下图所示。

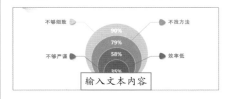

输入文本内容

Step 04 最后添加相关文本，并设置文本的格式，效果如下图所示。

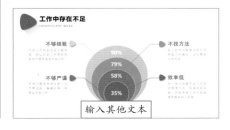

输入其他文本

8.2.3 制作明年工作计划幻灯片

▶▶▶ 在制作明年工作计划幻灯片时主要是形状和图片的操作。在同一幻灯片中将多张图片调整为相同的大小和纵横比，可以使页面更整齐。

扫码看视频

1. 制作形状

首先需要通过绘制两个矩形形状对区域进行划分，并添加阴影。下面介绍具体操作方法。

Step 01 插入正文版式幻灯片，输入相关文本，并设置文本的颜色，如下图所示。

插入版式并输入文本

Step 02 在幻灯片中绘制正方形形状，并设置长宽均为11.5厘米，将正方形放在左侧，如下图所示。

绘制正方形

Step 03 再绘制矩形，设置逆时针旋转45度，适当调整宽度，如下图所示。

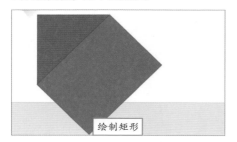

绘制矩形

Step 04 设置矩形为渐变填充，并移到正方形下方，如下图所示。

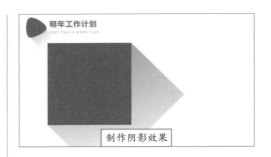

制作阴影效果

Step 05 复制正方形和矩形，并移至幻灯片的右侧，注意对齐，如下图所示。

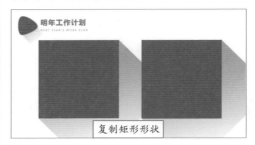

复制矩形形状

2. 添加图片

在介绍明年工作计划时，添加相关的图片可以起到更有力的说明作用。下面介绍具体操作方法。

Step 01 打开"插入图片"对话框，选择合适的图片❶，单击"插入"按钮❷，如下图所示。

Step 02 可见两张图片的大小和纵横比都不一

样，需要进行裁剪。选中任意一张图片❶，切换至"图片工具-格式"选项卡，单击"大小"选项组中"裁剪"下三角按钮❷，在列表中选择"纵横比>4:3"选项❸，如下图所示。

Step 03 在图片上方出现4:3的裁剪框，调整图片大小和位置，使需要的部分在裁剪框内，如下图所示。

裁剪图片

Step 04 在图片外空白处单击即可退出裁剪。根据相同的方法裁剪另一张图片，如下图所示。

裁剪其他图片

Step 05 设置两张图片的宽度均为9.2厘米，并将两张图片放在正方形的水平中间位置。并保持两张图片顶端对齐，如下图所示。

查看调整图片的效果

3. 为图片添加边框

为图片添加边框可以起到很好的过渡作用，下面介绍具体操作方法。

Step 01 选中两张图片❶，切换至"图片工具-格式"选项卡，单击"图片样式"选项组中"图片边框"下三按钮❷，在列表中设置边框颜色为白色❸，粗细为1磅，如下图所示。

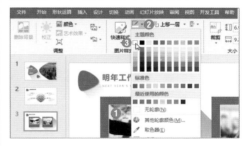

Step 02 添加边框后效果如下图所示。

添加图片边框的效果

Step 03 然后在图片的下方添加相关文本说明并设置文本的格式，效果如下图所示。

查看最终效果

8.2.4　使用图表展示工作情况

▶▶▶ 在展示数据时，图表是最好的选择，同时为了美观，用户还可以对图表进行美化操作。下面使用折线图和面积图展示一年12个月中工作完成的情况。

扫码看视频

1. 插入折线图

　　下面通过组合图表展示工作情况，基本的图表为折线图。首先插入折线图表，具体操作方法如下。

Step 01 插入"正文版式"幻灯片并输入相关文本，如下图所示。

Step 02 切换至"插入"选项卡，单击"插图"选项组中"图表"按钮，如下图所示。

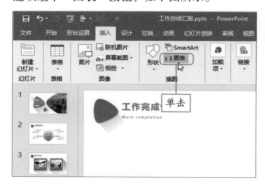

Step 03 打开"插入图表"对话框，选择"折线图"选项❶，在右侧选择"折线图"图表❷，单击"确定"按钮❸，如下图所示。

![知识充电站!!!]

在 PowerPoint 中图表类型和在 Excel 中是一样的，插入指定图表后，会打开 Excel 工作表，用户需要输入相关数据，图表则会将数据展示出来。

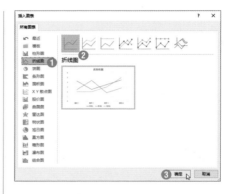

Step 04 打开Excel工作表，输入1月到12月的完成百分比，其中完成率1和完成率2数据是一样的，如下图所示。

Step 05 演示文稿中的折线图应用相应的数据，效果如下图所示。

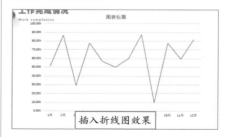

Tips 操作解迷

因为两个系列的数据是相同的，所以在折线图中两个折线是重叠在一起的。

2. 更改图表类型

需要将其中一个系列的图表类型更改为面积图表，下面介绍具体操作方法。

Step 01 右击折线图，在快捷菜单中选择"更改图表类型"命令，如下图所示。

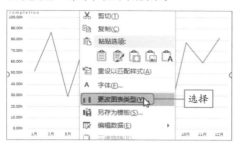

Step 02 打开"更改图表类型"对话框，选择"组合图"选项❶，在右侧设置完成率1的图表类型为"面积图"❷，单击"确定"按钮❸，如下图所示。

Step 03 选择折线，在"图表工具-格式"选项卡中设置边框颜色为浅蓝色，如下图所示。

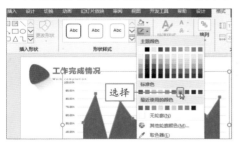

Step 04 选择面积图并右击，在快捷菜单中选择"设置数据系列格式"命令。在打开的导航窗格设置渐变填充，效果如下图所示。

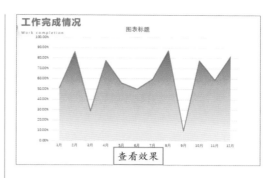

查看效果

Step 05 删除图表中标题、图例、网格线和纵坐标轴，然后为折线图添加数据标签并设置格式，如下图所示。

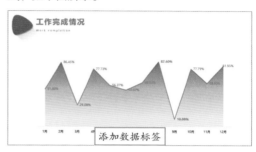

添加数据标签

Step 06 在图表的横坐标轴上方绘制直线，并设置颜色和宽度，如下图所示。

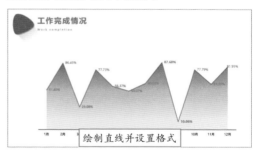

绘制直线并设置格式

Step 07 在图表上方添加叙述性文本，并设置文本的格式，效果如下图所示

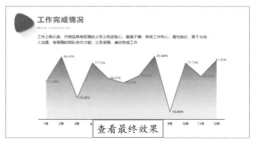

查看最终效果

知 / 识 / 大 / 迁 / 移
演示文稿的结构

演示文稿一般包括5大结构，分别为封面页、目标页、过渡页、内容页和结尾页。掌握好5大结构的设计即可制作出精美的PPT。下面以工作总结演示文稿为例介绍其制作效果。

1. 封面页

一般来说演示文稿的封面主要包含两部分内容，分别为标题内容和设计内容。

在制作工作总结汇报演示文稿时采用半图型封面，结合形状进一步修饰封面。其中形状的颜色从图片中吸取，使颜色统一为暖色。封面效果如下图所示。

2. 目录页

目录页展示该演示文稿的框架和结构，在设计目录页内容时，一定要注意标题文本的层次。

本案例的目录页采用封面中相同元素的形状，其主题颜色为暖色调。本案例的目录页为简约型的，借助形状使内容层次清晰，效果如下图所示。

3. 过渡页

过渡页也称为转场页，一般出现在章节之间可以提醒观众接下来演示的内容。一般来说过渡页只包含序号和标题，然后通过简单的形状修饰。

在本案例中使用统一的形状，在形状中标明序号，然后在下方输入接下来要介绍的内容的标题，如下图所示。

4. 内容页

在制作内容页时，根据需要展示的内容使用不同的元素进行设计。在制作内容页时一定要注意排版要合理、元素要和主题相关等问题。

在8.2节中除了封面制作其余3张幻灯片均为内容页，可以结合形状、图片、SmartArt图形、图表等元素。

5. 结束页

在制作结束页时，常见到的是表示致谢的，除此之外，还可以是阐述观点、描述信息、推广广告等。

本案例表示致谢，为了首尾相应，采用封面的背景，效果如下图所示。

其他结束页的效果，如下图所示。

Chapter

09

多媒体动画和放映幻灯片

本章导读

　　为了使制作的演示文稿更能吸引人，除了在幻灯片中添加形状和图片等元素外，还可以添加多媒体，以及应用动画效果。幻灯片可以通过添加超链接、动作按钮实现交互应用。用户根据放映需要对演示文稿进行放映和输出。

　　本章结合多媒体动画和演示文稿的交互和放映两部分内容介绍演示文稿的动画、交互和放映的操作。本章包括添加音频、动画、切换动画、超链接、动作按钮以及放映输出等知识。

本章要点

1. 多媒体动画的应用

▶ 添加音频

▶ 编辑音频

▶ 添加动画

▶ 添加切换动画

▶ 使用密码保护演示文稿

2. 演示文稿的交互和放映

▶ 添加备注内容

▶ 排练计时和录制旁白

▶ 添加超链接

▶ 插入动作按钮

▶ 放映演示文稿

▶ 输出

9.1 多媒体动画的应用

案/例/简/介

在PowerPint中可以通过添加多媒体进一步烘托演示的气氛，如添加声音作为背景音乐，还可以添加视频生动地介绍相关内容。在幻灯片内使用的动画，主要是突出某部分的内容或者根据演讲者的思路展示内容。幻灯片之间的切换动画主要是使两页幻灯片之间有一个很好过渡效果。制作完成后的效果，如下图所示。

思/路/分/析

在为工作总结汇报演示文稿应用多媒体和动画时，首先为演示文稿添加背景音乐，接着为幻灯片应用动画，然后为演示文稿设置切换动画，最后再设置密码保护演示文稿。多媒体动画应用的流程如下图所示。

多媒体动画的应用	为演示文稿添加背景音乐	添加音频
		编辑音频
		设置图标格式
		设置音频图标
	添加动画效果	制作进度条动画
		设置动画
		为图表添加动画
	为演示文稿添加切换动画	添加切换动画
		设置切换动画
	保护演示文稿	

9.1.1　为演示文稿添加背景音乐

▶▶▶ 在制作演示文稿时，使用文字、形状、图片等元素展示内容，在放映时还可以添加背景音乐烘托气氛。在PowerPoint中可以添加多媒体内容，如音频和视频。

扫码看视频

1. 添加音频

为了增强演示文稿的现场气氛，可以添加音频作为背景音乐。下面介绍添加音频文件的方法。

Step 01 打开演示文稿，切换至"插入"选项卡❶，单击"媒体"选项组中"音频"下三角按钮❷，在列表中选择"PC上的音频"选项❸，如下图所示。

Step 02 打开"插入音频"对话框，选择需要插入的音频文件，如"背景音乐.mp3"❶，单击"插入"按钮❷，如下图所示。

在"音频"列表中选择"录制音频"选项，可以录制作者的声音作为音频。

Step 03 返回PowerPoint的工作界面，在幻灯片中显示声音图标和播放音频的浮动工具栏，如下图所示。

添加音频的效果

2. 编辑音频

添加音频后，用户可以对音频进行编辑和控制，如调整音量、裁剪音频以及设置音频播放等，下面介绍具体操作方法。

Step 01 选中音频图标❶，切换至"音频工具-播放"选项卡，单击"编辑"选项组中"裁剪音频"按钮❷，如下图所示。

Step 02 打开"裁剪音频"对话框，在"开始时间"和"结束时间"数值框中输入时间❶，单击"确定"按钮❷，如下图所示。

Tips

操作解迷

在"裁剪音频"对话框中，也可以通过调整绿色和红色的滑块来设置裁剪的开始时间和结束时间。

Step 03 单击"音频选项"选项组中"音量"下三角按钮❶，在列表中选择合适的音频音量❷，如下图所示。

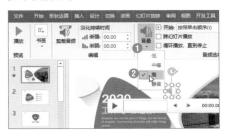

Step 04 在"音频选项"选项组中设置"开始"为"自动"❶，勾选"放映时隐藏"和"跨幻灯片播放"复选框❷，如下图所示。

知识充电站

如果需要将音频播放完成后，再重新播放直到放映结束，此时可以勾选"循环播放，直到停止"复选框。

Step 05 单击浮动工具栏中播放按钮，即可播放音频文件，如下图所示。

播放音频文件

Step 06 当播放到需要添加书签的位置，暂停播放，然后单击"书签"选项组中"添加书签"按钮，如下图所示。

单击

Step 07 在声音进度条处添加圆点标记，如下图所示。

添加标记效果

知识充电站

如果需要删除书签，选中书签单击"书签"选项组中"删除书签"按钮即可。

3. 设置图标格式

图标默认情况下是灰色的小喇叭图标，用户可以更改为图片，或者为小喇叭图标应用效果。下面介绍具体操作方法。

Step 01 选择声音图标❶，切换至"音频工具-格式"选项卡，单击"图片样式"选项组中"图片效果"下三角按钮❷，在列表中选择合适的效果❸，如选择发光效果，如下图所示。

Step 02 单击"调整"选项组中"更改图片"下三角按钮❶，在列表中选择"来自文件"选项❷，如下图所示。

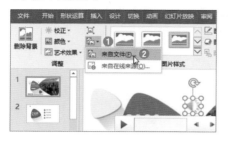

Step 03 打开"插入图片"对话框，选择合适的图片❶，单击"插入"按钮❷，如下图所示。

Step 04 小喇叭图标变为选中的图片，如下图所示。然后删除图片背景即可。

设置音频图标的效果

4. 设置音频图标

用户可以为音频设置播放、暂停和停止图标，控制音频的播放，此时需要设置触发器。下面介绍具体操作方法。

Step 01 在幻灯片的左下角绘制3个按钮和进度条，如下图所示。

在左下角绘制形状

Step 02 选中声音图标，切换至"动画"选项卡，在"动画"选项组中选择"播放"，如下图所示。

选择

Step 03 单击"高级动画"选项组中"触发"下三角按钮❶，在列表中选择"通过单击"选项，在子列表中选择对应的形状，此处选择"组合7"❷，如下图所示。

知识充电站

选择任意形状，单击"绘图工具－格式"选项卡的"排列"选项组中"选择窗格"按钮，在打开的导航窗格中查看各形状的名称。

Step 04 单击"动画"选项卡的"高级动画"选项组中"添加动画"下三角按钮❶，在列表中选择"暂停"选项❷，如下图所示。然后根据相同的方法添加触发器，再设置停止。

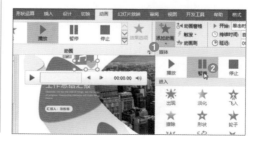

9.1.2 添加动画效果

▶▶▶ 没有动画的演示文稿是没有灵魂的，可以通过动画向浏览者展示作者的思路和逻辑。在PowerPoint中共有4种类型的动画，分别为进入、强调、退出和路径。

扫码看视频

1. 制作进度条

在上节中制作静态的音频进度条，下面通过添加动画制作动态的进度条。制作的动态进度条有一个弊端，就是当暂停时，进度条无法停止。

Step 01 进度条包括浅色的直线、橙色的直线和正圆形形状，如下图所示。

绘制直线和圆形

Step 02 选择橙色的线条❶，切换至"动画"选项卡❷，单击"动画"选项组中"其他"按钮，在列表中选择"擦除"动画❸，如下图所示。

知识充电站

用户也可以在列表中选择"更多进入效果"选项，在打开的对话框中显示 PowerPoint 所有进入效果。其中包括基本进入动画、细微进入动画、温和进入动画和华丽进入动画。

Step 03 可见直线是由下而上擦除的。单击"动画"选项组中"效果选项"下三角按钮❶，在列表中选择"自左侧"选项❷，如下图所示。

Step 04 选择正圆形，单击"动画"选项组中"其他"按钮，在列表中选择"更多动作路径"选项，在打开的对话框中选择"向右"❶动画，单击"确定"按钮❷，如下图所示。

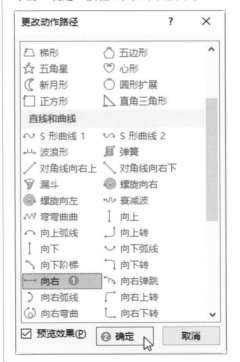

Step 05 拖曳右侧红色控制点，水平向右移动到直线的右侧端点处，释放鼠标左键，如下图所示。

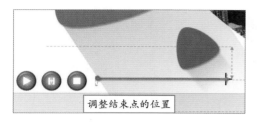

调整结束点的位置

2. 设置动画

动画添加完成后，还需要根据实际放映情况进一步设置，如设置动画时间、开始等。下面介绍具体操作方法。

Step 01 切换至"动画"选项卡，单击"高级动画"选项组中"动画窗格"按钮，如下图所示。

Step 02 打开"动画窗格"导航窗格，显示当前幻灯片中所有动画，包括上节设置的触发器，如下图所示。

查看设置的动画

Step 03 按Ctrl键选中椭圆和直接连接符，在"计时"选项组中设置"持续时间为59秒，然后按Enter键，如下图所示。

Tips 操作解迷

设置动画持续时间为59秒，在截取音频时间时也是59秒，进度条才能跟着音乐的节奏运动。

Step 04 保持两个动画为选中状态，设置触发器为"组合7"，单击右侧下三角按钮❶，在列表中选择"从上一项开始"选项❷，如下图所示。

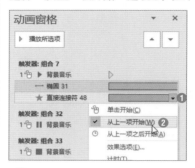

Tips 操作解迷

选择"从上一项开始"选项后，在放映时单击播放按钮，椭圆和直接连接符同时执行动画，可以保证进度条和音频文件同步。

Step 05 选择直接连接符动画❶，在"计时"选项组中设置延迟为1秒❷，如下图所示。

Step 06 在放映时单击播放按，即可播放音乐，进度条从左向右逐渐显示，如下图所示。

查看进度条的效果

3. 为图表添加动画

在PowerPoint中为图表添加动画，可以将图表作为一个整体也可将各元素分别应用动画。下面介绍具体操作方法。

Step 01 选择除图表之外其他文本框，切换至"动画"选项卡，单击"动画"选项组中"其他"按钮，在列表中选择"浮入"选项，如下图所示。

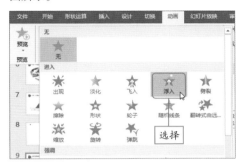

Step 02 保持文本框为选中状态，单击"动画"选项组中"效果选项"下三角按钮❶，在列表中选择"下浮"选项❷，如下图所示。

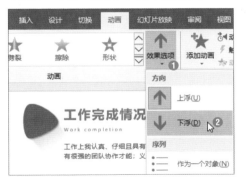

Step 03 选择图表和橙色的直线，在"动画"选项组中添加"擦除"动画，如下图所示。

Step 04 设置擦除动画从左向右运动。只选择图表❶，再次单击"效果选项"下三角按钮❷，在列表中选择"按系列"选项❸，如下图所示。

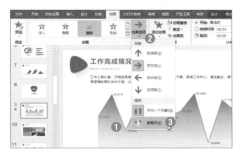

Tips 操作解迷

"按系列"选项表示图表中各元素分别应用指定的动画；"作为一个对象"选项表示图表作为一个整体应用指定的动画。

Step 05 打开"动画窗格"导航窗格，展开图表，可见各元素均应用动画，如下图所示。

Step 06 设置图表和直接连接符动画时间为2秒，并设置开始时间，如下图所示。

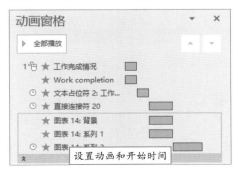

9.1.3 为演示文稿添加切换动画

▶▶▶ 切换动画是指在放映时从一张幻灯片移到下一幻灯片时的动画效果，可以使放映时更加生动。在PowerPoint中包括细微、华丽和动态内容3大类切换动画。

扫码看视频

1. 添加切换动画

普通两张幻灯片之间没有切换动画，在放映时比较生硬，用户可以根据需要添加切换动画。下面介绍具体操作方法。

Step 01 选择第2张幻灯片，切换至"切换"选项卡❶，单击"切换至此幻灯片"选项组中"其他"按钮，在列表中选择"擦除"动画❷，如下图所示。

Step 02 此时用户可以预览擦除切换动画效果，是从右侧擦除显示下一张幻灯片，如下图所示。

擦除动画的效果

Step 03 单击"切换至此幻灯片"选项组中"效果选项"下三角按钮，在列表中选择"自底部"选项，如下图所示。

选择

2. 设置切换动画

用户可以设置切换动画的持续时间、换片方式和添加声音等，下面介绍具体操作方法。

Step 01 切换至"切换"选项卡，在"计时"选项组中设置"持续时间"为1.5秒，如下图所示。

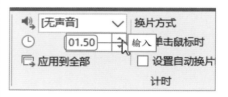

Step 02 然后单击"声音"下三角按钮❶，在列表中选择"风铃"选项❷，如下图所示。

Step 03 勾选"设置自动换片时间"复选框，并设置换片时间❶，单击"应用到全部"按钮❷，为所有幻灯片应用设置的切换动画，如下图所示。

9.1.4 保护演示文稿

▶▶▶ 制作完演示文稿后，为了安全可以设置密码保护。Office3大组件的保护设置都差不多，可以设置密码、标记为最终以及以只读方式打开等。下面介绍设置密码保护的方法。

扫码看视频

Step 01 单击"文件"标签，选择"信息"选项❶，在右侧区域中单击"保护演示文稿"下三角按钮❷，在列表中选择"用密码进行加密"选项❸，如下图所示。

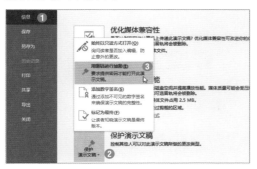

知识充电站

在列表中还可以设置始终以只读方式打开、添加数据签名和标记为最终进行保护演示文稿。

Step 02 打开"加密文档"对话框，在"密码"数值框中设置保护密码为"666666"❶，单击"确定"按钮❷，如下图所示。

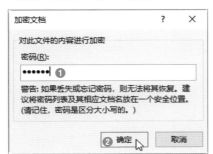

Step 03 打开"确认密码"对话框，在"重新输入密码"数值框中再次输入设置的密码❶，单击"确定"按钮❷，如下图所示。

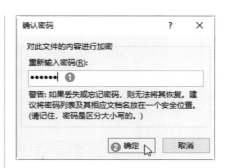

Step 04 关闭演示文稿并保存，再次打开该文稿时，弹出"密码"对话框，在"密码"数值框中输入正确的密码，单击"确定"按钮，即可打开该演示文稿，如下图所示。

查看设置密码保护的效果

知识充电站

如果要取消演示文稿的保护，再次打开"加密文档"对话框，清除"密码"数值框中的密码，单击"确定"按钮即可。

用户也可以设置打开和修改密码，另存为文稿，在"另存为"对话框中单击"工具"下三角按钮，在列表中选择"常规选项"选项。打开"常规选项"对话框，在"打开权限密码"和"修改权限密码"数值框中设置密码，然后根据提示操作即可。

9.2 演示文稿的交互和放映

为了更好地放映演示文稿，可以先排练计时把控放映时间，为幻灯片添加超链接、动作按钮等实现交互，能够使演示文稿更加多样化展示。演示文稿的交互和放映，如下图所示。

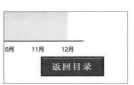

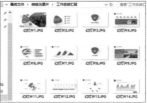

在设置演示文稿的交互和放映时，首先为部分幻灯片添加备注内容，接着再排练计时，然后根据需要创建超链接，最后再放映和输出演示文稿。演示文稿的交互和放映的流程如下图所示。

演示文稿的交互和放映	添加备注内容	
	排练计时和录制旁白	使用排练计时功能
		为幻灯片录制旁白
	创建和编辑超链接	为目录添加超链接
		插入动作按钮
		美化按钮
	放映演示文稿	自定义放映
		设置放映的方式
		放映演示文稿
	输出演示文稿	将演示文稿打包
		转换为PDF文档
		转换为图片
		打印指定的演示文稿

9.2.1 添加备注内容

▶▶▶ 在放映演示文稿时，页面中展示的信息是有限的，还有很多信息需要通过演讲者介绍。为了方便演讲者全面介绍信息，可以添加备注内容。

Step 01 打开演示文稿，切换至需要添加备注的幻灯片。切换至"视图"选项卡❶，单击"显示"选项组中"备注"按钮❷，如下图所示。

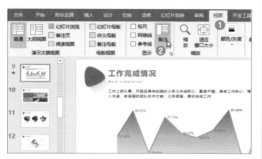

Step 02 即可在页面的下方显示备注框，将光标移到文本框上方边框时，按住鼠标左键向上拖曳可以调整备注框的大小。用户在该文本框中单击，即可输入备注内容，如下图所示。

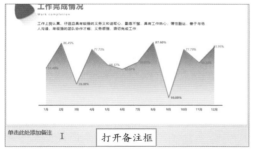

知识充电站‼️

用户也可以在"视图"选项卡中单击"演示文稿视图"选项组的"备注页"按钮，即可进入备注页视图，如下图所示。

Step 03 在放映到该幻灯片时，在页面上右击，在快捷菜单中选择"显示演示者视图"命令，如下图所示。

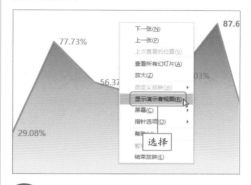

Tips 操作解迷

当进入演示者视图时，只有演讲者可以看到备注内容，而浏览只能查看当前幻灯片中的内容。

Step 04 即可切换至演示者视图，在页面中可以查看当前页的幻灯片，以及当前幻灯片的备注内容。在右上角显示下一页幻灯片的内容，如下图所示。

知识充电站‼️

如果在放映时，演讲者想让观众听自己的介绍相关信息，不想让观众停留在演示文稿上时，可以设置成黑幕。右击，在快捷菜单中选择"屏幕 > 黑屏"命令即可。

9.2.2 排练计时和录制旁白

▶▶▶ 通过排练计时可以控制放映演示文稿时在幻灯片上停留的时间。通过录制旁白可以让浏览者观看演示文稿时进一步理解其内容。

扫码看视频

1. 使用排练计时功能

使用排练计时功能可以预演演示文稿中各幻灯片所需要的时间。下面介绍具体操作方法。

`Step 01` 切换至"幻灯片放映"选项卡❶，单击"设置"选项组中"排练计时"按钮❷，如下图所示。

`Step 02` 此时进入放映幻灯片状态，在左上角显示当前幻灯片放映时间和总时间，如下图所示。

排练计时的效果

`Step 03` 录制完成后，关闭录制的界面，弹出提示保存计时的对话框，单击"是"按钮即可，如下图所示。

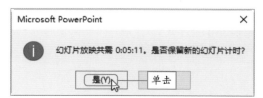

2. 为幻灯片录制旁白

如果演讲者无法到现场可以录制旁白，只要用户电脑上安装声音硬件即可听到旁白，下面介绍具体操作方法。

`Step 01` 切换至"幻灯片放映"选项卡❶，单击"设置"选项组中"录制幻灯片演示"按钮❷，如下图所示。

`Step 02` 打开"录制幻灯片演示"对话框，保持复制框为选中状态，单击"开始录制"按钮，如下图所示。

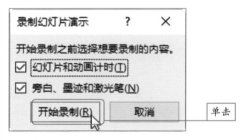

单击

`Step 03` 进入全屏放映幻灯片状态，同时屏幕上显示录制进度条，逐页录制即可，如下图所示。

录制旁白的效果

9.2.3 创建和编辑超链接

▶▶▶ 通常情况下幻灯片是按顺序放映的，如果演讲者想打乱顺序，按照自己的要求放映可以添加超链接。本节主要介绍超链接和动作按钮的应用。

1. 为目录添加超链接

目录页显示演示文稿的结构，用户可以为目录内容添加超链接直接跳转到相关幻灯片中，下面介绍具体操作方法。

Step 01 切换至目录页，选择"工作完成情况"文本❶，切换至"插入"选项卡，单击"链接"选项组中"链接"按钮❷，如下图所示。

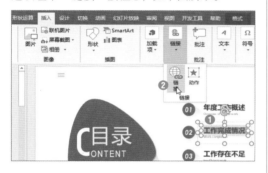

Step 02 打开"插入超链接"对话框，在"链接到"列表框中选择"本文档中的位置"选项❶，在"请选择文档中的位置"列表框中选择"幻灯片8"❷，在右侧预览选中的幻灯片的内容，单击"确定"按钮❸，如下图所示。

Step 03 设置完成后，目录页中选中文本变为蓝色，并有下划线。光标定位在文本上时显示链接的方向，如下图所示。

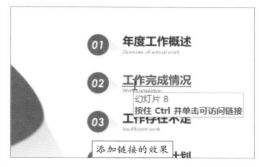

添加链接的效果

2. 插入动作按钮

在PowerPoint中，动作按钮的作用是当单击或鼠标指向按钮时产生某种效果，例如转至上一页等。下面为第14幻灯片添加动作按钮，当单击该按钮时跳转到目录页，下面介绍具体操作方法。

Step 01 切换至第4张幻灯片❶，切换到"插入"选项卡，单击"插图"选项组中"形状"下三角按钮❷，在列表中选择"动作按钮:空白"形状❸，如下图所示。

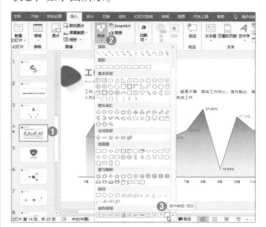

Step 02 光标变为黑色十字形状，在幻灯片的右下角绘制空白按钮，同时打开"操作设置"对话框，如下图所示。

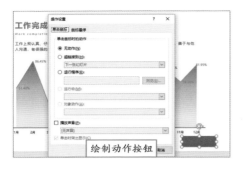

绘制动作按钮

Step 03 在"操作设置"对话框的"单击鼠标"选项卡中选择"超链接到"单选按钮❶,单击下三角按钮❷,在列表中选择"幻灯片"选项❸,如下图所示。

Step 04 打开"超链接到幻灯片"对话框,在"幻灯片标题"列表框中选择"幻灯片2"❶,单击"确定"按钮❷,如下图所示。

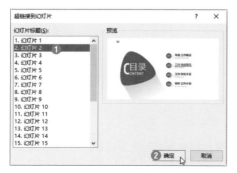

Step 05 返回上级对话框,单击"确定"按钮,

右击按钮,在快捷菜单中选择"编辑文字"命令,在按钮中输入"返回目录",如下图所示。

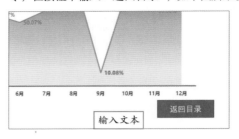

输入文本

3. 美化按钮

为了使添加的按钮更真实,还需要进一步美化,下面介绍具体操作方法。

Step 01 选择按钮,切换至"绘图工具-格式"选项卡,在"形状样式"选项组中设置填充颜色和轮廓,效果如下图所示。

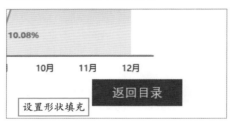

设置形状填充

Step 02 然后为形状添加阴影和棱台效果,如下图所示。

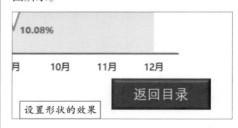

设置形状的效果

Step 03 最后设置按钮上文本的格式,效果如下图所示。在放映时,单击该按钮即可跳转到目录页。

查看按钮的效果

9.2.4 放映演示文稿

▶▶▶ 制作演示文稿的目的就是放映给观众看的，让广大观众认识和了解演示文稿的内容。在放映演示文稿时可以根据需要放映不同的内容，也可以通过不同方式放映。

扫码看视频

1. 自定义放映

在放映演示文稿时可以根据受众需要选择放映文稿中部分内容，下面介绍具体操作方法。

Step 01 切换至"幻灯片放映"选项卡❶，单击"开始放映幻灯片"选项组中"自定义幻灯片放映"下三角按钮❷，在列表中选择"自定义放映"选项❸，如下图所示。

Step 02 打开"自定义放映"对话框，单击"新建"按钮，如下图所示。

Step 03 打开"定义自定义放映"对话框，在"幻灯片放映名称"文本框中输入名称，在左侧勾选需要放映的幻灯片复选框，单击"添加"按钮，再单击"确定"按钮，如下图所示。

知识充电站 !!!

在"定义自定义放映"对话框中选择添加的幻灯片，单击右侧"向下""向上"或"删除"按钮，调整放映的幻灯片。

Step 04 返回"自定义放映"对话框，可见设置的名称，用户可以单击右侧相关按钮进行编辑、删除等操作，如下图所示。

Step 05 关闭对话框，如果需要放映自定义的幻灯片，再次单击"自定义幻灯片放映"按钮❶，在列表中选择相应的名称即可❷，如下图所示。

知识充电站 !!!

选择幻灯片，单击"设置"选项组中"隐藏幻灯片"按钮，该幻灯片的序号上出现斜线。当放映演示文稿时，隐藏的幻灯片不会被放映。

2. 设置放映的方式

根据放映的场合不同用户可以设置不同的放映方式，具体操作如下。

Step 01 切换至"幻灯片放映"选项卡❶，单击"设置"选项组中"设置幻灯片放映"按钮❷，如下图所示。

Step 02 打开"设置放映方式"对话框，在"放映类型"选项区域中选择"观众自行浏览(窗口)"单选按钮❶，在"放映选项"选项区域中勾选"循环放映，按ESC键终止"复选框❷，单击"确定"按钮❸，如下图所示。

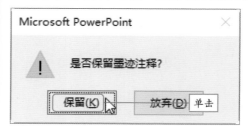
知识充电站

在"设置放映方式"对话框的"放映幻灯片"选项区域中选中"从"单选按钮，可以设置放映幻灯片的位置。在"放映类型"区域中包括3种类型，"演讲者放映（全屏幕）"类型，演讲者对幻灯片有绝对的控制权；"观众自行浏览（窗口）"类型，以窗口形式放映，不能通过单击鼠标放映；"在展台浏览（全屏幕）"类型，以全屏放映演示文稿，并且循环放映，不能单击鼠标手动演示幻灯片，通常用于无人管理幻灯片演示的场合。

3.放映演示文稿

演讲者在演示文稿时，需要对重点内容进行标注，可以通过设置指针然后再标注内容。

Step 01 当放映演示文稿时，在页面中右击，在快捷菜单菜单中选择"指针选项>荧光笔"命令，如下图所示。

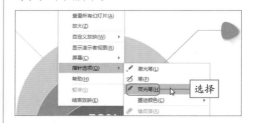

Step 02 光标变为黄色的矩形形状，再次右击，在快捷菜单中选择"指针选项>墨迹颜色"命令，然后在列表中选择红色，如下图所示。

Step 03 此时光标变为红色的矩形形状，在页面中需要标注的位置单击并拖曳，即可标注重点内容，如下图所示。

Step 04 如果结束放映该演示文稿，则会弹出提示对话框，如果需要保留标注笔记，单击"保留"按钮，否则单击"放弃"按钮，如下图所示。

9.2.5 输出演示文稿

▶▶▶ 在PowerPoint中输出演示文稿主要是打包、打印和发布。演示文稿的输出与Word和Excel不同，熟练掌握输出演示文稿的操作，可以以不同方式展示文稿，方便用户浏览。

扫码看视频

1. 将演示文稿打包

将演示文稿打包后复制到其他计算机中，即使该计算机中没有PowerPoint也可以播放演示文稿，下面介绍具体操作方法。

Step 01 单击"文件"标签，在列表中选择"导出"选项❶，在中间区域选中"将演示文稿打包成CD"选项❷，在右侧区域单击"打包成CD"按钮❸，如下图所示。

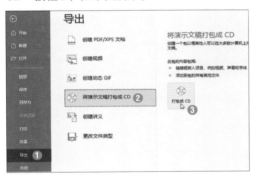

Step 02 打开"打包成CD"对话框，单击"复制到文件夹"按钮，如下图所示。

Tips 操作解谜

在"打包成CD"对话框中，如果单击"复制到CD"按钮，可以将演示文稿刻录到光盘中。

Step 03 打开"复制到文件夹"对话框，单击"浏览"按钮，如下图所示。

Step 04 打开"选择位置"对话框，选择需要保存的位置❶，单击"选择"按钮❷，如下图所示。

Step 05 返回上级对话框，单击"确定"按钮，根据提示完成打包操作。在保存位置创建"演示文稿CD"文件夹，该文件夹中包含两个文件和一个文件夹，如下图所示。

打包成CD的效果

Tips 操作解谜

打包后的演示文稿，需要将创建的"演示文稿CD"文件夹复制到其他电脑才能正常播放。因为打包会将一个PowerPoint播放程序放置在文件夹中，帮助播放演示文稿。

Chapter 09 多媒体动画和放映幻灯片

215

2. 转换为PDF文档

用户也可以将演示文稿转换为PDF文档，在没有安装PowerPoint的电脑上也可以浏览，下面介绍具体操作方法。

Step 01 单击"文件"标签，在列表中选择"导出"选项❶，在中间区域选中"创建PDF/XPS文档"选项❷，在右侧区域单击"创建PDF/XPS"按钮❸，如下图所示。

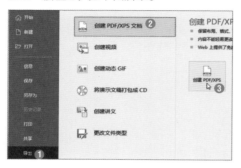

Step 02 打开"发布为PDF或XPS"对话框，选择保存的路径❶，单击"发布"按钮❷，如下图所示。

Step 03 稍等片刻，即可完成转换。打开保存的路径，即可看到发布的PDF文件，如下图所示。

发布PDF的效果

3. 转换为图片

还可以将演示文稿中每张幻灯片保存为图片，下面介绍具体操作。

Step 01 单击"文件"标签，选择"另存为"选项❶，选择"浏览"选项❷，如下图所示。

Step 02 打开"另存为"对话框，选择保存路径❶，设置保存类型为"JPEG文件交换格式"❷，单击"保存"按钮❸，如下图所示。

Step 03 根据提示对话框单击相应的按钮，在保存的文件夹中显示转换后的图片，如下图所示。

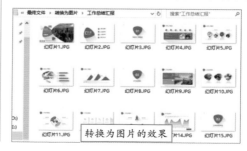

转换为图片的效果

4. 打印指定的演示文稿

用户可以打印演示文稿中部分幻灯片，或者设置一页打印的页数。下面介绍具体操作方法。

Step 01 打开演示文稿，执行"文件>打印"操作❶，单击"设置"下方的下三角按钮❷，在列表中选择"自定义范围"选项❸，如下图所示。

Step 02 然后在下方数值框中输入需要打印幻灯片的范围，如下图所示。

Tips 操作解迷

幻灯片序号之间用英文半角逗号隔开，连续的幻灯片之间用"-"连接。

Step 03 单击"整页幻灯片"下三角按钮，在列表中选择"2张幻灯片"选项，如下图所示。

Step 04 操作完成后，在右侧打印预览可见一页打印两张幻灯片，如下图所示。

查看打印效果

Step 05 在中间区域设置打印方向为"横向"时，效果如下图所示。

横向效果

Step 06 单击"颜色"下三角按钮，在列表中选择"灰度"选项，则打印的幻灯片以灰色显示，如下图所示。

灰色效果

知识充电站!!!

用户也可以单击"编辑页眉和页脚"链接，打开"页眉和页脚"对话框，在"备注和讲义"选项卡中设置页码、页眉和页脚的内容。

知/识/大/迁/移

视频和动画的应用

本章介绍了音频和常规动画的应用，接下来介绍视频和一些华丽动画的应用。

1. 视频作为背景

下面介绍以视频作为背景，制作出动态文字的效果。

Step 01 新建演示文稿，切换至"插入"选项卡❶，单击"媒体"选项组中"视频"下三角按钮❷，在列表中选择"PC上的视频"选项❸，如下左图所示。

Step 02 打开"插入视频文件"对话框，选择合适的视频文件❶，单击"插入"按钮❷，如下右图所示。

Step 03 调整视频大小，使其充满整个页面，并适当进行裁剪。在"视频工具-格式"选项卡中可以设置视频。然后输入"熊熊烈火"文本，并设置格式，如下左图所示。

Step 04 再绘制和页面大小一样的矩形，选择矩形和文本❶，切换至"形状运算"选项卡，单击"剪除"按钮❷，如下右图所示。

输入文本并设置格式

Step 05 此时从矩形中剪除文本，制作出镂空的效果。单击"播放"按钮，可见文字是动态的效果，如下图所示。

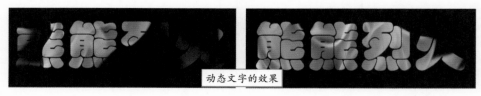
动态文字的效果

2. 华丽切换动画的应用

在制作PPT时，不建议使用过多的华丽的动画效果，并不是说华丽的动画就一无是处，华丽的动画应用合理可以展现出惊人效果。下面以折断和压碎动画为例介绍具体的应用。

Step 01 打开"折断切换动画.pptx"演示文稿，选中第2张幻灯片❶，应用"折断"动画❷，如下左图所示。

Step 02 放映幻灯片时，第1张幻灯片的红心折断了，是心碎的效果，显示第2张幻灯片的内容，如下右图所示。

折断动画的效果

Step 03 打开"压碎切换动画.pptx"演示文稿，选中第2张幻灯片❶，应用"压碎"动画❷，如下左图所示。

Step 04 放映幻灯片时，第1张幻灯片为纸被揉碎的效果，显示第2张幻灯片的效果，如下右图所示。

压碎动画的效果

使用压碎的动画展示这两页幻灯片，要比任何切换动画更能直接展示抛弃的过程，使观众更好地融入PPT的演讲内容中。

Chapter

10

WPS文字、表格和演示的应用

本章导读

　　WPS Office是一款办公软件套装，可以实现办公软件最常用的文字、表格、演示等多种功能。WPS具有内存占用低、运行速度快和体积小的特点，全球有220多个国家和地区使用WPS Office软件。

　　本章通过创建年度工作总结、制作进销存报表和制作公司简介/产品宣传演示文稿3个案例介绍WPS文字、表格和演示文稿的使用方法等。在3个案例中使用WPS Office办公软件常用的功能和技巧，相信读者学习后会对WPS有一个全新的认识。

本章要点

1. 创建年度工作总结文件

▶ 新建文件
▶ 设置文本和段落格式
▶ 图表的应用
▶ 制作封面和目录
▶ 设置页眉和页脚

2. 制作进销存报表

▶ 设置数据格式
▶ 设置单元格格式
▶ 公式的使用
▶ 函数的使用
▶ 排序和筛选
▶ 数据透视表
▶ 图表的应用

3. 制作公司简介/产品宣传演示文稿

▶ 设置母版
▶ 形状的应用
▶ 图片的应用
▶ 图表的应用
▶ 动画的应用

10.1 创建年度工作总结文件

工作总结就是把一个时间段的工作进行一次全面系统的总检查、总评价、总分析、总研究，并分析成绩的不足，从而得出引以为戒的经验。本节将介绍使用WPS如何制作年度工作总结，制作完成后的效果，如下图所示。

在制作年度工作总结时，首先设置页面的大小、版式，再输入正文并设置文本和段落格式；其次，添加图表展示数据；最后添加封面、目录和页眉页脚。制作年度工作总结的流程如下图所示。

创建年度工作总结文件	新建年度工作总结文件	
	设置页面版式	
	设置文本和段落格式	设置文本格式
		设置段落格式
	应用标题样式	应用样式
		添加项目符号和编号
	设置文档合理分页	设置段落分页
		设置分页符
	添加图表	
	添加封面和目录	添加封面
		添加目录
	设置页眉和页脚	

10.1.1　新建年度工作总结文档

▶▶▶ 在使用WPS制作年度工作总结之前，先介绍新建文件和保存文件的方法。下面介绍具体操作方法。

扫码看视频

Step 01 单击桌面上WPS 2019图标，如下图所示。

单击

Step 02 即可打开WPS，切换至"新建"选项卡①，单击"文字"按钮②，在页面中单击"新建空白文档"按钮③，如下图所示。

Tips
操作解迷

在"新建"选项卡中包括WPS所有组件，如文字、表格、演示和PDF等。

Step 03 即可创建"文字文稿1"WPS文档，单击快速访问工具栏中"保存"按钮，或者按Ctrl+S组合键，如下图所示。

选择

Step 04 打开"另存为"对话框，在"保存在"右侧单击下三角按钮，在列表中选择保存的路径①，在"文件名"文本框中输入"年度工作总结"文本②，单击"保存"按钮③，如下图所示。

知识充电站

也可以单击"文件"标签，在列表中选择"文件 > 保存"选项，如下图所示。即可打开"另存为"对话框。

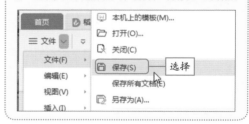

选择

Step 05 在"另存为"对话框中可以对文档进行加密，单击"文件类型"右侧"加密"按钮，打开"密码加密"对话框，设置打开权限和编辑权限的密码，单击"应用"按钮即可，如下图所示。

加密保护

10.1.2 设置页面版式

▶▶▶ 我们在制作文字文档时，需要事先设置好页面大小、页边距等参数。如果输入文本设置格式后再设置页面大小，则版式会发生变化。

Step 01 切换至"页面布局"选项卡❶，单击"纸张大小"下三角按钮❷，在列表中选择"其它页面大小"选项❸，如下图所示。

Step 02 打开"页面设置"对话框，在"纸张"选项卡❶中设置纸张的宽度为20厘米❷、高度为29厘米❸，如下图所示。

Step 03 切换至"页边距"选项卡，在"页边距"选项区域中设置上、下为2厘米，左、右为2.5厘米，单击"确定"按钮，如下图所示。

知识充电站

用户也可以在"页面布局"选项卡中设置页边距的上、下、左和右的距离，单位为毫米，如下图所示。

Step 04 然后输入工作总结内容，如下图所示。

年度工作总结
要加强了与当地行业管理部门的协调与联系，建全企业组织，提升企业在同行业中的地位，下面是为大家提供的关于2020年公司年度的工作总结，内容如下：
路通总公司的日常工作，在段总及总公司领导的正确指导下，在各相关部门的通力协助下、在公司全体职工的共同努力下，公司业务顺利展开，稳步发展，现就公司上半年的工作情况小结：
规范管理，完善各项规章制度。
为规范管理，总公司结合实际，对相关的规章制度进行了充实完善，对原公司的管理实施细则进行了相应补充，并据此员工学习，对各岗位职责进行了明确分工，对设备使用，人员安排进行了相应的规定及调整，力求做到以人为本，严格制度、规范管理，通过内部良好的运作机制来调动公司员工的积极性。
加强业务技能培训，提高职工素质。
今年上半年，段举办了职工机械操作业技能培训班，领导非常重视，请经验丰富的业务能手及专业人员亲自授课、公司广大职工各踊跃加了培训，结合工作的实际，重点就机械结构、机械保养等对工作中出现的疑难问题进行了讲解和讨论，提高了认识，活跃了思维，据就开展了机械操作技术比武，公司的机械操作人员各踊跃并取得了优异成绩，通过这次培训，提高了机械操作人员的技术水平，在全公司范围内营造学帮带、比超赶的良好氛围，促进了机械，立足本职。
干好本职，敬业奉献，就能学业技、强技能的高超，三、加强安全管理，杜绝安全隐患，提高员工安全意识。
安全就是企业最大的效益，安全工作关系有关制度的规定，公司管理人员每__输入工作内容__
__定期组织公司全体职工进行安全学习__工地项目对机械设备进行检查，

知识充电站

用户也可以在"章节"选项卡中单击"纸张大小"下三角按钮，在列表中选择"其它纸张大小"选项，在打开的对话框设置页面大小。

10.1.3 设置文本和段落格式

▶▶▶ 工作总结的内容输入完成后，为了使文档内容层次清晰、条理，还需要设置文本和段落的格式，例如设置文本字体、字号以及段落的间距等。

扫码看视频

1. 设置文本格式

文本格式包括字体、字号、字体颜色以及字符间距等。下面介绍具体操作方法。

Step 01 光标定位在文档中，按Ctrl+A组合键全选文本，切换至"开始"选项卡，设置字体为"宋体"、字号为"小四"，如下图所示。

Step 02 保持文本为全选状态❶，单击"开始"选项卡的"字体"对话框启动器按钮❷，如下图所示。

知识充电站!!!

在"开始"选项卡中还可以设置字体的其他格式，如加粗、倾斜、下划线、文本效果等，如下图所示。

Step 03 打开"字体"对话框，在"字符间距"选项卡中设置"间距"为"加宽"、"值"为0.02厘米❶，单击"确定"按钮❷，如下图所示。

Step 04 选择第1行"年度工作总结"文本，在"开始"选项卡中设置字号为"小二"，并加粗显示，如下图所示。

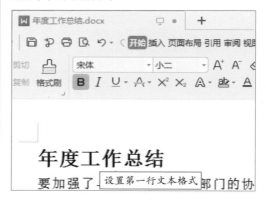

Step 05 保持第1行为选中状态，打开"字体"对话框，设置"缩放"为110%、"间距"为"加宽"、"值"为0.06厘米❶，单击"确定"按钮❷，如下图所示。

2. 设置段落格式

为了让文本的层次清晰，可以适当增加段落的间距。下面介绍设置段落格式的操作方法。

Step 01 按Ctrl+A组合键全选文档❶，切换至"开始"选项卡，单击"行距"下三角按钮❷，在列表中选择"其他"选项❸，如下图所示。

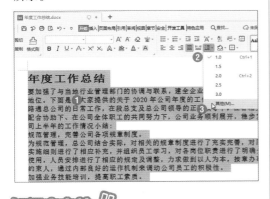

知识充电站!!

在"行距"列表中包括预设好的行距，用户可以直接选择，如1.0、1.5、2.0、2.5和3.0倍行距选项。

Step 02 打开"段落"对话框，在"缩进和间距"选项卡的"间距"选项区域中设置行距为"多倍行距"❶、"设置值"为1.3倍❷，单击"确定"按钮❸，如下图所示。

Step 03 将光标定位在第1行中❶，单击"开始"选项卡中"居中对齐"按钮❷，如下图所示。

Step 04 选中第1行文本，打开"段落"对话框，在"缩进和间距"选项卡中设置段前为1行，段后为0.5行❶，单击"确定"按钮❷，如下图所示。

Step 05 选择所有段落文本❶，单击"开始"选项卡的"段落"按钮❷，如下图所示。

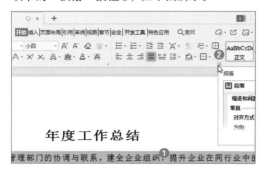

Step 06 打开"段落"对话框，在"缩进和间距"选项卡的"缩进"选项区域中设置"特殊格式"为"首行缩进"、"度量值"为2字符❶，在"间距"选项区域中设置"段后"为0.5行❷，单击"确定"按钮❸，如下图所示。

Tips 操作解迷

"首行缩进"表示该段文本的第1行向右缩进指定的字符；"悬挂缩进"表示除第1行外其他行全部向右缩进指定的字符。也可以通过标尺上的"左缩进"、"首行缩进"和"右缩进"滑块调整。

Step 07 可见文档的段落层次更加清晰了，如下图所示。

设置段落格式的效果

10.1.4 应用标题样式

▶▶▶ 在年度工作总结中包括7大部分内容，有的还包括小部分内容，为了使标题层次更加清晰可以为其应用不同级别的标题样式。本节还将介绍添加项目符号和编号的方法。

扫码看视频

1. 应用样式

本案例为7大部分内容应用标题2样式，为小部分应用标题3样式，并且根据需要对标题样式进行修改，下面介绍具体操作方法。

Step 01 选择第7行文本，按住Ctrl键选择其他部分的标题文本❶，切换至"开始"选项卡，单击标题样式的"其他"按钮，在列表中选择"标题2"样式❷，如下图所示。

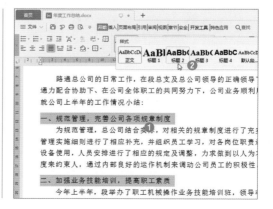

Step 02 选中的文本即可应用标题2的样式，如下图所示。

Step 03 根据相同的方法为小标题文本应用标题3样式，如下图所示。

Step 04 应用标题样式后，效果如下图所示。

Step 05 在"开始"选项卡中右击"标题2"样式，在快捷菜单中选择"修改样式"命令，如下图所示。

Step 06 打开"修改样式"对话框，单击"格式"下三角按钮❶，在列表中选择"段落"选项❷，如下图所示。

Step 07 打开"段落"对话框，设置段前和段后为16磅❶，行距为1.5倍❷，单击"确定"按钮❸，如下图所示。

Step 08 返回上级对话框单击"确定"按钮，正文中应用标题2样式的文本均自动应用设置的样式，如下图所示。

Step 09 根据相同的方法设置标题3的字号为四号，段前和段后为13磅，行距为1.3，效果如下图所示。

修改标题3效果

Step 10 切换至"视图"选项卡❶，单击"导航窗格"下三角按钮❷，在列表中选择"靠左"选项❸，如下图所示。

Step 11 在文档的左侧打开"目录"导航窗格，即可显示应用标题样式的文本，可见文档的层次很清晰，如下图所示。

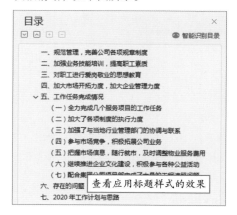

查看应用标题样式的效果

2.添加项目符号和编号

在正文中可以为同级别的文本应用项目符号，为了层次更明了也可以添加编号。下面介绍具体操作方法。

Step 01 选择需要添加项目符号的文本❶，切换至"开始"选项卡，单击"项目符号"下三角按钮❷，在列表中选择合适的符号❸，如下图所示。

Step 02 选中的文本即可应用项目符号，效果如下图所示。

应用项目符号的效果

知识充电站

如果取消项目符号，选中文本然后在"项目符号"列表中选择"无"选项即可。

Step 03 应用项目符号后，还可以进一步设置，选择相关文本❶，在"项目符号"列表❷中选择"自定义项目符号"选项❸，如下图所示。

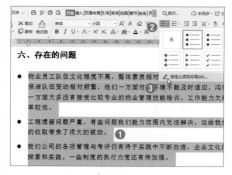

知识充电站

在"项目符号"列表中显示常用的几种符号，用户根据需要选择即可。

Step 04 打开"项目符号和编号"对话框，在"项目符号"选项卡中选择项目符号❶，然后单击"自定义"按钮❷，如下图所示。

Step 05 打开"自定义项目符号列表"对话框，单击"字符"按钮，如下图所示。

Step 06 打开"符号"对话框，在"符号"选项卡中选择合适的符号❶，单击"插入"按钮❷，如下图所示。

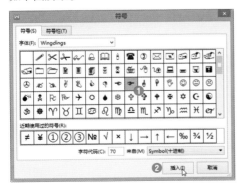

Step 07 返回"自定义项目符号列表"对话框，单击"高级"按钮，设置项目符号缩进位置为0.74厘米❶，文字缩进为1.2厘米❷，单击"确定"按钮❸，如下图所示。

Tips

操作解迷

项目符号缩进的位置设置为0.74厘米，因为中文的两个字符的宽度为0.74厘米。

Step 08 返回文档中，可见项目符号变为选中的符号，项目符号和文本向左缩进两个字符，同时文本和项目符号的距离减少，如下图所示。

Step 09 选择需要添加编号的文本❶，单击"开始"选项卡的"编号"下三角按钮❷，在列表中选择合适的编号❸，如下图所示。

Chapter 10

WPS文字、表格和演示的应用

229

Step 10 选中的文本即可应用编号，效果如下图所示。

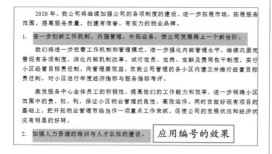

应用编号的效果

Step 11 再次单击"编号"下三角按钮❶，在列表中选择"自定义编号"选项❷，如下图所示。

Step 12 打开"项目符号和编号"对话框，在"编号"选项卡中选择应用的编号样式❶，单击"自定义"按钮❷，如下图所示。

Step 13 打开"自定义编号列表"对话框，在"编号格式"区域的文本框中输入"第1条"文

本❶，再设置编号和文本的位置❷，单击"确定"按钮❸，如下图所示。

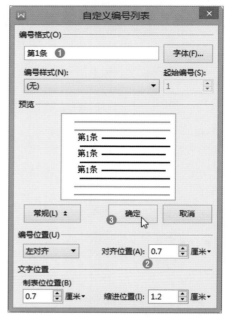

Tips **操作解迷**

在"项目符号和编号"对话框的"列表编号"选项区域中"重新开始编号"表示从头开始重新编号；"继续前一列表"表示继续之前的编号开始添加编号。

Step 14 编号添加完成后，效果如下图所示。

第1条 进一步创新工作机制，内强管理，外拓业务，使公司发展再上一个新台阶。

我们将进一步完善工作机制和管理模式，进一步强化内部管理水平，继续巩固完善现有各项制度，深化内部机制改革。试行定员、定岗、定辕及费用包干制度，实行小区经营目标责任制，向管理要效益。在我公司管理的各小区内建立并推行经营目标责任制，对小区进行年度经济指标与服务指标考评。

激发服务中心全体员工的积极性，提高他们的工作能力和效率，进一步明确小区范围中的责、权、利，保证小区物业管理的良性、高效运作，同时在做好现有项目的基础上，把开拓物业管理市场当作一项重点工作来抓，促使公司的发展状况和经济状况有明显的好转。

第2条 加强人力资源的培训与人才队伍的建设。

修改编号的效果

知识充电站!!!

用户也可以编辑设置编号，打开"项目符号和编号"对话框，在"自定义列表"选项卡中选择需要编辑的列表，单击"自定义"按钮，在打开的"自定义编号列表"对话框中设置即可。
如果要删除自定义列表，在"自定义列表"选项卡中选择需要删除的列表，单击"删除"按钮。

10.1.5 设置文档合理分页

▶▶▶ 文档的正文制作完成后，还需要进一步调整正文规范文档，例如调整段落的分页、添加分页符等。

扫码看视频

1. 设置段落分页

在制作文档时，要合理地根据要求对段落进行分页处理，下面介绍具体操作方法。

`Step 01` 在第2页最上方只有一行文本❶，不符合排版要求，将光标定位在该行，单击"开始"选项卡的"段落"按钮❷，如下图所示。

`Step 02` 打开"段落"对话框，在"换行和分页"选项卡中勾选"孤行控制"复选框❶，单击"确定"按钮❷，如下图所示。

`Step 03` 即可将上一页的一行文本移到下一页，如下图所示。

今年上半年，段举办了职工机械操作业务技能培训班，领导非常重视，请经验丰富的业务能手及专业人员亲自授课，公司广大职工各极参加了培训。

三、对职工进行爱岗敬业的思想教育

加强思想、形势、任务教育，积极做好职工的思想政治工作和思想转化工作，协助公司领导配合段总支大力开展"爱岗敬业、作风整顿"教育活动，活动以效益为中心，以发展为主线，以管理为保障，以服务为目标，把握形势，学习先进，查找不足，增强工作责任心，通过开展"展廉政教育、作风整顿"活动，提高规章制度执行力，纠正工作作风，讲率献忠诚，使广大职工擦亮眼睛，提高认识。入开展"廉政教育，作风整顿"的讨论；积极组织开 ｜ 题明才智，引导职工参与企业经

孤行控制的效果

`Step 04` 在第2页下方有两行文本，其他文本在第3页，此时可以将两行文本移到下一页。将光标定位在该行，打开"段落"对话框，勾选"段中不分页"复选框❶，单击"确定"按钮❷，如下图所示。

`Step 05` 即可将分段的文本移到下一页显示，如下图所示。

2020 年，我们红星公司各项工作在集团公司中的关怀支持下，在同总的直接领导下，围绕"诚信服务，开拓发展，做大做强"的发展思路，创新工作模式，强化内部管理，外树公司形象，努力适应新形势下对物业管理工作的发展要求，在强调"服务上层次，管理上台阶"的基础上，通过全体员工的共同努力，较好地完成了年初制定的各项工作任务，并在的接管过程 ｜ 现将一年来工作完成情况、工作中存在的问题及下 **段中不分页的效果**

2. 设置分页符

除了对段落进行分页处理外，用户也可以根据需要将内容分页显示。下面介绍具体操作方法。

Step 01 将光标定位在需要分页的文本前方❶，切换至"页面布局"选项卡，单击"分隔符"下三角按钮❷，在列表中选择"分页符"选项❸，如下图所示。

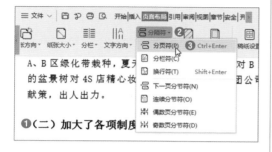

Step 02 操作完成后，光标后的文本即移到下一页显示，如下图所示。

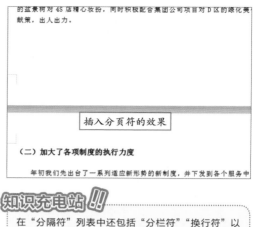

插入分页符的效果

（二）加大了各项制度的执行力度

年初我们先出台了一系列适应新形势的新制度，并下发到各个服务中

知识充电站 !!!

在"分隔符"列表中还包括"分栏符""换行符"以及"下一页分节符""连续分节符"和偶数页奇数页分节符，用户根据需要选择即可。

10.1.6 添加图表

▶▶▶ 在工作总结中难免会出现数据，展示数据最好的方式就是将其图形化，即使用图表。在本案例中使用柱形图展示公司每月的销售金额。

扫码看视频

Step 01 将光标定位在需要插入图表的位置❶，切换至"插入"选项卡❷，单击"图表"按钮❸，如下图所示。

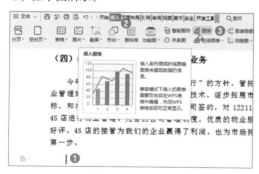

知识充电站 !!!

在 WPS 文档中创建图表默认情况下是柱形图，用户可以根据需要选择其他图表类型，如折线图、饼图、条形图、面积图、散点图、股价图或雷达图等。

Step 02 打开"插入图表"对话框，选择簇状柱形图❶，单击"插入"按钮❷，如下图所示。

Step 03 即可插入柱形图，单击"图表工具"选项卡中"编辑数据"按钮，如下图所示。

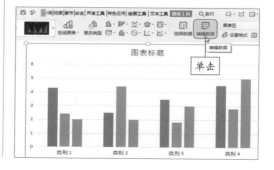

单击

Step 04 打开WPS表格，根据需要在表格中输入每个月的销售数据，如下图所示。

输入数据

Tips 操作解迷

在输入数据时，销售金额为系列，月份为类别。只有这样才能确定图表的横坐标为月份，纵坐标为销售金额。

Step 05 右击图表，在快捷菜单中选择"选择数据"命令，打开"编辑数据源"对话框，单击"图表数据区域"右侧折叠按钮，如下图所示。

单击

Step 06 返回WPS表格中，选择编辑的数据区域，如下图所示。

选择数据区域

Step 07 单击折叠按钮返回上级对话框，单击"确定"按钮，关闭WPS表格，查看图表的效果，如下图所示。

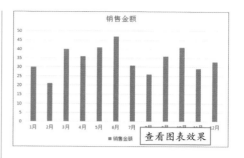

查看图表效果

Step 08 选择图例按Delete键删除，然后在标题框中输入文本，并设置格式，如下图所示。

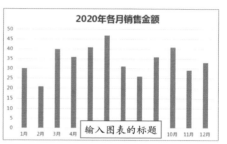

输入图表的标题

Step 09 右击数据系列，在快捷菜单中选择"设置数据系列格式"命令，如下图所示。

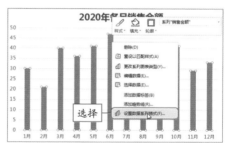

选择

Step 10 打开"属性"窗格，在"系列选项"中设置"分类间距"为120%，如下图所示。

设置

Step 11 切换至"效果"选项卡❶，设置"阴影"为"右下斜偏移"❷，如下图所示。

Step 12 可见图表的数据系列变宽，并添加了阴影效果，如下图所示。

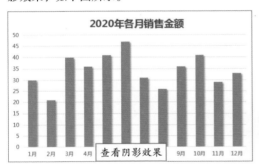

查看阴影效果

Step 13 在6月的数据系列上单击两次，选中该数据系列❶，切换至"绘图工具"选项卡❷，单击"填充"下三角按钮❸，在列表中选择合适的颜色❹，如下图所示。

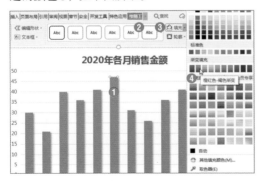

Step 14 即可为6月的数据系列填充颜色，如下图所示。

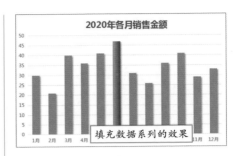

填充数据系列的效果

Step 15 根据填充数据系列的方法填充图表区，并设置图表中文字的颜色，如下图所示。

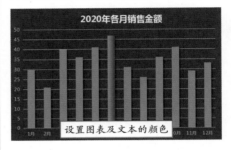

设置图表及文本的颜色

Step 16 缩小绘图区，并移到图表的中间位置，如下图所示。

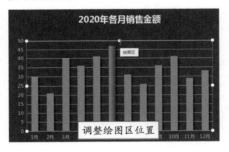

调整绘图区位置

Step 17 选择6月数据系列❶，切换至"图表工具"选项卡❷，单击"添加元素"下三角按钮❸，在列表中选择"数据标签>数据标签外"选项❹，如下图所示。

Step 18 即可为选中的数据系列添加数据标签，设置数据标签的格式，为了突出数字，设置水平网格线为浅灰色，如下图所示。

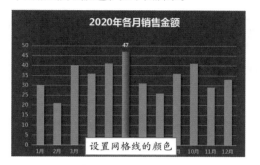

Step 19 切换至"插入"选项卡❶，单击"形状"下三角按钮❷，在列表中选择"圆角矩形标注"形状❸，如下图所示。

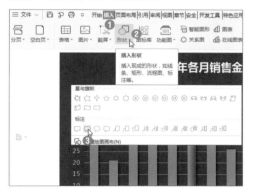

Step 20 在纵坐标上方绘制标注形状，然后输入文本，如下图所示。

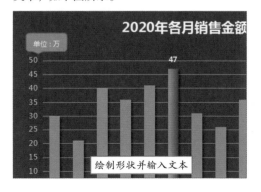

Step 21 选中标注形状，调整菱形控制点，使其指向纵坐标轴。在"绘图工具"选项卡中设置无填充，轮廓颜色为浅灰色，如下图所示。

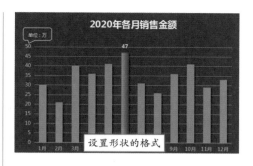

Step 22 切换至"插入"选项卡，单击"文本框"下三角按钮❶，在列表中选择"横向"选项❷，如下图所示。

Step 23 在图表标题的下方绘制文本框，然后输入相关文本，并设置文本的格式，以及文本框的格式，效果如下图所示。

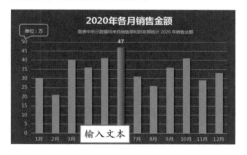

Step 24 然后在"形状"列表中选择直线形状，在横坐标轴上方绘制水平直线，设置宽度和颜色，如下图所示。

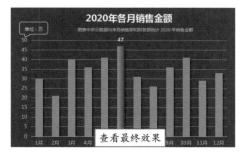

10.1.7 添加封面和目录

▶▶▶ 年度工作总结的正文制作完成，接下来还需要添加封面和目录。封面将展示汇报人的信息，目录可以体现正文的结构，它们一般在正文的前面。

扫码看视频

1. 添加封面

在WPS中内置很多封面的样式，用户可以直接使用，然后修改相关的文本即可，下面介绍具体操作方法。

Step 01 将光标定位在正文的最前方，切换至"章节"选项卡❶，单击"封面页"下三角按钮❷，在列表中选择合适的封面，单击"应用"按钮❸，如下图所示。

Step 02 即可在光标前添加选中的封面，如下图所示。

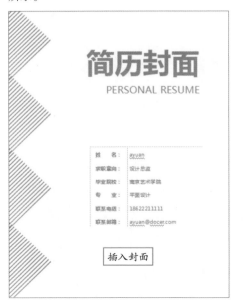

插入封面

Step 03 然后对封面中的文本进行修改，效果如下图所示。

修改封面中的文本

Step 04 封面基本上制作完成，但是在汇报人的信息左列，文本长度不一致，导致不整齐。选择"汇报"文本，打开"字体"对话框，设置间距为0.16厘米，如下图所示。

设置

Step 05 单击"确定"按钮，可见"汇报人"3个字的宽度和4个字的宽度差不多了，如下图所示。

Step 06 如果设置"邮箱"与4个字的宽度一样，可以在中间添加两个空格。也可以设置"邮"的间距为0.5厘米，效果如下图所示。

设置字符宽度的效果

2. 添加目录

目录可以让浏览者了解本次报告的结构和方向。提取的目录就是设置的标题样式的文本，下面介绍具体操作方法。

Step 01 将光标定位在正文最前面❶，切换至"插入"选项卡，单击"空白页"下三角按钮❷，在列表中选择"竖向"选项❸，如下图所示。

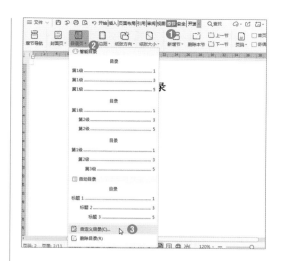

Step 02 在插入的空白页中输入"目录"文本，并设置格式，光标定位在下一行，切换至"章节"选项卡❶，单击"目录页"下三角按钮❷，在列表中选择"自定义目录"选项❸，如下图所示。

Step 03 打开"目录"对话框，保持参数不变单击"确定"按钮，如下图所示。

单击

> **Tips**
>
> **操作解迷**
>
> 因为本案例中只包含3级标题，在"目录"对话框中默认提取3级标题，所以不需要设置参数。

Step 04 返回文档中即可在空白页插入目录，如下图所示。

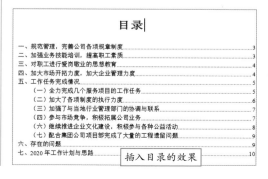

插入目录的效果

10.1.8 设置页眉和页脚

▶▶▶ 页眉和页脚为每个页面顶部和底部的区域，常用于显示文档的附加信息。在工作总结文档中可以在页眉中显示企业的信息，在页脚中插入页码。

页眉和页脚是在正文中添加的，封面和目录是不需要添加的，下面介绍具体操作方法。

Step 01 将光标定位在正文的第一页，切换至"插入"选项卡❶，单击"页眉和页脚"按钮❷，如下图所示。

Step 02 此时光标定位在页眉中，然后输入企业名称，并设置文本格式，如下图所示。

知识充电站!!!

在"页眉和页脚"选项卡中还包括页码、页眉横线、日期和时间以及图片等按钮，用户单击相应的按钮可以添加不同的元素。如单击"图片"按钮，在打开的"插入图片"对话框中选择合适的图片，单击"插入"按钮即可。

Step 03 将光标定位在第1页的页脚文本框中❶，单击"插入页码"下三角按钮❷，在打开的面板中设置样式、位置并选中"本页及之后"单选按钮❸，单击"确定"按钮❹，如下图所示。

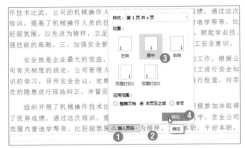

知识充电站!!!

用户也可以在"页眉和页脚"选项卡中单击"页码"下三角按钮，在列表中选择"页码"选项，打开"页码"对话框，然后设置页码，如下图所示。

Step 04 单击"页眉和页脚"选项卡中"关闭"按钮，查看添加页眉和页脚的效果，如下图所示。

页眉和页脚的效果

10.2 制作进销存报表

案例简介

进销存是对企业生产经营中进货、出货、库存等进行全程跟踪、管理。进销存报表包含采购、销售和库存3大报表，3表之间有着紧密的联系。进销存报表创建完成后的效果，如下图所示。

某家电市场电视采购表

序号	品牌	型号	采购单价	采购数量	采购金额
1	小米				¥572,086.00
2		L65M54X	¥2,699.00	64	¥172,736.00
3		E55X 4K	¥1,750.00	83	¥145,250.00
5		70英寸巨屏	¥3,300.00	77	¥254,100.00
6	华为				¥1,253,000.00
7		V65	¥7,000.00	55	¥385,000.00
8		OSCA-5	¥3,000.00	64	¥192,000.00
9		V75	¥13,000.00	52	¥676,000.00
10	创维				¥515,935.00
11		50E33A	¥1,499.00	65	
12		55E33A	¥2,700.00	79	
13		65A5	¥3,800.00	54	
14	采购总金额				

注：所有数据为2020年5月1日统计

某家电市场库存表

序号	品牌	型号	上期剩余	采购数量	库存总量	当日销量	补充库存
1	小米	L65M54X	21	64	85	47	否
2		E55X 4K	22	83	105	61	否
3		70英寸巨屏	11	77	88	52	否
4	华为	V65	19	55	74	69	及时补充
5		OSCA-5	28	64	92	50	否
6		V75	19	52	71	75	请调整销量
7	创维	50E33A	26	65	91	74	及时补充
					91	70	否
					64	52	及时补充
					761	550	

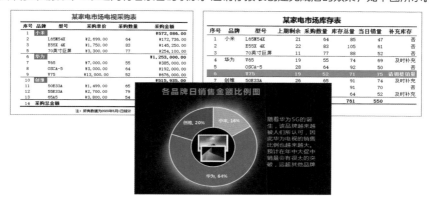

思路分析

在制作进销存3个表格时，首先创建采购表，主要介绍表格的制作过程；其次制作日销售统计表，介绍函数、图表等；最后介绍库存表。制作进销存3表的流程如下图所示。

制作进销存报表	创建采购表	新建并保存工作簿
		输入数据并设置格式
		设置行高和列宽
		计算采购金额
		设置表格边框
	创建销售表和库存表	创建日销售统计表
		创建库存表
	分析销售表中的数据	对数据进行排序
		筛选数据
		分类汇总
		数据透视表
	使用图表展示数据	计算各品牌销售金额
		使用圆环图展示销售金额
	设置允许编辑的区域	

10.2.1 创建采购表

▶▶▶ 采购是指个人或单位在一定的条件下从供应市场获取产品或服务作为自己的资源，为满足自身需要或保证生产、经营活动正常开展的一项经营活动。下面介绍创建采购表的方法。

扫码看视频

1. 新建并保存工作簿

在WPS软件中要创建表格首先要创建工作簿，然后将其保存，之后再输入相关数据，下面介绍具体操作方法。

Step 01 打开WPS软件，在"新建"选项卡❶中选择"表格"❷，然后单击"新建空白文档"按钮❸，如下图所示。

Step 02 即可创建名为"工作簿1"的工作簿，单击快速访问工具栏中"保存"按钮，在打开的"另存为"对话框中设置保存的路径❶和名称❷，如下图所示。

知识充电站

在"新建"选项卡中同样包含很多模板，用户选择合适的模板即可使用。

Step 03 在工作簿中包含1个工作表，右击工作表，在快捷菜单中选择"重命名"命令，如下图所示。

选择

Step 04 此时，工作表名称为可编辑状态，然后输入"采购表"文本，按Enter键或在工作表空白区域单击，如下图所示。

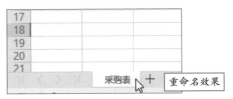
重命名效果

知识充电站

除些之外，用户也可以在工作表名称上双击，然后重命名。

2. 输入数据并设置格式

表格创建完成后输入采购的数据，然后设置各数据的格式，下面介绍具体操作方法。

Step 01 在工作表中输入采购数据，如下图所示。

输入采购数据

Step 02 选择B2单元格，在"开始"选项卡中设置字体和字号，并加粗显示，如下图所示。

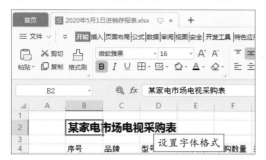

Step 03 保持该单元格为选中状态❶，单击"开始"选项卡的"字体颜色"下三角按钮❷，在列表中选择深点的蓝色❸，如下图所示。

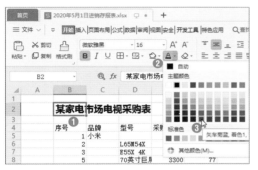

Step 04 选择C5单元格，按住Ctrl键再选择C9和C13单元格❶，在"开始"选项卡中单击"填充颜色"下三角按钮❷，在列表中选择合适的颜色❸，如下图所示。

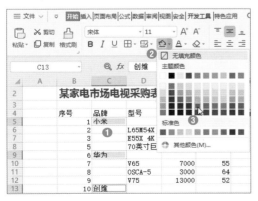

Step 05 保持这几个单元格为选中状态，设置字体颜色为白色，并加粗显示，如下图所示。

设置填充的效果

Step 06 选中B4:G4单元格区域和C17单元格，加粗显示。选中E5:E16和G5:G17单元格区域❶，单击"开始"选项卡中"单元格格式:数字"按钮❷，如下图所示。

Step 07 打开"单元格格式"对话框，在"数字"选项卡中选择"货币"选项❶，设置小数位数❷、货币符号❸，最后单击"确定"按钮❹，如下图所示。

3. 设置行高和列宽

WPS表格中行高和列宽都是默认的，用户可以根据需要调整行高或列宽。下面介绍具体操作方法。

Step 01 将光标移到第4行的行号上，变为向右的黑色箭头时单击❶，选中该行，然后单击"开始"选项卡中的"行和列"下三角按钮❷，在列表中选择"行高"选项❸，如下图所示。

Step 02 打开"行高"对话框，在"行高"数值框中输入24❶，单击"确定"按钮❷，如下图所示。

知识充电站!!

用户也可以将光标移到行号的下边界上变为双向箭头时，按住鼠标左键上下拖曳调整行高，同时会在光标右侧显示行高的值。

Step 03 调整列宽的方法和行高一样，效果如下图所示。

设置列宽的效果

Step 04 选择B2:G2单元格区域❶，单击"开始"选项卡中"合并及居中"按钮❷，如下图所示。

Step 05 选中的单元格合并为一个大单元格，而且文本居中对齐。选中C17:F17单元格区域，单击"合并及居中"下三角按钮，在列表中选择"合并单元格"选项。选中单元格合并为一个大单元格，文本的对齐方式不变，如下图所示。

合并单元格的效果

4. 计算采购金额

要想计算采购金额将采购单价和采购数量相乘，再使用SUM函数对数据汇总求和。下面介绍具体操作方法。

Step 01 选择G6单元格，然后输入"=E6*F6"公式，按Enter键计算出L65M54X的采购金额，如下图所示。

输入公式

Step 02 选择G6单元格按Ctrl+C组合键进行复制，再选择G7:G8、G10:G12和G14:G16单元格区域，按Ctrl+V组合键复制公式，并计算出结果，如下图所示。

某家电市场电视采购表

序号	品牌	型号	采购单价	采购数量	采购金额
1	小米				
2		L65M54X	¥2,699.00	64	¥172,736.00
3		E55X 4K	¥1,750.00	83	¥145,250.00
5		70英寸巨屏	¥3,300.00	77	¥254,100.00
6	华为				
7		V65	¥7,000.00	55	¥385,000.00
8		OSCA-5	¥3,000.00	64	¥676,000.00
9		V75	¥13,000.00	52	¥676,000.00
10	创维				
11		50E33A	¥1,499.00	65	¥97,435.00
12		55E33A	复制公式的效果		¥213,300.00
13		65A5			¥205,200.00

Step 03 选择G5单元格，输入"=SUM(G6:G8)"函数公式，按Enter键即可计算出小米的电视采购金额，如下图所示。

某家电市场电视采购表

序号	品牌	型号	采购单价	采购数量	采购金额
1	小米				=SUM(G6:G8)
2		L65M54X	¥2,699.00	64	¥172,736.00
3		E55X 4K	¥1,750.00	83	¥145,250.00
5		70英寸巨屏	¥3,300.00	77	¥254,100.00
6	华为				输入公式
7		V65	¥7,000.00	55	¥385,000.00
8		OSCA-5	¥3,000.00	64	¥676,000.00
9		V75	¥13,000.00	52	¥676,000.00
10	创维				
11		50E33A	¥1,499.00	65	¥97,435.00

Tips 操作解迷

SUM 函数指的是返回某一单元格区域中数字、逻辑值及数字的文本表达式之和。
表达式为：SUM(数值 1,...)

Step 04 根据复制公式的方法，将G5单元格中公式复制到G9和G13单元格中，计算出各品牌的采购金额，如下图所示。

某家电市场电视采购表

序号	品牌	型号	采购单价	采购数量	采购金额
1	小米				¥572,086.00
2		L65M54X	¥2,699.00	64	¥172,736.00
3		E55X 4K	¥1,750.00	83	¥145,250.00
5		70英寸巨屏	¥3,300.00	77	¥254,100.00
6	华为				¥1,253,000.00
7		V65	¥7,000.00	55	¥385,000.00
8		OSCA-5	¥3,000.00	64	¥192,000.00
9		V75	¥13,000.00	52	¥676,000.00
10	创维				¥515,935.00
11		50E33A		复制公式的效果	¥97,435.00
12		55E33A			¥213,300.00
13		65A5	¥3,800.00		¥205,200.00

知识充电站!!!

如果将公式复制或填充到相邻的单元格中，直接拖曳单元格右下角填充柄■，拖曳区域即可填充公式。

Step 05 选中G17单元格，然后输入"=SUM(G5,G9,G13)"公式，按Enter键计算出采购总金额，如下图所示。

某家电市场电视采购表

序号	品牌	型号	采购单价	采购数量	采购金额
1	小米				¥572,086.00
2		L65M54X	¥2,699.00	64	¥172,736.00
3		E55X 4K	¥1,750.00	83	¥145,250.00
5		70英寸巨屏	¥3,300.00	77	¥254,100.00
6	华为				¥1,253,000.00
7		V65	¥7,000.00	55	¥385,000.00
8		OSCA-5	¥3,000.00	64	¥192,000.00
9		V75	¥13,000.00	52	¥676,000.00
10	创维				¥515,935.00
11		50E33A	¥1,499.00	65	¥97,435.00
12		55E33A	¥2,700.00		¥213,300.00
13		65A5		54	¥205,200.00
14	采购总金额	计算采购总金额			¥2,341,021.00

5. 设置表格边框

在WPS表格中网格线都是相同宽度的灰色，为了表格美观还需要设置表格的边框。下面介绍具体操作方法。

Step 01 选中B4:G4单元格区域并设置居中对齐，单击"开始"选项卡的"绘图边框"下三角按钮，在列表中选择"线条样式"选项，在子列表中选择粗实线，如下图所示。

Step 02 此时，光标变为铅笔的形状，沿着第4行上边线绘制，如下图所示。根据相同的方法在表格下部绘制实线。

某家电市场电视采购表

序号	品牌	型号	采购单价	采购数量	采购金额
1	小米				¥572,086.00
2		L65M54X	¥2,699.00	64	¥172,736.00
3		E55X 4K	¥1,750.00	83	¥145,250.00
5		70英寸巨屏	¥3,300.00	77	¥254,100.00
6	华为				¥1,253,000.00
7		V65	¥7,000.00	55	¥385,000.00
8		OSCA-5	¥3,000.00	64	¥192,000.00
9		V75	¥13,000.00	52	¥676,000.00
10	创维				¥515,935.00
11		50E33A	¥1,499.00	65	¥97,435.00
12		55E33A	添加边框的效果	79	¥213,300.00
13		65A5		54	¥205,200.00

知识充电站!!!

在列表中使用"擦除边框"功能可以擦除绘制的边框。

Step 03 用户也可以通过"单元格格式"对话框设置边框。选择B5:G8单元格区域，按Ctrl+1组合键，打开"单元格格式"对话框。在"边框"选项卡中选择稍粗点的样式，单击上边框按钮，选择细点的样式，单击下边框，单击"确定"按钮，如下图所示。

设置边框

Step 04 返回工作表中，可见选中单元格区域的上方添加稍粗点的实线，下方添加稍细点的实线，如下图所示。

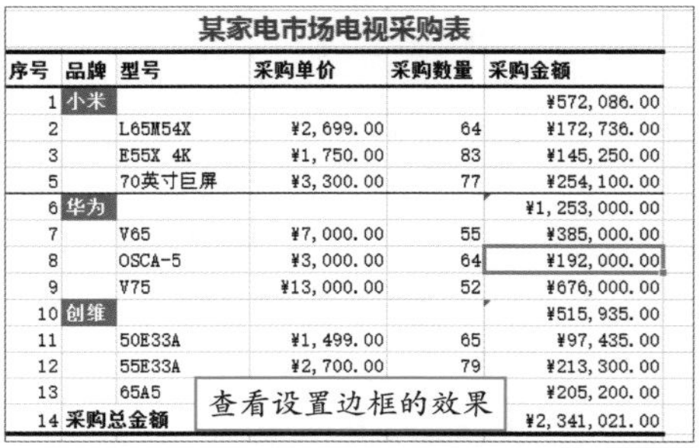

查看设置边框的效果

Step 05 用户也可以通过复制格式的方法添加边框，选中B8:G8单元格区域，按Ctrl+C组合键复制，如下图所示。

复制内容

Step 06 选择B12:G12单元格区域并右击❶，在快捷菜单中选择"选择性粘贴>仅粘贴格式"命令❷，如下图所示。

Step 07 可见在B12:G12单元格区域下方添加细实线边框，其中数据没有变化，只粘贴格式，如下图所示。

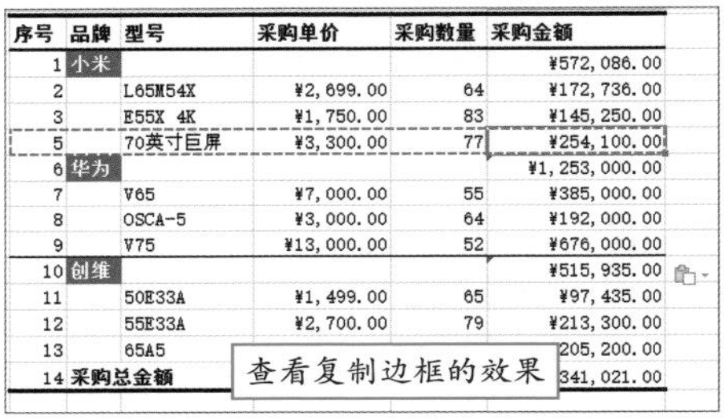

查看复制边框的效果

Step 08 根据表格的外观调整列宽、对齐方式等。切换至"视图"选项卡，取消勾选"显示网格线"复选框，如下图所示。

取消勾选

Step 09 在WPS表格中不显示网格线，只显示设置的表格边框，最终效果如下图所示。

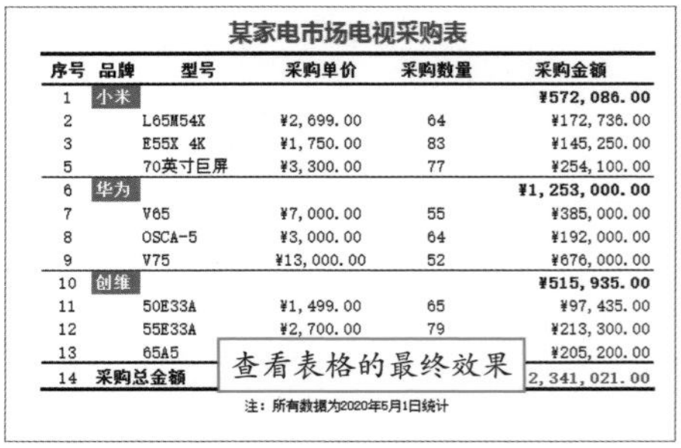

查看表格的最终效果

10.2.2　创建销售表和库存表

▶▶▶ 进销存报表，除了采购表外还包括销售表和库存表，在上一节中学习制作表格的方法，在本节中将简要介绍创建销售表和库存表的方法。

1. 创建日销售统计表

日销售统计表主要记录当天企业的销售产品的数据。本企业共包括3家店面，分别统计各店面不同产品的销售数据，下面介绍具体操作方法。

Step 01 在进销存工作簿中单击"新建工作表"按钮，如下图所示。

Step 02 即可在选中工作表的右侧新建空白工作表。然后命名为"日销售统计表"，效果如下图所示。

知识充电站

用户也可以单击"开始"选项卡"工作表"下三角按钮，在列表中选择"插入工作表"选项，打开"插入工作表"对话框，设置工作表的数量，单击"确定"按钮即可插入指定数量的工作表，如下图所示。

Step 03 然后在工作表中输入销售数据，如下图所示。

Step 04 选中G2单元格，计算销售金额，输入"=PRODUCT(E2,F2)"公式，按Enter键执行计算，如下图所示。

Tips 操作解迷

PRODUCT 函数用于计算给出数字的乘积。
表达式为：PRODUCT（数值 1,... ）

Step 05 双击G2单元格右下角填充柄将公式向下填充，如下图所示。

Step 06 选择E2:E28和G2:G28单元格区域，设置格式为货币。

设置单元格格式

Step 07 选中A2:A28单元格区域，按Ctrl+1组合键打开"单元格格式"对话框，选择"自定义"选项❶，在"类型"文本框中输入000❷，单击"确定"按钮❸，如下图所示。

Step 08 可见选中的单元格区域显示3位数，以数字0开头，如下图所示。

以0开头的数据

Step 09 设置文本格式、对齐方式和调整列宽，并为表格添加边框，最终效果如下图所示。

查看表格的效果

2. 创建库存表

库存表记录所有商品的实时数量，管理商品，下面介绍具体操作方法。

Step 01 创建新工作表并命名为"库存表"，然后输入相关数据信息，如下图所示。

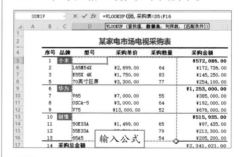

输入库存的数据

Step 02 选择F5单元格，输入"=VLOOKUP(D5,"，然后切换至"采购表"工作表，选中D5:F16，单元格区域，如下图所示。

输入公式

> **Tips** 操作解迷
>
> 在公式中引用同一工作簿中不同工作表的数据时，可以直接输入"工作表名称 +!+ 单元格区域"。

Step 03 返回"库存表"中，继续输入",3,FALSE)"，然后分别在引用采购表中区域的D5和F16的行号和列标前输入"$"，然后按Enter键执行计算，如下图所示。

操作解迷

VLOOKUP 函数返回该列所需查询序列所对应的值。

表达式：

VLOOKUP(查找值，数据表，列序数，[匹配条件])

本公式表示从采购表 D5:F16 单元格区域中查找 D5 单元格中型号，返回区域中第 3 列的数值。

Step 04 将F5单元格向下填充至F13单元格，即可完成引用采购表中各产品的采购数量，如下图所示。

某电电市场库存表

序号	品牌	型号	上期剩余	采购数量	库存总量	当日销量	补充库存
1	小米	L65M54X	21	64			
2		E55X 4K	22	83			
3		70英寸巨月	11	77			
6	华为	V65	19	55			
7		OSCA-5	28	64			
8		V75	19	52			
10	创维	50E33A	26	65			
11		55E33A	12	79			
12		65A5					
14	库存总数量			所有商品的采购数量			

操作解迷

在公式中使用"$"表示绝对引用，本案例中"$D$5:$F$16"参数不会随着公式所在的单元格移动而变化的。

用户使用台式机时可以通过按 F4 功能键添加美元的符号，使用笔记本电脑的用户可以通过直接输入的方法输入绝对值符号。

Step 05 选中G5单元格，输入"=E5+F5"公式，按Enter键执行计算，如下图所示。

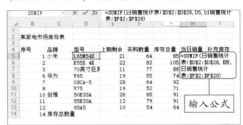

Step 06 将G5单元格中公式向下填充至G13单元格，计算出库存总量，如下图所示。

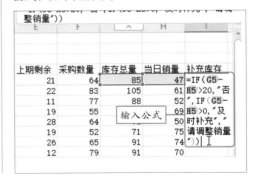

Step 07 选中H5单元格，然后输入"=SUMIF(日销售统计表!$D$2:$D$28,D5,日销售统计表!$F$2:$F$28)"公式，如下图所示。

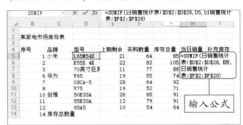

操作解迷

SUMIF 函数对报表范围中符合指定条件的值求和。

表达式：

SUMIF(区域，条件，[求和区域])

本公式表示在日销售统计表中 D2:D28 单元格区域中对 D5 单元格中相同的型号的销量进行求和。

Step 08 将H5单元格中公式向下填充至H13单元格。选中I5单元格，输入"=IF(G5-H5>20,"否",IF(G5-H5>0,"及时补充","请调整销量"))"公式，如下图所示。

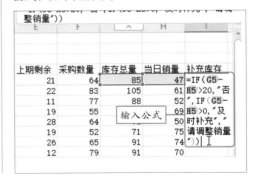

操作解迷

IF 函数根据指定的条件来判断其真、假，根据逻辑计算的真假值，从而返回相应的内容。

表达式：IF(测试条件,真值, [假值])

本公式表示通过库存总量和销量的差的不同返回不同的值。

Step 09 将I5单元格中公式向下填充至I13单元格，库存量大于20时返回"否"；库存量大于0，小于20时返回"及时补充"；小于0时返回"请调整销量"，如下图所示。

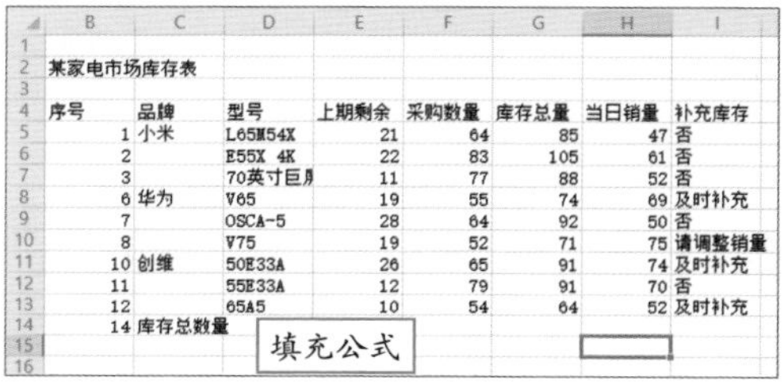

Step 10 选择E5:H13单元格区域❶，单击"开始"选项卡中"求和"按钮❷，如下图所示。

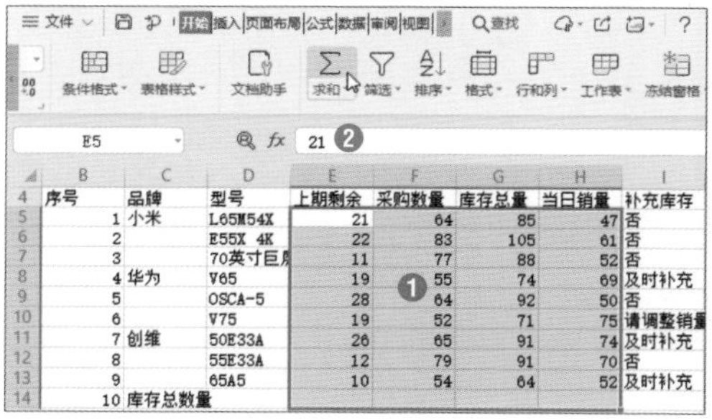

Step 11 即可快速在E14:H14单元格区域中使用SUM函数计算出各项之和，如下图所示。

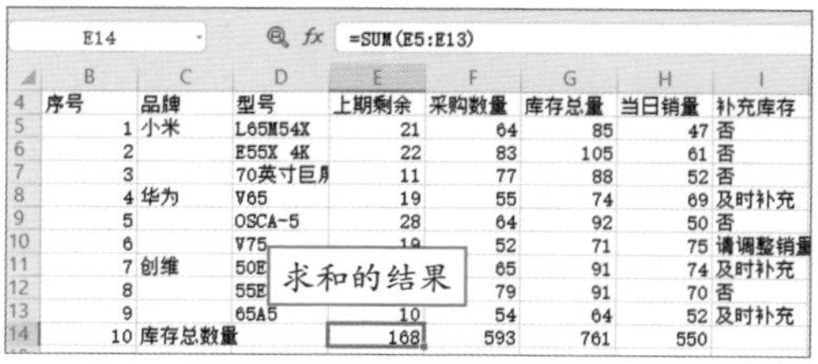

Step 12 设置表格中文本格式、行高和列宽、对齐方式以及表格的边框，效果如下图所示。

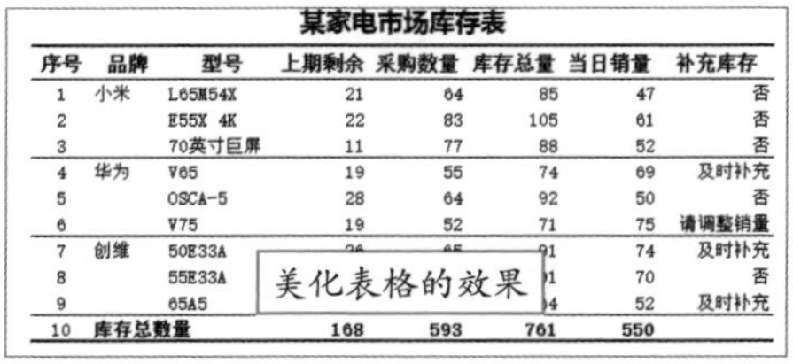

Step 13 选中B5:I13单元格区域❶，单击"开始"选项卡的"条件格式"下三角按钮❷，在列表中选择"新建规则"选项❸，如下图所示。

Step 14 打开"新建格式规则"对话框，选择"使用公式确定要设置格式的单元格"选项❶，在"编辑规则说明"区域的文本框中输入"=$H5>$G5"公式❷，单击"格式"按钮❸，如下图所示。

Step 15 在打开的"单元格格式"对话框中设置格式，如下图所示。

Step 16 依次单击"确定"按钮，查看设置条件格式的效果，如下图所示。

某家电市场库存表

序号	品牌	型号	上期剩余	采购数量	库存总量	当日销量	补充库存
1	小米	L65M54X	21	64	85	47	否
2		E55X 4K	22	83	105	61	否
3		70英寸巨屏	11	77	88	52	否
4	华为	V65	19	55	74	69	及时补充
5		OSCA-5	28	64	92	50	否
6		V75	19	52	71	75	请调整销量
7	创维	50E33A	26	65	91	74	及时补充
8		65A5	12	79	91	70	否
9		OSCA-5	查看条件格式效果			52	及时补充
10	库存总数量					550	

查看条件格式效果

10.2.3　分析销售表中的数据

▶▶▶ 在日销售统计表中包含各店面所有产品的销售记录，数据量比较大，用户可以通过排序、筛选、分类汇总以及数据透视表对数据进行分析。

扫码看视频

1. 对数据进行排序

在WPS表格中可以对数据和文本进行升序、降序或自定义排序，下面介绍具体操作方法。

Step 01 将光标定位在"销售数量"列中任意单元格❶，单击"数据"选项卡中"升序"按钮❷，如下图所示。

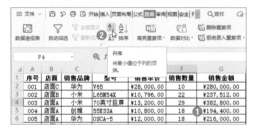

Step 02 操作完成后，销售数量会按照从小到大的顺序排列，由于数据比较多无法展示所有数据，下面只展示部分内容，如下图所示。

序号	店面	销售品牌	型号	销售单价	销售数量	销售金额
020	店面C	小米	L65M54X	¥10,796.00	6	¥64,776.00
001	店面C	华为	V65	¥28,000.00	10	¥280,000.00
017	店面A	小米	E55X 4K	¥7,000.00	10	¥70,000.00
015	店面B	小米	70英寸巨屏	¥13,200.00	11	¥145,200.00
018	店面B	小米	70英寸巨屏	¥13,200.00	12	¥158,400.00
014	店面B	创维	65A5	¥15,200.00	14	¥212,800.00
027	店面C	华为	OSCA-5	¥12,000.00	14	¥168,000.00
004	店面A	创维	55E33A	¥10,800.00	18	¥194,400.00
005	店面A	华为	OSCA-5	¥12,000.00	18	¥216,000.00
006	店面B	华为	OSCA-5	¥12,000.00	18	¥216,000.00
007	店面C	创维	查看排序效果	¥15,200.00	18	¥273,600.00
010	店面B	创维	50E33A	¥5,996.00	19	¥113,924.00
011	店面A	小米	L65M54X	¥10,796.00	19	¥205,124.00
012	店面B	创维	65A5	¥15,200.00	20	¥304,000.00
024	店面A	华为	V75	¥52,000.00	20	¥1,040,000.00

查看排序效果

Step 03 将光标定位在表格中❶，单击"数据"选项卡的"排序"按钮❷，如下图所示。

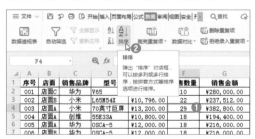

Tips

操作解迷

通过"排序"功能，先按照品牌的降序排列，相同品牌时再按照销售金额的升序排列。

在WPS中默认情况下按汉字拼音首字母排序。

Step 04 打开"排序"对话框，设置"主要关键字"为"销售品牌"❶、"次序"为"降序"❷，单击"添加条件"按钮❸，如下图所示。

Step 05 添加次要关键字，设置为"销售金额"❶、"次序"为"升序"❷，单击"确定"按钮❸，如下图所示。

Step 06 返回工作表中查看排序的效果，如下图所示。

序号	店面	销售品牌	型号	销售单价	销售数量	销售金额
020	店面C	小米	L65M54X	¥10,796.00	6	¥64,776.00
017	店面A	小米	E55X 4K	¥7,000.00	10	¥70,000.00
015	店面C	小米	70英寸巨屏	¥13,200.00	11	¥145,200.00
008	店面B	小米	E55X 4K	¥7,000.00	22	¥154,000.00
018	店面B	小米	70英寸巨屏	¥13,200.00	12	¥158,400.00
016	店面C	小米	E55X 4K	¥7,000.00	29	¥203,000.00
011	店面B	小米	L65M54X	¥10,796.00	19	¥205,124.00
002	店面B	小米	L65M54X	¥10,796.00	22	¥237,512.00
003	店面A	小米	70英寸巨屏	¥13,200.00	29	¥382,800.00
027	店面C	华为	OSCA-5	¥12,000.00	14	¥168,000.00
005	店面A	华为	OSCA-5	¥12,000.00	18	¥216,000.00
006	店面B	华为	OSCA-5	¥12,000.00	18	¥216,000.00
001	店面C	华为	V65	¥28,000.00	10	¥280,000.00
021	店面A	华为	V65	¥28,000.00	29	¥812,000.00
025	店面B	华为	V75	¥28,000.00	30	¥840,000.00
024	店面A	华为	V75	¥52,000.00	20	¥1,040,000.00
019	店面B	华为	V75	¥52,000.00	25	¥1,300,000.00

查看排序的效果

知识充电站!!

在"排序"对话框中单击"选项"按钮，在打开的"排序选项"对话框中可以设置排序的方向和方式，如下图所示。

2.筛选数据

在日常销售统计表中可以通过"筛选"功能筛选出满足条件的数据。在本案例中还需要对汇总的数据进行求和，下面介绍具体操作方法。

Step 01 选择表格内任意单元格，切换至"视图"选项卡❶，单击"冻结窗格"下三角按钮❷，在列表中选择"冻结首行"选项❸，如下图所示。

序号	店面	销售品牌	型号	销售单价	销售数量	销售金额
001	店面C	华为	V65	¥28,000.00	10	¥280,000.00
002	店面B	小米	L65M54X	¥10,796.00	22	¥237,512.00
003	店面A	小米	70英寸巨屏	¥13,200.00	29	¥382,800.00
004	店面A	创维	55E33A	¥10,800.00	18	¥194,400.00
005	店面C	华为	OSCA-5	¥12,000.00	18	¥216,000.00
006	店面B	华为	OSCA-5	¥12,000.00	18	¥216,000.00
007	店面C	创维	65A5	¥15,200.00	18	¥273,600.00
008	店面B	小米	E55X 4K	¥7,000.00	22	¥154,000.00

Step 02 选择F30单元格，输入"=SUBTOTAL(9,F2:F28)"公式，按Enter键执行计算，计算出销售总数量，如下图所示。

F29 =SUBTOTAL(9,F2:F28)

序号	店面	销售品牌	型号	销售单价	销售数量	销售金额
019	店面B	华为	V75	¥52,000.00	25	¥1,300,000.00
020	店面C	小米	L65M54X	¥10,796.00	6	¥64,776.00
021	店面A	华为	V65	¥28,000.00	29	¥812,000.00
022	店面C	创维	50E33A	¥5,996.00	28	¥167,888.00
023	店面C	华为	V75	¥52,000.00	30	¥1,560,000.00
024	店面A	华为	V75	¥52,000.00	20	¥1,040,000.00
025	店面B	华为	V65	¥28,000.00	30	¥840,000.00
026	店面B	华为	计算销售总金额	¥1,800.00	25	¥270,000.00
027	店面C				14	¥168,000.00
		筛选后总销售数量：				550
		筛选后总销售金额：				

Step 03 选择F29单元格，输入"=SUBTOTAL(9,G2:G28)"公式，按Enter键执行计算，计算出销售总金额，如下图所示。

F30 =SUBTOTAL(9,G2:G28)

序号	店面	销售品牌	型号	销售单价	销售数量	销售金额
019	店面B	华为	V75	¥52,000.00	25	¥1,300,000.00
020	店面B	小米	L65M54X	¥10,796.00	6	¥64,776.00
021	店面A	华为	V65	¥28,000.00	29	¥812,000.00
022	店面C	创维	50E33A	¥5,996.00	28	¥167,888.00
023	店面C	华为	V75	¥52,000.00	30	¥1,560,000.00
024	店面A	华为	V75	¥52,000.00	20	¥1,040,000.00
025	店面B	华为	V65	¥28,000.00	30	¥840,000.00
026	店面B	华为	计算筛选后销售总金额		25	¥270,000.00
027	店面C				14	¥168,000.00
		筛选后总销售数量：				550
		筛选后总销售金额：				¥10,042,916.00

操作解迷

SUBTOTAL 函数返回列表或数据库中的分类汇总。
表达式：SUBTOTAL(函数序号，引用，...)
函数序号指定使用何种函数在列表中进行分类汇总计算，如表 1 所示。

表 1 函数序号

包含隐藏值	忽略隐藏值	相当于函数
1	101	AVERAGE
2	102	COUNT
3	103	COUNTA
4	104	MAX
5	105	MIN
6	106	PRODUCT
7	107	STDEV
8	108	STDEVP
8	109	SUM
10	110	VAR
11	111	VARP

Step 04 将光标定位在表格中❶，单击"数据"选项卡中"自动筛选"按钮❷，如下图所示。

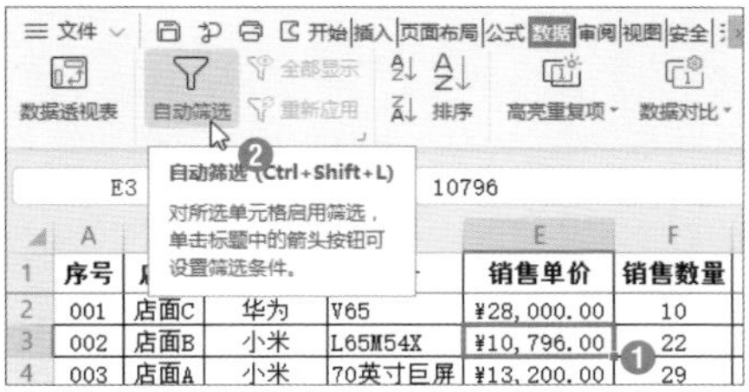

知识充电站!!!

用户也可以单击"开始"选项卡中"筛选"按钮，或者按 Ctrl+Shift+L 组合键进入筛选模式。

Step 05 此时，工作表进入筛选状态，在列的标题右侧出筛选按钮，如下图所示。

Step 06 单击"店面"筛选按钮❶，在列表中取消勾选"全选"复选框❷，勾选"空白"和"店面A"复选框❸，单击"确定"按钮❹，如下图所示。

Step 07 即可筛选出满足条件的信息，其他信息均被隐藏起来。同时在G29和G30中显示筛选后统计的数据，如下图所示。

3. 分类汇总

在分析数据时，可以根据某个字段分类，对指定的数据进行汇总，汇总方式可以是求和、平均值等。

在进行分类汇总时，首先对某字段进行分类，所以先进行排序。本案例按店面和销售品牌进行汇总，下面介绍分类汇总的操作方法。

Step 01 将光标定位在表格中❶，单击"数据"选项卡中"排序"按钮❷，如下图所示。

Step 02 打开"排序"对话框，设置"主要关键"字为"店面"、次要关键字为"销售品牌"，如下图所示。

Step 03 完成排序后，切换至"数据"选项卡，单击"分类汇总"按钮，如下图所示。

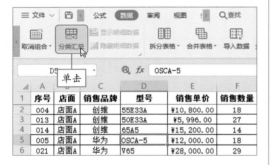

Step 04 打开"分类汇总"对话框，设置"分类字段"为"店面"❶、"汇总方式"为"求和"❷，在"选定汇总项"列表框中勾选"销售金额"复选框❸，单击"确定"按钮❹，如下图所示。

Step 05 返回工作表中，可见对店面进行分类并在下方汇总销售金额，在左侧显示扩展栏，如下图所示。

1 2 3		A	B	C	D	E	F	G
	1	序号	店面	销售品牌	型号	销售单价	销售数量	销售金额
	2	004	店面A	创维	55E33A	¥10,800.00	18	¥194,400.00
	3	013	店面A	创维	50E33A	¥5,996.00	27	¥161,892.00
	4	014	店面A	创维	65A5	¥15,200.00	14	¥212,800.00
	5	005	店面A	华为	OSCA-5	¥12,000.00	18	¥216,000.00
	6	021	店面A	华为	V65	¥28,000.00	29	¥812,000.00
	7	024	店面A	华为	V75	¥52,000.00	20	¥1,040,000.00
	8	003	店面A	小米	70英寸巨屏	¥13,200.00	29	¥382,800.00
	9	011	店面A	小米	L65M54X	¥10,796.00	19	¥205,124.00
	10	017	店面A	小米	E55X 4K	¥7,000.00	10	¥70,000.00
	11		店面A 汇总					¥3,295,016.00
	12	010	店面B	创维	50E33A	¥5,996.00	19	¥113,924.00
	13	012	店面B	创维	65A5	¥15,200.00	20	¥304,000.00
	14	026	店面B	创维	55E33A	¥10,800.00	25	¥270,000.00
	15	006	店面B	华为	OSCA-5	¥12,000.00	18	¥216,000.00
	16	019	店面B	华为	V75	¥52,000.00	25	¥1,300,000.00
	17	025	店面B	华为	V65	¥28,000.00	30	¥840,000.00

Step 06 再次打开"分类汇总"对话框，设置按照销售品牌对销售数量进行求和❶，取消勾选"替换当前分类汇总"复选框❷，单击"确定"按钮❸，如下图所示。

> **Tips 操作解迷**
>
> 如果勾选"替换当前分类汇总"复选框，会覆盖之前的分类汇总。

Step 07 返回工作表中可见又按照销售品牌进行汇总，如下图所示。

1 2 3 4		B	C	D	E	F	G
	1	店面	销售品牌	型号	销售单价	销售数量	销售金额
	2	店面A	创维	55E33A	¥10,800.00	18	¥194,400.00
	3	店面A	创维	50E33A	¥5,996.00	27	¥161,892.00
	4	店面A	创维	65A5	¥15,200.00	14	¥212,800.00
	5		创维 汇总			59	
	6	店面A	华为	OSCA-5	¥12,000.00	18	¥216,000.00
	7	店面A	华为	V65	¥28,000.00	29	¥812,000.00
	8	店面A	华为	V75	¥52,000.00	20	¥1,040,000.00
	9		华为 汇总			67	
	10	店面A	小米	70英寸巨屏	¥13,200.00	29	¥382,800.00
	11	店面A	小米	L65M54X	¥10,796.00	19	¥205,124.00
	12	店面A	小米	E55X 4K	¥7,000.00	10	¥70,000.00
	13		小米 汇总			58	
	14	面A 汇总					¥3,295,016.00
	15	店面B	创维	50E33A	¥5,996.00	19	¥113,924.00
	16	店面B	创维	65A5	¥15,200.00	20	¥304,000.00
	17	店面B	创维	55E33A	¥10,800.00	25	¥270,000.00
	18		创维 汇总		查看多级分类汇总结果		

4. 数据透视表

通过数据透视表可以根据需求动态地分析数据，还可以更改数据的显示方式，下面介绍具体操作方法。

Step 01 将光标定位在表格内任意单元格中❶，切换至"插入"选项卡，单击"数据透视表"按钮❷，如下图所示。

Step 02 打开"创建数据透视表"对话框，在"请选择要分析的数据"区域中显示表格的数据区域，保持"新工作表"单选按钮为选中状态，单击"确定"按钮，如下图所示。

Step 03 即可在新工作表中创建空白的数据透视表，同时打开"数据透视表"导航窗格，如下图所示。

Step 04 在导航窗格中将"销售品牌"和"型号"字段拖至"行"区域，如下图所示。

Step 05 在数据透视表中显示品牌和型号的内容，在下方自动添加"总计"行，如下图所示。

Step 06 根据相同的方法将"销售数量"和"销售金额"字段拖至"值"区域，将"店面"拖至"筛选器"区域中，如下图所示。

添加值字段效果

Step 07 单击"店面"右侧下三角按钮❶，在列表中选择"店面A"❷，单击"确定"按钮❸，如下图所示。

Step 11 可见数据透视表中汇总各品牌的销量的最大值，如下图所示。

查看设置汇总方式的效果

Step 08 在数据透视表中显示所有店面A的数据，如下图所示。

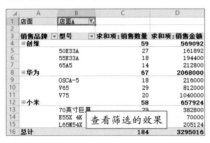

查看筛选的效果

Step 12 光标定位在销售金额列，打开"值字段设置"对话框，在"值显示方式"选项卡中设置为"列汇总的百分比"，如下图所示。

设置

Step 09 选择"销售数量"列任意单元格❶，单击"分析"选项组中"字段设置"按钮❷，如下图所示。

Step 13 单击"确定"按钮，可见销售金额列的数据以百分比形式显示，如下图所示。

查看值显示方式的效果

Step 10 打开"值字段设置"对话框，在"值汇总方式"选项卡中选择"最大值"选项❶，单击"确定"按钮❷，如下图所示。

10.2.4 使用图表展示数据

▶▶▶ 工作表中的数据比较多时，可以通过图表将数据图形化。本案例需要统计出各品牌的销售金额，然后通过饼图展示各品牌所占的比例。

1. 计算各品牌销售金额

在日销售统计表中统计各品牌不同型号的销售金额，首先要计算各品牌的总销售金额。下面介绍具体操作方法。

Step 01 选择C1:C28单元格区域❶，切换至"公式"选项卡，单击"指定"按钮❷，如下图所示。

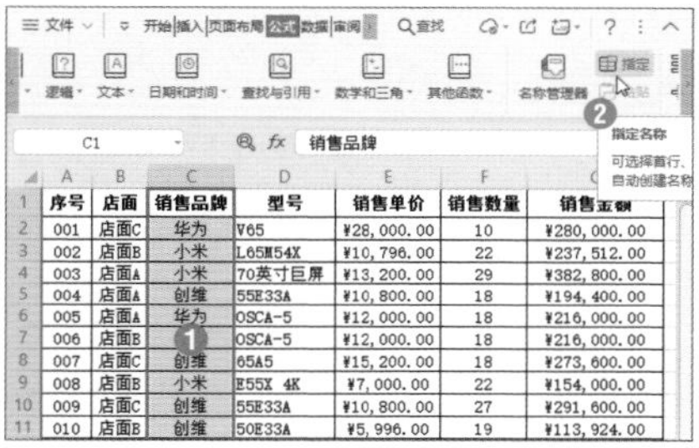

Step 02 打开"指定名称"对话框，只勾选"首行"复选框❶，单击"确定"按钮❷，如下图所示。

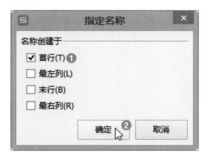

Tips 操作解迷

使用公式进行计算时，可以为某单元格区域或单元格定义名称，在计算时直接输入名称即可，而且不需要考虑引用的问题。

Step 03 此时即可为C2:C28单元格区域定义名称，名称为C1单元格中的内容，选中C2:C28单元格区域，在名称框中显示名称，如下图所示。

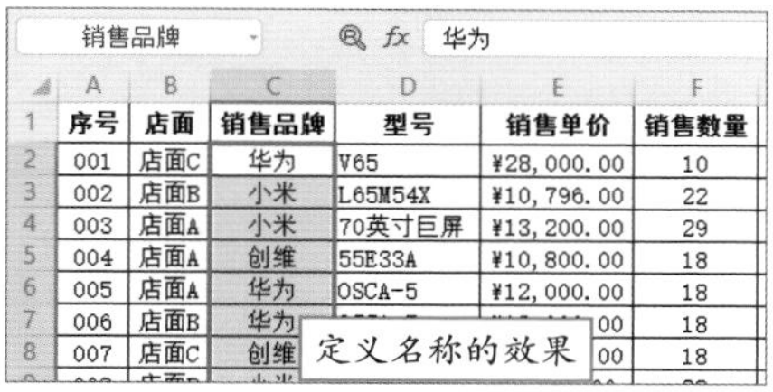

Step 04 选中G2:G28单元格区域❶，在名称框中输入"销售金额"，按Enter键❷，即可完成定义名称操作，如下图所示。

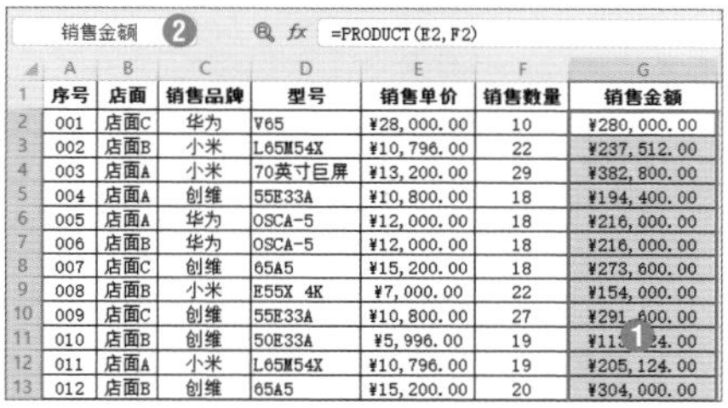

Step 05 在I1:K4单元格区域中完善表格，选中J2单元格❶，单击编辑栏中"插入函数"按钮❷，如下图所示。

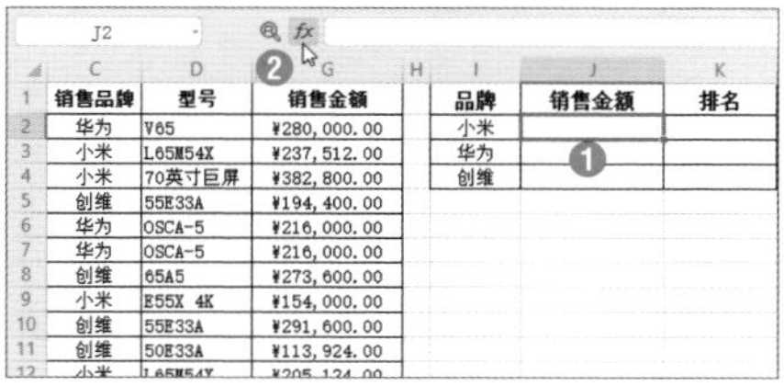

知识充电站!!!

用户也可以切换至"公式"选项卡，单击"插入函数"按钮。如果用户对使用的函数比较了解可以直接输入函数和引用的参数，如果不熟悉可以使用本案例的方法。

Step 06 打开"插入函数"对话框，设置"或选择类别"为"数据与三角函数"❶，然后选择SUMIF函数❷，单击"确定"按钮❸，如下图所示。

Step 07 打开"函数参数"对话框，在"区域"文本框中输入"销售品牌"，"条件"文本框中输入I2，"求和区域"中输入"销售金额"❶，单击"确定"按钮❷，如下图所示。

Tips 操作解迷

在"函数参数"对话框中输入的"销售品牌"和"销售金额"均为之前定义的名称。

Step 08 返回工作表中并将公式向下填充，效果如下图所示。

fx	=SUMIF(销售品牌,I2,销售金额)		
G	H I	J	K
销售金额	品牌	销售金额	排名
¥280,000.00	小米	¥1,620,812.00	
¥237,512.00	华为	¥6,432,000.00	
¥382,800.00	创维	¥1,990,104.00	
¥194,400.00			
¥216,000.00			
¥216,000.00	向下填充公式		

Step 09 在K2单元格中输入"=RANK(J2,$J$2:$J$4)"公式，按Enter键计算，将公式向下填充即可计算出各品牌销售总金额的排名，如下图所示。

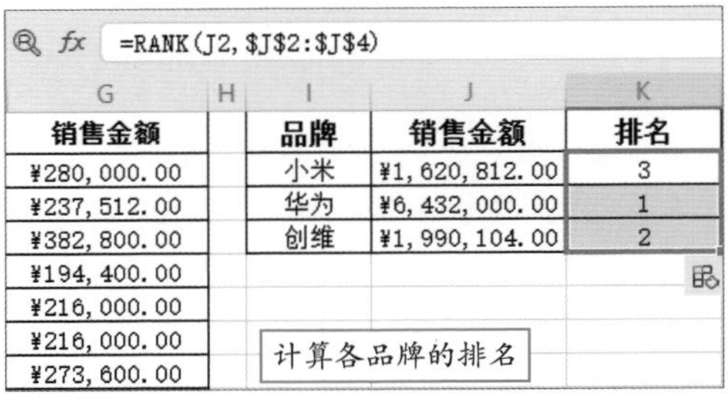

fx	=RANK(J2,$J$2:$J$4)		
G	H I	J	K
销售金额	品牌	销售金额	排名
¥280,000.00	小米	¥1,620,812.00	3
¥237,512.00	华为	¥6,432,000.00	1
¥382,800.00	创维	¥1,990,104.00	2
¥194,400.00			
¥216,000.00			
¥216,000.00	计算各品牌的排名		
¥273,600.00			

Tips 操作解迷

RANK函数是求某数值在某一区域内的排名。表达式：RANK(数值,引用,[排位方式])

2. 使用圆环图展示销售金额

使用圆环图可以显示每个数值相对于总数值的大小。在本案例中可以直观地展示各品牌的销售金额比例。下面介绍具体操作方法。

Step 01 选中I1:J4单元格区域❶，切换至"插入"选项卡，单击"插入饼图或圆环图"下三角按钮❷，在列表中选择圆环图图表类型❸，如下图所示。

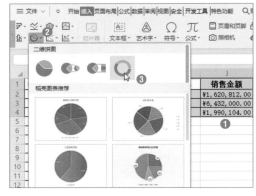

知识充电站‼️

选择单元格区域后，用户也可以单击"插入"选项卡中的"全部图表"按钮，在打开的"插入图表"对话框中选择"饼图"选项，在右侧选择合适的图表样式，单击"插入"按钮即可。

Step 02 即可在当前工作表中显示圆环图，图表的标题默认为数据列的标题，如下图所示。

查看圆环图表效果

Step 03 选中图表❶，切换至"图表工具"选项卡，单击"更改颜色"下三角按钮❷，在列表中选择合适的颜色即可更改各扇区的颜色❸，如下图所示。

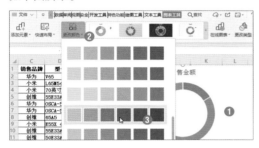

Step 04 圆环图的各扇区的颜色应用选中的颜色。选中图例按Delete键删除，如下图所示。

更改扇区颜色的效果

Step 05 选中图表，单击"图表工具"选项卡中"添加元素"下三角按钮❶，在列表中选择"数据标签>更多选项"选项❷，如下图所示。

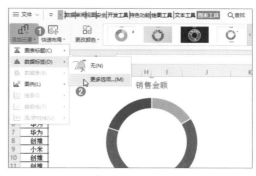

Step 06 打开"属性"导航窗格，在"标签选项"选项区域中勾选"类别名称"和"百分比"复选框❶，取消勾选"值"复选框❷，设置分隔符为"逗号"❸，如下图所示。

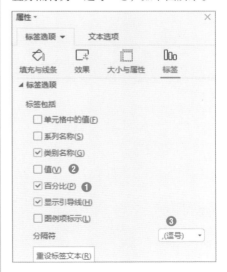

Step 07 可见在图表中数据标签显示品牌的名称和百分比，如下图所示。

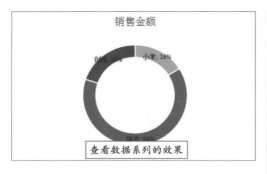

查看数据系列的效果

Step 08 选中圆环扇区并右击，在快捷菜单中选择"设置数据系列格式"命令，如下图所示。

选择

Step 09 在打开的导航窗格的"系列选项"区域中设置"圆环图内径大小"为50%，如下图所示。

设置

知识充电站

设置"圆环分离程度"可以调整各扇区之间的距离。

Step 10 在标题文本框中输入标题文本，选中图表中的文本，在"开始"选项卡中设置字体格式，如下图所示。

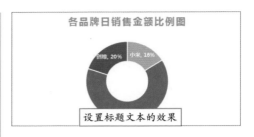

设置标题文本的效果

Step 11 选中图表，在"绘图工具"选项卡中设置无填充和无轮廓，效果如下图所示。

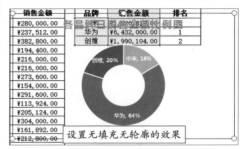

设置无填充无轮廓的效果

Step 12 切换至"插入"选项卡，单击"图片"下三角按钮❶，在列表中选择"本地图片"选项❷，如下图所示。

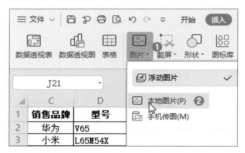

Step 13 打开"插入图片"对话框，选择准备好的3张图片❶，单击"打开"按钮❷，如下图所示。

Step 14 选择背景图片❶，单击"图片工具"选项卡中"下移一层"下三角按钮❷，在列表中选择"置于底层"选项❸，如下图所示。

Step 15 将图表调整至合适大小并移动到背景图片上，使圆环图覆盖图片中的月亮部分，如下图所示。

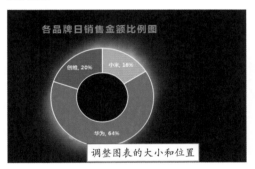

调整图表的大小和位置

Step 16 将其他两张图片适当缩小放在圆环图的中间，选中两张图片❶，单击浮动工具栏中"水平居中"按钮❷，如下图所示。

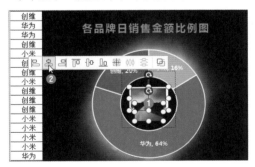

知识充电站

用户也可以单击"图片工具"选项卡中"对齐"下三角按钮，在列表中选择"水平居中"选项。

Step 17 选择下方图片❶，单击"图片工具"选项卡❷中"图片轮廓"下三角按钮❸，在列表中选择"线条样式>3磅"选项，然后再选择白色❹，如下图所示。

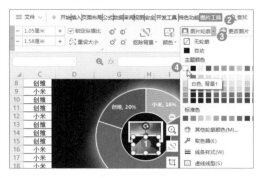

Step 18 切换至"插入"选项卡，单击"文本框"下三角按钮，在列表中选择"横向标准文本框"选项。在圆环图表右侧创建文本框并输入文本设置格式，如下图所示。

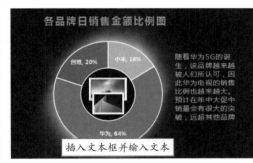

插入文本框并输入文本

Step 19 选择图片、图表和文本框❶，切换至"图片工具"选项卡❷，单击"组合"下三角按钮❸，在列表中选择"组合"选项❹，即可将选中元素组合在一起，如下图所示。

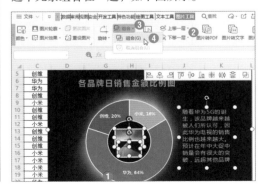

10.2.5　设置允许编辑的区域

▶▶▶ 为了规范进销存的表格，可以在表格中设置允许用户编辑的区域，从而有效地保护其他单元格区域的信息。

扫码看视频

Step 01 选择E5:F13和H5:H13单元格区域①，切换至"审阅"选项卡，单击"允许用户编辑区域"按钮②，如下图所示。

Tips

操作解迷

在设置允许用户可编辑的单元格区域时，首先要选择可编辑的单元格区域，未选中的为保护区域。

Step 02 打开"允许用户编辑区域"对话框，单击"新建"按钮，如下图所示。

单击

Step 03 打开"新区域"对话框，设置标题①和区域密码，密码为666666②，单击"确定"按钮③，如下图所示。

Step 04 打开"确认密码"对话框，重新输入设置的密码①，单击"确定"按钮②，如下图所示。

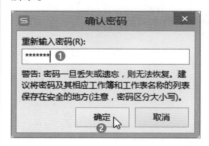

Step 05 返回到上级对话框，在列表框中显示添加的单元格区域和名称，然后单击"保护工作表"按钮，如下图所示。

单击

Step 06 打开"保护工作表"对话框，在"密
码"数值框中输入保护密码，如888888❶，单
击"确定"按钮❷，如下图所示。

Step 07 打开"确认密码"对话框，输入保护密
码❶，单击"确定"按钮❷，如下图所示。

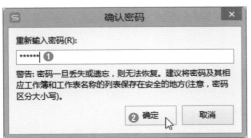

Step 08 设置完成后，返回工作表中，如果需要
修改允许编辑的区域，则打开"取消锁定区
域"对话框，只有输入正确的密码666666，才
能修改数据，如下图所示。

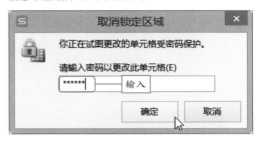

Step 09 如果用户修改允许编辑区域之外的单元
格，则弹出提示对话框，如下图所示。

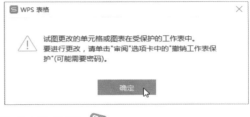

10.3 制作公司简介/产品宣传演示文稿

公司在各种展览会上都需要对公司以及产品进行宣传，让浏览者快速了解公司和产品。在本节中将介绍使用WPS演示制作公司简介演示文稿，创建完成后的效果，如下图所示。

思／路／分／析

制作公司简介/产品宣传演示文稿，是根据结构进行介绍的，首先介绍封面页和结束页，因为两页设计和排版是一样的，其次介绍目录页，接着是转场页，最后介绍正文页的制作，此处只介绍形状、图表和图片的应用。制作公司简介/产品宣传演示文稿的流程如下图所示。

制作公司简介/产品宣传演示文稿	制作封面页和结束页	设计幻灯片的母版
		制作封面页
		制作结束页
	制作目录页	设计目录页的文本
		添加形状
	制作转场页	
	制作内容页	图表的应用
		形状和图标的应用
		图片的应用
	添加动画效果	为元素应用动画
		设置切换动画

10.3.1 制作封面页和结束页

▶▶▶ 放映演示文稿时首先看到的是封面页，所以封面页是浏览者对演示文稿的第一印象。封面页的语言要简洁、突出主题，还要进行相关设计。结束页一般呼应封面。

扫码看视频

1. 设计幻灯片的母版

在制作公司简介演示文稿时，采用图片作为幻灯片背景，为了减少在每张幻灯片中重复设置背景，可以在幻灯片母版中设计。下面介绍具体操作方法。

Step 01 新建空白演示文稿，并保存为"公司简介"，默认为16∶9的宽度，如下图所示。

Step 02 切换至"视图"选项卡，单击"幻灯片母版"按钮，如下图所示。

知识充电站

用户也可以单击"设计"选项卡中"编辑母版"按钮。

Step 03 进入幻灯片母版状态，选择第1张缩略图❶，该幻灯片为母版，单击"插入"选项卡中"图片"按钮❷，选择"本地图片"选项❸，如下图所示。

Step 04 在打开的"插入图片"对话框中选择合适的图片，单击"打开"按钮，即可插入选中的图片，可见所有幻灯片都添加了该图片，如下图所示。

Step 05 选择插入的图片❶，切换至"图片工具"选项卡❷，单击"裁剪"下三角按钮，❸在列表中选择"按比例裁剪"选项，在列表中选择16:9选项❹，如下图所示。

Step 06 此时出现16:9的裁剪框，适当调整图片的大小和位置，并将所需要的图片区域移到裁剪框内，如下图所示。

裁剪图片

Step 07 在空白处单击，退出裁剪图片状态。调整图片大小并充满整张幻灯片，如下图所示。

调整图片

Step 08 选中图片❶，在"图片工具"选项卡❷中单击"旋转"下三角按钮❸，在列表中选择"水平翻转"选项❹，如下图所示。

Step 09 单击"插入"选项卡❶中"形状"下三角按钮❷，在列表中选择"矩形"形状❸，如下图所示。

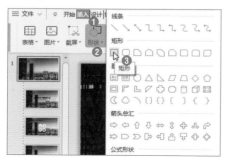

Step 10 在幻灯片中绘制和页面大小一样的矩形，右击矩形，在快捷菜单中选择"设置对象格式"命令，如下图所示。

选择

Step 11 打开"对象属性"导航窗格，在"填充"选项区域中选中"纯色填充"单选按钮❶，设置颜色为浅灰色❷，透明度为30%❸，如下图所示。

Step 12 此时可以透过矩形看到下方的图片，单击"幻灯片母版"选项卡中"插入版式"按钮，如下图所示。

单击

Step 13 在缩略图的最下方插入新的版式，删除所有文本框，右击该缩略图，在快捷菜单中选择"重命名版式"命令，如下图所示。

Step 14 打开"重命名"对话框，在"名称"文本框中输入"封面和结束"❶，单击"重命名"按钮❷，如下图所示。

Step 15 单击"幻灯片母版"选项卡的"关闭"按钮，即可退出母版模式，如下图所示。

2. 制作封面页

在创建封面页时，文字要简洁、能概括主题。在本案例中除了文字外，再适当添加形状进行修饰，下面介绍具体操作方法。

Step 01 切换至"开始"选项卡，单击"新建幻灯片"下三角按钮❶，在列表中的"新建"区域中选择设置的"封面和结束"版式❷，如下图所示。

Step 02 选择原有的幻灯片，按Delete键将其删除，如下图所示。

Step 03 切换至"插入"选项卡，单击"形状"下三角按钮❶，在列表中选择"梯形"形状❷，如下图所示。

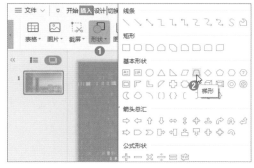

Step 04 在幻灯片的左侧绘制和幻灯片一样高的梯形，然后调整菱形控制点，如下图所示。

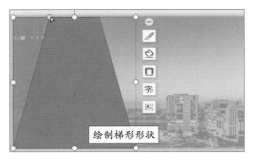

绘制梯形形状

Step 05 保持梯形为选中状态❶，单击"绘图工具"选项卡中"编辑形状"下三角按钮❷，在列表中选择"编辑顶点"选项❸，如下图所示。

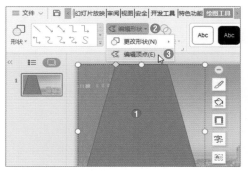

知识充电站

通过编辑梯形的顶点，可以调整形状的外观，以达到用户的需求。

Step 06 此时，梯形的四个角的控制点变为小黑色正方形，调整左上角控制点到幻灯片的左上角形成直角梯形，如下图所示。

编辑梯形形状

Step 07 选择梯形形状❶，单击"绘图工具"选项卡中"填充"下三角按钮❷，在列表中选择"其他填充颜色"选项❸，如下图所示。

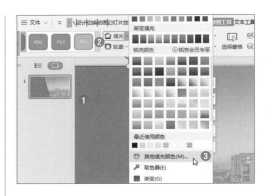

Step 08 打开"颜色"对话框，在"自定义"选项卡中设置红色为38、绿色为48、蓝色为49❶，单击"确定"按钮❷，如下图所示。

Step 09 返回演示文稿中单击"轮廓"下三角按钮，在列表中选择"无线条颜色"选项。梯形的效果如下图所示。

查看梯形效果

Step 10 右击梯形，在快捷菜单中选择"设置对象格式"命令。在打开的导航窗中设置阴影的参数，如下图所示。

Step 11 在"形状"列表中选择"直角三角形"形状，在页面中绘制三角形，如下图所示。

绘制直角三角形

Step 12 将三角形进行垂直翻转，然后编辑项点，效果如下图所示。

编辑直角三角形

Step 13 将三角形填充深红色，并设置无边框，如下图所示。

Step 14 绘制同侧圆角矩形形状，将其向右旋转90度，并移到三角形的上方，如下图所示。

绘制同侧圆角矩形

Step 15 设置同侧圆角矩形形状填充颜色为红色，无边框，如下图所示。

填充同侧圆角矩形

Step 16 选中三角形和矩形❶，单击浮动工具样中"左对齐"按钮❷，如下图所示。

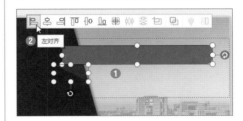

Step 17 选中矩形，打开"对象属性"导航窗格，设置阴影的参数，如下图所示。

知识充电站 !!

用户也可单击"绘图工具"选项卡中"对齐"下三角按钮，在列表中选择"左对齐"选项。

Step 18 复制三角形和矩形，适当缩小并放在下方，如下图所示。

复制形状

知识充电站 !!

用户可以对多个形状进行组合，选中所有形状，单击"绘图工具"选项卡中"组合"下三角按钮，在列表中选择"组合"选项。

Step 19 切换至"插入"选项卡❶，单击"文本框"下三角按钮❷，在列表中选择"横向标准文本框"选项❸，如下图所示。

Step 20 在幻灯片中绘制文本框，并输入"公司简介/产品宣传"文本，在"开始"选项卡中设置文本的格式，如下图所示。

设置文本格式

Step 21 单击"开始"选项卡中"文字阴影"按钮，如下图所示。

单击

Step 22 保持文本为选中状态❶，单击"开始"选项卡中"字体"按钮❷，如下图所示。

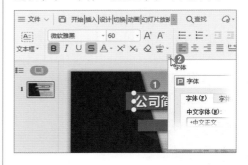

Step 23 打开"字体"对话框，在"字符间距"选项卡中设置"间距"为"加宽"❶、"度量值"为2磅❷，单击"确定"按钮，如下图所示。

Step 24 根据相同的方法添加其他文本并设置格式，如下图所示。

设置其他文本格式

Tips 操作解迷

在封面左侧文本为竖排文本，在"文本框"列表中选择"竖向"区域中的"竖向标准文本框"选项。

3. 制作结束页

在本案例中为了与封面页相呼应使用和封面页一样的内容，下面介绍具体操作方法。

Step 01 选择封面页幻灯片缩略图❶，单击"开始"选项卡中"复制"按钮❷，如下图所示。

Step 02 删除英文的段落文本和标题文本，然后在标题文本框中输入"谢谢您的观看！"文本。结束页效果如下图所示。

结束页的效果

10.3.2 制作目录页

▶▶▶ 目录页是展示该演示文稿的结构，通过目录页观众可以了解到演示文稿共有几部分，每部分介绍什么内容等。在本案例中目录页展示各部分的标题内容，还添加形状进行修饰。

扫码看视频

1. 设计目录页的文本

在本案例中目录页除了包括各部分的标题外，还添加一段文本对标题进一步说明。在设置目录页文本时可以通过设置文本的大小、颜色等区分结构层次，下面介绍具体操作方法。

Step 01 在封面页下方新建空白的文档，然后创建横排文本框并输入"目录"文本，如下图所示。

输入文本内容

Step 02 切换至"文本工具"选项卡❶，设置文本字体格式，单击"字体颜色"下三角按钮❷，在列表中选择合适的渐变颜色❸，如下图所示。

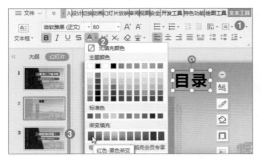

知识充电站！！！

用户如果需要进一步设置渐变效果，打开"对象属性"导航窗格，在"文本选项"选项卡的"填充"选项区域中设置，如下图所示。

Step 03 然后在"目录"文本下方绘制横排文本框并输入英文，设置文本格式。选中文本框设置水平居中对齐，然后组合在一起，如下图所示。

组合文本框

Step 04 然后输入其他方本，并设置格式。还需要注意文本之间的对齐方式，效果如下图所示。

输入其他文本并设置格式

2. 添加形状

目录页各部分文本排列在幻灯片的下方，需要添加形状进行修饰，下面介绍具体操作方法。

Step 01 单击"插入"选项卡中"形状"下三角按钮，在列表中选择"六边形"形状，在页面中绘制六边形并调整黄色控制点，如下图所示。

绘制并调整正六边形形状

Tips 操作解迷

在绘制其他形状时按住 Shift 键可以绘制正的形状，而绘制六边形时，不需要按住 Shift 键。

Step 02 右击六边形，在快捷菜单中选择"编辑顶点"命令，如下图所示。

Step 03 将光标定位在右侧顶点的边上合适的位置并右击，在快捷菜单中选择"添加顶点"命令，如下图所示。

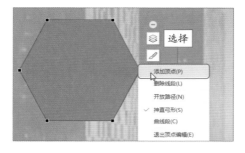

Step 04 根据相同的方法在另一条边上添加顶点，然后选中角控制点并右击，在快捷菜单中选择"删除顶点"命令，如下图所示。

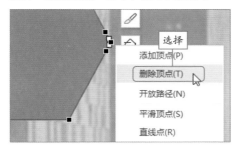

Step 05 调整添加顶点的控制点，制作成圆角的效果，如下图所示。

圆角的效果

Step 06 根据相同的方法调整其他5个角。打开"对象属性"导航窗格，设置渐变填充，如下图所示。

Step 07 然后再绘制正圆形，并填充灰色，选择六边形和圆形❶，单击浮动工具栏中"中心对齐"按钮❷，如下图所示。

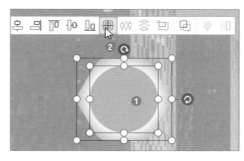

Step 08 复制正圆形并适当缩小，设置红色到深红色的渐变，并进行对齐操作，效果如下图所示。

复制圆形并设置填充

Step 09 再绘制小点的等腰三角形，填充浅灰色，复制3份，并放在小圆形的上下左右位置，最后设置六边形的阴影效果，如下图所示。

绘制并编辑三角形形状

Step 10 在中心位置插入文本框，输入01并设置格式，如下图所示。

输入文本并设置格式

Step 11 选择形状和文本框❶，单击浮动工具栏中"组合"按钮❷，如下图所示。

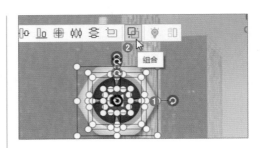

Step 12 最后复制3份组合的形状分别放在合适的位置，修改相关数据。目录页的最终效果，如下图所示。

目录页的效果

10.3.3 制作转场页

▶▶▶ 转场页一般在章节之间，可以提醒观众已经放映到哪个部分，以便于观众能够迅速调整状态进入下一节的内容。转场页一般包括序号和标题文本，下面介绍制作转场页的操作。

扫码看视频

Step 01 在目录页下方新建空白幻灯片，复制封面页中红色的形状，如下图所示。

复制幻灯片

知识充电站!!

在演示文稿中转场页的设计都是相同的，本案例以第一部分为例介绍，其他转场页只需要修改相关文本即可。

Step 02 通过编辑顶点将三角形调整为直角三角形，如下图所示。

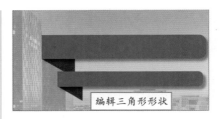

编辑三角形形状

Step 03 然后调整形状的位置，设置形状的填充颜色为黑色，如下图所示。

调整形状的位置

Step 04 然后输入相关文本，并设置文本的格式。调整形状的位置，效果如下图所示。

转场页的效果

10.3.4　制作内容页

▶▶▶ 内容页介绍演示文稿主要内容，在制作内容页时可以通过文本、形状、图片和图表等元素展示内容。本部分主要介绍图表、形状和图片的应用。

扫码看视频

1. 图表的应用

在介绍WPS表格时也介绍图表的应用，用户熟悉了图表的制作后在演示文稿中就可以轻松使用。下面介绍具体的操作方法。

Step 01 进入幻灯片母版视图，插入版式并重命名为"正文内容"❶，单击"重命名"按钮❷，在打开的对话框中设置，如下图所示。

Step 02 删除幻灯片下方的文本框，然后插入矩形形状，并设置填充颜色为深黑色，并放在幻灯片左上角位置，如下图所示。

绘制并设置矩形

Step 03 再绘制同侧圆角矩形，适当调整大小并旋转，再填充红色，移到矩形的右侧，如下图所示。

绘制同侧圆角矩形

Step 04 选中文本占位符并设置位于顶层，然后在"开始"选项卡中设置文本格式，效果如下图所示。

设置文本占位符

Step 05 在幻灯片中绘制矩形，其宽度与幻灯片宽度相同，设置填充颜色为浅灰色，透明度为10%，无边框，如下图所示。

绘制矩形形状并设置格式

Step 06 退出幻灯片母版视图，单击"开始"选项卡中"新建幻灯片"下三角按钮，在列表中选择"正文内容"幻灯片，如下图所示。

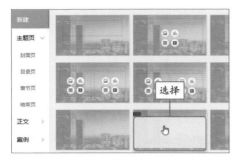

知识充电站

通过幻灯片母版可以对演示文稿进行统一，减少在每张幻灯片中设置相同元素的时间。

Step 07 在新建的幻灯片的文本框中输入01，再创建横排文本框输入标题名称并设置格式，如下图所示。

Step 08 切换至"插入"选项卡❶，单击"图表"按钮❷，如下图所示。

Step 09 打开"插入图表"对话框，选择"饼图"选项❶，然后选择圆环图❷，单击"插入"按钮❸，如下图所示。

Step 10 选择插入的图表并右击，在快捷菜单中选择"编辑数据"命令，打开WPS表格，然后输入统计的数据，如下图所示。

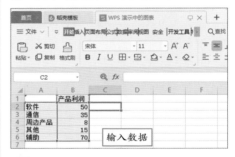

Tips **操作解迷**

在 WPS 中设置的数据中辅助数据是为了设置圆环图残缺效果，在之后的操作中会详细介绍。

Step 11 图表中数据也发生相应的变化，效果如下图所示。

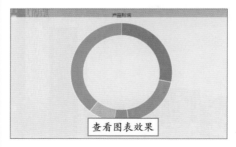

Step 12 选中图表的扇区并右击，在快捷菜单中选择"设置对象格式"命令，在打开的导航窗格中设置相关参数，如下图所示。

Step 13 设置完成后，可见圆环变细并分离，如下图所示。

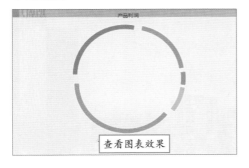

查看图表效果

Step 14 选择图例按Delete键删除，在"辅助"扇区上连续单击两次，在"绘图工具"选项卡中设置无填充和无轮廓，效果如下图所示。

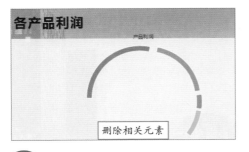

删除相关元素

Tips 操作解迷

在图表中设置数据系列为无填充和无轮廓时，该数据系列并不是被删除了，而是设置为透明，它依旧存在。

Step 15 然后分别选中各扇区，在"绘图工具"选项卡中设置不同的填充颜色，如下图所示。

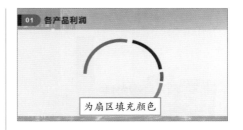

为扇区填充颜色

Step 16 复制一份图表并适当缩小，然后将两个图表进行中心对齐，效果如下图所示。

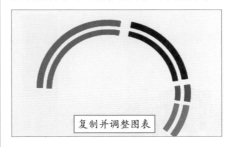

复制并调整图表

Step 17 选择小图表的数据系列并右击，在快捷菜单中选择"设置对象格式"命令，在打开的导航窗格中设置"圆环图内径大小"为35%，效果如下图所示。

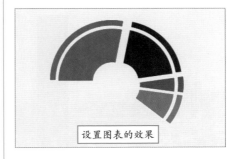

设置图表的效果

Step 18 绘制正圆形并填充浅灰色，设置和图表中心对齐，然后将其置于底层，效果如下图所示。

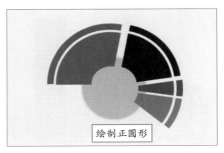

绘制正圆形

Step 19 切换至WPS表格中，选中C2单元格输入"=B2/SUM($B$2:$B$5)"公式，按Enter键执行计算，并向下填充公式。设置C2:C5单元格区域格式为百分比，如下图所示。

计算相关数据

Step 20 将计算的百分比通过文本框的形式输入在对应的扇区外，并适当进行旋转，如下图所示。

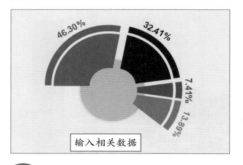

输入相关数据

Tips 操作解迷

此时有用户不明白，添加百分比可以通过添加数据标签，然后再设置显示的内容来实现。因为此处有辅助数据，所以数据标签的百分比不是各产品真实的比例。

Step 21 然后绘制正圆形和直线，从每个扇区指向图表外，根据实际情况调整，如下图所示。

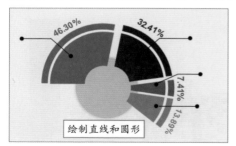

绘制直线和圆形

Step 22 最后输入相关文本，并设置格式，最终效果如下图所示。

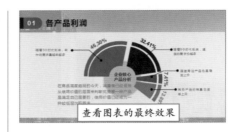

查看图表的最终效果

2. 形状和图标的应用

在制作演示文稿时形状是必不可少的，它可以划分区域、修饰文本等。用户也可以使用图标代替文本，但是图标的可视度要高。下面介绍具体操作方法。

Step 01 新建一个"正文内容"幻灯片，输入序号和标题文本。单击"插入"选项卡中"形状"下三角按钮在列表中选择"泪滴形"形状，按住Shift键在幻灯片中绘制该形状，如下图所示。

绘制泪滴形形状

Tips 操作解迷

用户在绘制形状时，按住 Shift 键可以绘制正的形状；按 Shift+Ctrl 组合键可以绘制以单击点为中心的正形状；按 Ctrl 键可绘制以单击点为中心的形状。

Step 02 调整黄色控制点稍微向右上角移动，再设置形状的宽度高度均为4.5厘米，效果如下图所示。

调整后的效果

Step 03 复制3份形状，通过设置旋转将其移到合适的位置，并且注意对齐，如下图所示。

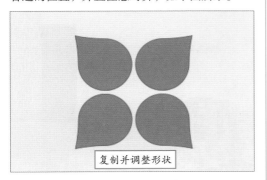

复制并调整形状

Step 04 将4个形状进行组合并右击，在快捷菜单中选择"设置对象格式"命令，在打开的导航窗格的"大小"选项区域中设置旋转为45度，如下图所示。

Step 05 然后分别设置各形状的填充颜色，红色和黑色交叉，效果如下图所示。

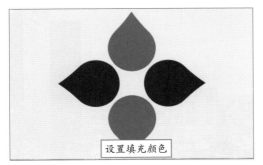

设置填充颜色

Step 06 再绘制正圆形并移到4个形状的中心位置。设置填充颜色为深红色，边框为白色，宽度为2.25磅，效果如下图所示。

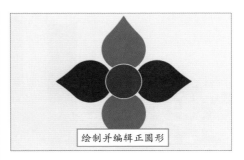

绘制并编辑正圆形

Step 07 单击"插入"选项卡中"图片"下三角按钮，在列表中选择"本地图片"选项，在打开的对话框中选择需要插入的图片❶，单击"打开"按钮❷，如下图所示。

Step 08 调整图片的大小，并移到合适的位置，通过"对齐"功能或者参考线进行对齐，效果如下图所示。

添加图标的效果

> **Tips 操作解迷**
>
> 用户在使用图标时，要注意以下两点事项：
> 1. 使用辨识度高的图片，例如展示目标时可以使用靶心图标。
> 2. 使用同一类型的图标，图标有线条、色块、边框等几种形状。

Step 09 然后在每个形状和图标的周围输入相关的文本说明，注意对齐方式。至此应用形状和图标的幻灯片制作完成，效果如下图所示。

查看最终效果

3. 图片的应用

一图抵万言说明图片的展示效果要远比文本好，因为图片容易吸引观众，不会造成太大的阅读压力。下面介绍图片的应用方法。

Step 01 新建"正文内容"幻灯片，输入序号和标题文本，如下图所示。

输入文本内容

Step 02 单击"插入"选项卡中"图片"下三角按钮，在列表中选择"本地图片"选项，在打开的对话框中选择需要插入的图片❶，单击"打开"按钮❷，如下图所示。

Step 03 选择一张插入的图片❶，单击"图片工具"选项卡❷中"裁剪"下三角按钮❸，在"按比例裁剪"的区域中选择4:3选项❹，如下图所示。

Step 04 在图片上方出现4:3裁剪框，调整图片的大小和位置，使需要的部分在裁剪框内，如下图所示。

裁剪图片

Step 05 在空白处单击完成裁剪，根据相同的方法裁剪其他图片，效果如下图所示。

裁剪其他图片

Step 06 选中3张图片❶，在"图片工具"选项卡中设置高度为5.8厘米❷，按Enter键即可将图片设置为统一的大小，如下图所示。

Tips 操作解迷

在执行此操作时，确定"图片工具"选项卡中"锁定纵横比"的复选框为选中状态，否则图片会变形。

知识充电站 🔋🔋

用户在裁剪图片时，可以裁剪成形状，选中图片，单击"图片工具"选项卡中"裁剪"下三角按钮，在列表中选择合适的形状，如选择椭圆形状，适当调整图片大小和位置，效果如下图所示。

Step 07 再绘制矩形形状，其大小和图片一样，并复制2份，如下图所示。

绘制矩形形状

Step 08 将两张图片和一个矩形形状放在上一层，其他放在下一层。图片和形状交替排列，如下图所示。

调整图片和矩形的位置

Step 09 设置第一层的矩形填充颜色为黑色，透明度为30%，无边框；第二层两个矩形填充颜色为深红色，透明度为30%，无边框，如下图所示。

填充矩形形状

知识充电站 🔋🔋

用户也可以为图片添加边框和效果，选中图片，在"图片工具"选项卡中设置"图片轮廓"和"图片效果"即可，如下图所示。

Step 10 然后在矩形中输入相关文本并设置格式，选择所有图片、矩形和文本并组合在一起，设置水平对齐。至此，完成图片的应用，效果如下图所示。

查看最终效果

知识充电站 🔋🔋

在对图片进行排版时是比较灵活的，可以为左图右文或上图下文等。左图右文的效果如下图所示。

Chapter 10 WPS文字、表格和演示的应用

10.3.5 添加动画效果

▶▶▶ 在WPS演示中动画分为两大类，一种是幻灯片中各元素的动画；另一种是幻灯片之间的动画。为演示文稿添加动画效果可以起到画龙点睛的作用，但是要注意动画要符合内容的逻辑。

扫码看视频

1. 为元素应用动画

下面以封面为例介绍动画的添加和设置方法，具体操作如下。

Step 01 选择梯形形状❶，切换至"动画"选项卡，选择"飞入"动画❷，可见梯形从下向上进入页面，如下图所示。

Step 02 再单击"动画"选项卡中"自定义动画"按钮，在打开的导航窗格中设置方向为"自左侧"，如下图所示。

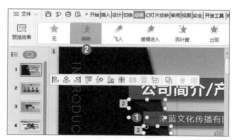

Step 03 选择两个三角形❶，并应用"擦除"动画❷，如下图所示。

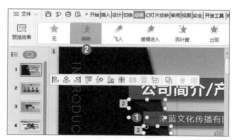

Step 04 在"自定义动画"导航窗格中设置"方向"为"自右侧"、"速度"为"快速"，如下图所示。

Step 05 为两个同侧圆角矩形应用擦除动画，设置从左向右出现，速度为"快速"，如下图所示。

知识充电站

在WPS演示中动画分为进入、强调、退出和路径几种，用户根据需要选择合适的动画效果。

Step 06 选择竖排文本框，设置自上而下的擦除效果，逐个显示文本，如下图所示。

Step 07 为段落文本和公司名称文本应用"上升"动画效果。选择"公司简介/产品宣传"文本❶，应用"颜色打字机"动画❷，如下图所示。

Step 08 在导航窗格中单击"公司简介"文本的下三角按钮❶，在列表中选择"效果选项"选项❷，如下图所示。

Step 09 打开"颜色打字机"对话框，设置辅助颜色为白色❶，"声音"为"打字机"❷，单击"确定"按钮❸，如下图所示。然后设置所有动画为"从上一项之后开始"，动画设置完成。

2. 设置切换动画

　　为幻灯片添加切换动画，在放映时不会太生硬，下面介绍具体操作方法。

Step 01 选择第2张幻灯片❶，切换至"切换"选项卡，应用"淡出"切换动画❷，如下图所示。

Step 02 在"切换"选项卡中设置速度为1秒❶，单击"应用到全部"按钮❷，即可为所有幻灯片应用相同的淡出效果，如下图所示。

知识充电站!!!

> 在"切换"选项卡中勾选"自动换片"复选框，可以设置自动切换的时间。

知/识/大/迁/移

WPS表格的常用技巧

1. 有效性的应用

在制作表格时，为了规范输入的数据可以使用"有效性"功能，可以规定单元格区域输入数值、日期以及文本的范围。下面以"库存表"为例介绍有效性的使用方法。

Step 01 打开"2020年5月1日进销存报表.xlsx"工作簿，复制"库存表"工作表，选择E5:H13单元格区域❶，单击"数据"选项卡❷中"有效性"按钮❸，如下左图所示。

Step 02 打开"数据有效性"对话框，在"设置"选项卡中设置"允许"为"整数"❶、"数据"为"大于或等于"❷、"最小值"为1❸，如下右图所示。

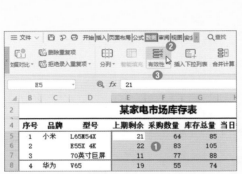

Step 03 切换至"出错警告"选项卡，设置"标题"和"错误信息"的内容❶，单击"确定"按钮❷，如下左图所示。

Step 04 返回工作表中，在指定的区域必须输入规定的数值，如果输入小数或负数则弹出提示信息，如输入21.5，效果如下右图所示。

型号	上期剩余	采购数量	库存总量	当日销量
L65M54X	21.5	64	85	47
E55X 4K				61
70英寸巨屏				52
V65	19	55	74	69
OSCA-5	28	64	92	50
V75	19	52	71	75
50E33A	26	65	91	74
55E33A	12	79	91	70
65A5	10	54	64	52

请输入正确的数据！
所有产品以整数采购！

Step 05 选中C5:C13单元格区域，打开"数据有效性"对话框，在"设置"选项卡中设置"允许"为"序列"❶，在"来源"文本框中输入"小米,华为,创维"❷，文本之间使用英文半角状态的逗号隔开，如下左图所示。

Step 06 切换至"输入信息"选项卡，在"标题"和"输入信息"文本框中输入相关文本❶，单击"确定"按钮❷，如下右图所示。

Step 07 选中该单元格区域内任意单元格，单击右侧下三角按钮，显示规定输入的内容，选择相关选项即可完成输入。同时在选中单元格下方显示设置的输入信息的文本，如下图所示。

某家电市场库存表

序号	品牌	型号	上期剩余	采购数量	库存总量	当日销量	补充库存
1	小米	L65M54X	21	64	85	47	否
2		55X 4K	22	83	105	61	否
3		请输入合作的品牌！	11	77	88	52	否
4		合作的3个	19	55	74	69	及时补充
5			28	64	92	50	否
6		V75	19	52	71	75	请调整销量
7	创维	50E33A	26	65	91	74	及时补充
8		55E33A	12	79	91	70	否
9		65A5	数据验证的效果		64	52	及时补充

2. 套用表格样式

WPS表格中内置几十种表格样式，用户可以直接套用美化表格，也可以对表格进行筛选和汇总，下面介绍具体操作方法。

Step 01 将光标定位在表格中❶，单击"开始"选项卡❷中"表格样式"下三角按钮❸，在列表中选择合适的样式❹，如下图所示。

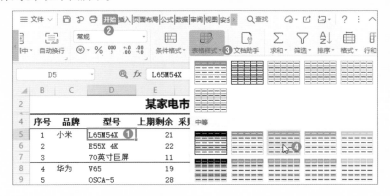

Step 02 打开"套用表格样式"对话框，选中"转换成表格，并套用表格样式"单选按钮❶，保持"表包含标题"和"筛选按钮"复选框为勾选状态，单击"确定"按钮❷，如下左图所示。

Step 03 返回工作表中可见表格中数据应用选中的样式，标题右侧有筛选按钮，可以对数据进行筛选，如下右图所示。

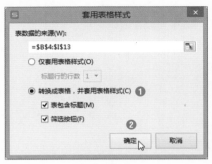

Step 04 切换至"表格工具"选项卡，勾选"汇总行"复选框，如下左图所示。

Step 05 在表格最下方添加汇总行，选中E14单元格，单击右侧下三角按钮，在列表中选择"求和"选项，如下右图所示。

Step 06 即可在E14单元格中汇总上方的所有数据之和，在编辑栏中显示使用SUBTOTAL函数汇总数据，如下图所示。

	A	B	C	D	E	F	G	H	I
2					某家电市场库存表				
4		序号	品牌	型号	上期剩余	采购数量	库存总量	当日销量	补充库存
5		1	小米	L65M54X	21	64	85	47	否
6		2		E55X 4K	22	83	105	61	否
7		3		70英寸巨屏	11	77	88	52	否
8		4	华为	V65	19	55	74	69	及时补充
9		5		OSCA-5	28	64	92	50	否
10		6		V75	19	52	71	75	请调整销量
11		7	创维	50E33A	26	65	91	74	及时补充
12		8		55E33A	12	79	91	70	否
13		9		65A5	10	54		52	及时补充
14		汇总			168				9

E14 编辑栏：=SUBTOTAL(109,[上期剩余])

查看计算结果

  在"套用表格样式"对话框中如果选中"仅套用表格样式"单选按钮，则表格只应用表格样式，不显示筛选按钮也不能汇总数据。

Chapter

11

图像的编辑

本章导读

Photoshop是Adobe公司推出的一款图像处理软件，具有强大的兼容能力和专业的图像处理功能，广泛应用于平面广告设计、插画设计、网页设计等领域，深受平面设计人员和图形图像处理爱好者的喜爱。

本章从实用角度出发，结合制作家居装饰画效果图、制作包装盒效果图两个案例，介绍Photoshop的基本操作以及制作效果图的方法。本章涉及到的知识主要包括新建图像文档、置入图像文件、创建参考线、自由变换图像、图像的复制和粘贴及图像的透视变形等。

本章要点

1. 制作家居装饰画效果图

▶ 新建图像文件

▶ 置入图像文件

▶ 创建选区

▶ 创建参考线

▶ 自由变换图像

▶ 图像的复制与粘贴

▶ 图像的保存

2. 制作包装盒效果图

▶ 打开图像文件

▶ 使用多边形套索工具绘制选区

▶ 将选区复制为新图层

▶ 全选图像

▶ 创建消失点

▶ 将选区粘贴为消失点

▶ "正片叠底"混合模式

制作家居装饰画效果图

　　家居装饰画可以对家居环境进行点缀，在原有的家装设计的基础上增加亮点。家居装饰画效果图可以方便地展示出所选择的图像放置在家居环境中的实际效果，更便于购买者根据需求来挑选。家居装饰画效果图制作完成后的效果如下图所示。

　　家居装饰画效果图一般包括2项图像内容，分别为家居环境效果图和装饰画效果图。其中家居环境效果图作为装饰画展示的平台，装饰画效果图则主要展示所选择的图片应用在装饰画上的效果。制作家居装饰画效果图的流程如下图所示。

制作家居装饰画效果图	新建图像文件	
	置入图像文件	
	自由变换装饰画图像	创建选区
		创建参考线
		自由变换图像
	复制、粘贴选区和存储图像	复制、粘贴选区
		存储图像

11.1.1 新建图像文件

▶▶▶ 在制作家居装饰画效果图之前，首先需要启动Photoshop 2020，然后新建图像文件，设置图像的大小、背景等基本参数，下面介绍具体操作方法。

Step 01 单击桌面左下角的开始按钮❶，在打开的开始菜单中选择Adobe Photoshop 2020命令❷，打开Photoshop 2020，如下图所示。

Step 02 在菜单栏中单击"文件"按钮❶，在打开的菜单选择"新建"命令❷，如下图所示。

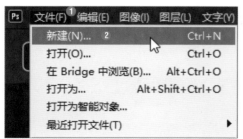

Step 03 在弹出的"新建文档"对话框右侧的"预设详细信息"区域中，设置文档名称为"家居装饰画效果图"❶，接着设置"宽度"为720像素、"高度"为540像素、"分辨率"为72像素/英寸❷，如下图所示。

Step 04 单击"颜色模式"下方的下三角按钮❶，在下拉列表中选择"RGB颜色"选项❷，单击"创建"按钮❸，即可完成图像文件的创建，如下图所示。

知识充电站‼

在 Photoshop 的主界面中单击"新建"按钮也可以进行图像文件的创建。

知识充电站‼

"RGB颜色"颜色模式适用于图像在显示设备上进行查看的情况。

11.1.2 置入图像文件

▶▶▶ 在对图像进行处理之前，需要将图像置入所创建的图像文件之中，然后对其大小和位置进行调整处理，下面介绍具体操作方法。

扫码看视频

Step 01 在菜单栏中单击"文件"按钮❶，在打开的菜单中选择"置入嵌入对象"命令❷，如下图所示。

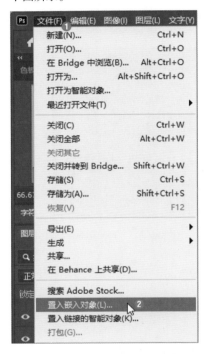

Step 02 在打开的"置入嵌入的对象"对话框中选中"家居"图像文件❶，单击"置入"按钮❷，如下图所示。

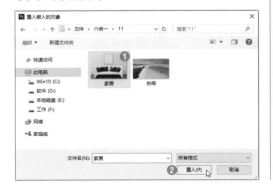

Step 03 "家居"图像文件置入到文档中后，将会自动显示为自由变换状态，按下Enter键即可确定置入，如下图所示。

按Enter键确定置入

Step 04 使用同样的方法置入"热带"图像文件，如下图所示。

置入"热带"图像

在系统的文件资源管理器中选中所需置入的图像文件，将其拖曳到目标文档中，也可以完成图像的置入。

11.1.3 自由变换装饰画图像

1. 创建选区

在使用Photoshop进行图像编辑的时候，往往会使用到选区工具。下面将使用矩形选框工具在画布上绘制矩形的选区，从而对图像进行处理，具体操作方法如下。

Step 01 在工具箱中的选框工具组上单击鼠标右键❶，在打开的列表中选择"矩形选框工具"❷，如下图所示。

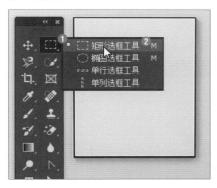

Step 02 使用矩形选框工具，按住鼠标左键在画布上进行拖曳，在相框内侧的部分绘制选区，如下图所示。

绘制选区

2. 创建参考线

在使用Photoshop进行图像处理的时候，还需要应用到一些辅助工具，如标尺、参考线

等。使用参考线可以精准地定位图像的位置，具体操作方法如下。

Step 01 在菜单栏中单击"视图"按钮❶，在打开的菜单中选择"标尺"命令❷，如下图所示。

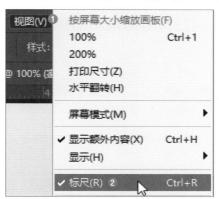

Step 02 将光标移动到标尺上❶，按住鼠标左键，向画布内拖曳出参考线，移动到选区周围，参考线将自动吸附在选区边缘❷，如下图所示。

3. 自由变换图像

在Photoshop中，用户可以对选区内的图像进行自由变换，如缩放、变形等。利用参考线的定位，可以精准地控制图像缩放的具体大

小，具体操作方法如下。

Step 01 在"图层"面板中选中"热带"图层，如下图所示。

Step 02 在菜单栏中执行"编辑❶>自由变换❷"命令，如下图所示。

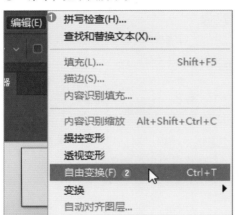

Step 03 将自由变换中的图像拖曳到参考线所在的位置，让图像的边缘自动吸附到参考线上，如下图所示。

拖曳图像

Step 04 调整图像四周的定界框，缩放图像，让图像的上边缘和下边缘都吸附在参考线上，并按Enter键确认变换结果，如下图所示。

缩放图像

11.1.4 复制、粘贴选区和存储图像

▶▶▶ 当只需要使用图像上的一部分内容时，可以对该部分内容建立选区，然后对选区内的图像进行复制和粘贴。图像制作完成后，还需要对文件的内容进行保存，下面介绍具体操作方法。

扫码看视频

1. 复制、粘贴选区

利用参考线的定位可以精确地绘制所需要的选区，然后对选区内的图像进行复制和粘贴，具体操作方法如下。

Step 01 在工具箱中选择矩形选框工具，依附参考线绘制选区，如下图所示。

绘制选区

Step 02 在菜单栏中执行"编辑❶>拷贝❷"命令，接着再执行"编辑❸>粘贴❹"命令，如下图所示。

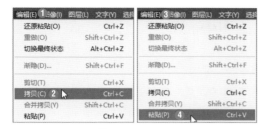

知识充电站!!

参考线的新建可以通过从标尺上拖曳来进行自由定位，也可以通过在菜单栏中执行"视图>新建参考线"命令，在弹出的"新建参考线"对话框中设置参考线的具体位置。当参考线被建立之后，如果不需要对参考线的位置进行修改调整，可以在菜单栏中执行"视图>锁定参考线"命令，将参考线锁定，以免在使用鼠标编辑图像的过程中发生对参考线的误操作。

当需要暂时隐藏参考线，查看图像的效果时，在菜单栏中执行"视图>显示额外内容"命令，即可将参考线暂时隐藏。

当需要清除参考线时，在菜单栏中执行"视图>清除参考线"命令，即可对参考线进行清除。

2. 存储图像

对图像的编辑和制作完成之后，还需要对文件的内容进行保存，具体操作方法如下。

Step 01 单击"热带"图层左侧的眼睛图标，取消图层的可见性，如下图所示。

Step 02 在菜单栏中执行"文件>存储为"命令，在弹出的"另存为"对话框中选择文件存储的路径❶，并设置"文件名"和"保存类型"❷，单击"保存"按钮❸，将文件保存在文件夹中，如下图所示。

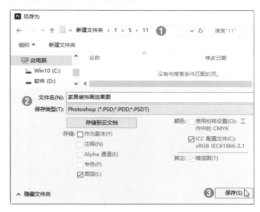

Tips 操作解迷

当一个文档中存在多个图层，或背景图层的锁定状态被修改时，在菜单栏中执行"文件>存储"命令，同样可以在弹出的"另存为"对话框中设置文件的存储路径、文件名和保存类型。

知识充电站!!

除了在菜单栏中执行"文件>存储为"命令之外，按Shift+Ctrl+S 组合键同样可以打开"另存为"对话框，从而对文件进行储存。在菜单栏中执行"文件>导出>导出为"命令，或按 Alt+Shift+Ctrl+W 组合键，在弹出的"导出为"对话框中选择图像的格式，可以快速将图像进行导出。在"导出为"对话框中，还可以轻松地对"图像大小"和"画布大小"进行设置，根据需要临时放大或缩小图像，而无需对原本的文件再次进行修改。

Photoshop 2020 中还有许多可以选择的文件导出方式，如"快速导出为 PNG"可以将文件快速导出为 PNG 格式；"将图层导出到文件"可以将某个单独的图层进行导出，用户可以根据实际的需要选择合适的图像存储方式。

11.2 制作包装盒效果图

案/例/简/介

无论在生活中寄送礼物还是作为商品出售，漂亮的包装都是必不可少的要素。一个合适的包装能够为商品或礼物增色，让商品或礼物更加赏心悦目。制作包装盒效果图，可以方便地展示出所选择的图案印刷在包装上的实际效果，从而更好地判断包装的设计是否合适。包装盒效果图制作完成后的效果，如下图所示。

思/路/分/析

包装盒效果图的内容主要包括包装展示的场景、包装盒的图案和包装盒的装饰等。本节将为包装盒抠取装饰、添加图案以及使图像更好地与包装融合等。制作包装盒效果图的流程如下图所示。

制作包装盒效果图	打开图像文件	
	创建丝带选区	
	为包装盒添加包装纸	
	设置混合模式	

11.2.1 打开图像文件

▶▶▶ 打开文件是使用Photoshop处理图像时最为常用的操作。在制作包装盒效果图时，首先需要从文件夹中选择图像素材并打开，然后再进一步地编辑，下面介绍具体操作方法。

扫码看视频

Step 01 打开Photoshop，在菜单栏中单击"文件"按钮❶，在打开的菜单中选择"打开"命令❷，如下图所示。

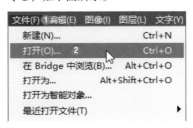

Step 02 在弹出的"打开"对话框中找到素材所在的文件夹，选择"包装盒"图像文件❶，单击"打开"按钮❷，如下图所示。

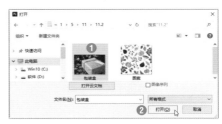

11.2.2 创建丝带选区

▶▶▶ 多边形套索工具能够绘制出具有直线型轮廓的不规则多边形选区，使用该工具可以轻松地依照物体的轮廓绘制选区，从而对选区内的图像进行抠取，下面介绍具体操作方法。

扫码看视频

Step 01 在工具箱中的套索工具组上单击鼠标右键❶，在打开的列表中选择"多边形套索工具"❷，如下图所示。

Step 02 在画布上通过多次单击创建线段，最终将线段闭合创建选区，抠取丝带的主体，如下图所示。

绘制选区

Step 03 在属性栏中单击"添加到选区"按钮，如下图所示。

单击

Step 04 继续使用多边形套索工具为蝴蝶结和卡片创建选区，如下图所示。

继续绘制选区

Step 05 在属性栏中单击"从选区减去"按钮，继续使用多边形套索工具在画布上绘制选区，减去选区内多余的部分，如下图所示。

减去多余的部分

Step 06 按Ctrl+J组合键，将选区内的图像复制为新图层，如下图所示。

复制为新图层

11.2.3 为包装盒添加包装纸

▶▶▶ "消失点"滤镜可以让素材依照透视原理，按照所设置的透视角度和比例进行自动适应修改，快捷地调整平面图像的透视，下面介绍具体操作方法。

扫码看视频

Step 01 在"图层"面板中选中"背景"图层❶，单击"创建新图层"按钮❷，在"背景"图层上方新建一个图层❸，如下图所示。

Step 02 在菜单栏中执行"文件>打开"命令，从文件夹中选择"图案"图像文件打开，按下Ctrl+A组合键全选图像，按下Ctrl+C组合键复制图像，如下图所示。

全选复制图像

Step 03 在菜单栏中执行"滤镜❶>消失点❷"命令，如下图所示。

知识充电站!!!

在 Windows 的文件资源管理器中选择所需打开的图像，将其拖曳至 Photoshop 内工作区以外的位置，也可以打开图像文件。

Step 04 在打开的"消失点"对话框中选择包装盒的一个平面，在四角上单击创建节点，如下图所示。

创建节点

Step 05 单击"消失点"对话框左侧的"创建平面工具"按钮，如下图所示。

Step 06 将光标移动到平面边缘的中间位置所出现的节点上，如下图所示。

选择节点

Step 07 长按节点并向下拖曳，创建新的平面，并单击"消失点"对话框左侧的"编辑平面工具"按钮，拖曳新的平面的节点以让其贴合图像的边缘，如下图所示。

Step 08 根据相同的方法，为包装盒的第三个面

创建平面，如下图所示。

绘制新平面

为第三个面创键平面

Step 09 按Ctrl+V组合键，拖曳被粘贴的图像到所创建的平面内，并调整图像位置，效果如下图所示。

粘贴调整图像

11.2.4 "正片叠底"混合模式

▶▶▶ "正片叠底"混合模式能够将图层上的基色和混合色进行正片叠底，产生较暗的结果色。具体操作方法如下。

扫码看视频

Step 01 单击"确定"按钮，回到工作区后，可见调整后的图像被粘贴到"图层2"图层中，如下图所示。

被粘贴的图像

Step 02 单击"设置图层的混合模式"折叠按钮❶，在列表中选择"正片叠底"选项❷，即可完成包装盒效果图的制作，如下图所示。

知/识/大/迁/移

Adobe Photoshop 2020的首选项设置技巧

1. 常规设置

在菜单栏中执行"编辑>首选项>常规"命令，即可在打开的"首选项"对话框中对Photoshop的一些常规设置进行更改，如下图所示。

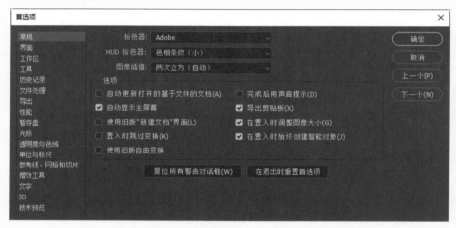

勾选"自动显示主屏幕"复选框，在启动Photoshop时，主屏幕将自动显示。勾选"使用旧版'新建文档'界面（L）"复选框，在对文件进行新建的时候，界面将会显示为旧版的通用"新建文档"对话框，如下图所示。

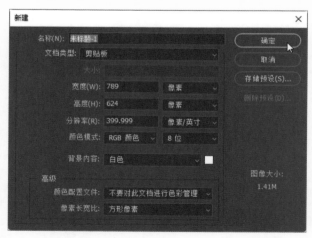

2. 界面设置

在"首选项"对话框中选择"界面"选项，在右侧区域中可以对软件的外观、字体、UI缩放等进行设置，如下图所示。

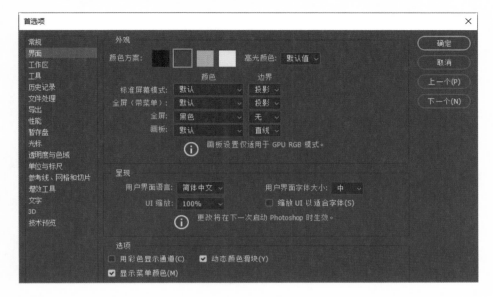

3. 单位与标尺设置

在"首选项"对话框中选择"单位与标尺"选项,在右侧区域中设置"单位"区域中的"标尺"为"厘米",当新建参考线或绘制选区时,Photoshop所显示的尺寸单位将会以"厘米"计算,如下图所示。

Chapter

12

文字、矢量工具和路径的应用

本章导读

　　使用Photoshop可以为图像添加和编辑文字、矢量图像与路径，制作出各种不同的效果。本章从实用角度出发，结合设计商务名片、制作婚礼邀请函、制作拼贴照片艺术效果三个案例，介绍在Photoshop中文字、矢量工具和路径的应用。

　　本章涉及到的知识主要包括创建矢量形状、创建渐变叠加样式效果、创建剪贴蒙版、图像的裁剪、图层的描边和投影等。

本章要点

1. 设计商务名片

▶ 新建参考线版面

▶ 添加矢量形状

▶ 创建并设置文本格式

▶ 创建渐变叠加和剪贴蒙版

2. 制作婚礼邀请函

▶ 从路径建立选区

▶ 使用拾色器更改颜色

▶ 图层的分布与对齐

3. 制作拼贴照片艺术效果

▶ 裁剪图像

▶ 高斯模糊滤镜

▶ 混合选项、描边与投影

12.1 设计商务名片

名片是在商务活动中必不可少的社交工具之一，和个人名片相比，商务名片上通常会使用公司的LOGO或商标，对个人信息介绍较少，而较多介绍公司的主营范围、地点和联系方式等。一张精美的商务名片有助于在商业交往中给人留下更深刻的印象。本案例商务名片的效果如下图所示。

思 / 路 / 分 / 析

商务名片一般包括3部分内容，分别为名片的底板、公司的LOGO和二维码以及文字介绍性内容。其中底板、LOGO和二维码主要起到装饰性作用，文字介绍性内容主要起到展示内容的作用。设计商务名片的流程如下图所示。

	新建参考线版面	
设计商务名片	添加矢量形状	创建矩形
		创建直线
		创建椭圆
	创建并设置文本格式	添加文字
		设置文字格式
	创建渐变叠加和剪贴蒙版	"渐变叠加"样式
		创建剪贴蒙版

12.1.1 新建参考线版面

▶▶▶ 设计商务名片，首先应该设计名片的版式，使用参考线可以便捷地对名片的版式进行设计，具体操作方法如下。

扫码看视频

Step 01 打开Photoshop，在菜单栏中执行"文件>新建"命令，在弹出的"新建文档"对话框中设置文件名为"商务名片"、"宽度"为9.6厘米、"高度"为6厘米、分辨率为300、"颜色模式"为CMYK颜色❶，单击"创建"按钮❷，如下图所示。

Step 02 在菜单栏中执行"视图❶>新建参考线版面❷"命令，如下图所示。

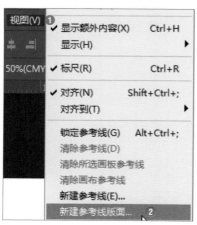

Step 03 在弹出的"新建参考线版面"对话框中勾选"边距"复选框❶，设置"上"、"左"、"下"、"右"均为0.3厘米❷，单击"确定"按钮❸，如下图所示。

Step 04 在菜单栏中执行"视图❶>锁定参考线❷"命令，锁定所创建的参考线版面，如下图所示。

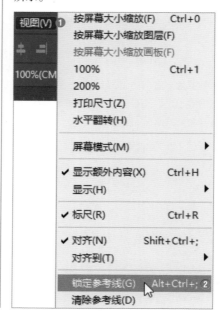

12.1.2 添加矢量形状

扫码看视频

▶▶▶ 为名片添加矢量形状，可以丰富名片的版面，让名片的版面更加规整，并在视觉上显得更简洁，具体操作方法如下。

Step 01 在"图层"面板中单击"创建新组"按钮❶，新建一个图层组，在菜单栏中执行"图层>重命名组"命令，将图层组命名为"形状"❷，如下图所示。

Step 02 在工具箱中设置前景色为#1b4f63，选择矩形工具，在画布上单击，在弹出的"创建矩形"对话框中设置"宽度"为680像素、"高度"为10像素❶，单击"确定"按钮❷，如下图所示。

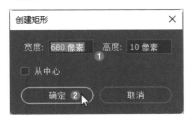

Step 03 根据相同的方法，分别在画布上创建"宽度"为450像素、"高度"为20像素和"宽度"为550像素、"高度"为5像素的两个矩形。分别选中"矩形1"、"矩形2"和"矩形3"图层，将三个图层上所包含的图像都拖曳到画布的合适位置，如下图所示。

Step 04 在工具箱中选择直线工具，在画布上创建一个"宽度"为715像素、"高度"为1像素的直线。选择椭圆工具，在画布上创建一个"宽度"为160像素、"高度"为160像素的正圆，并移到合适的位置，如下图所示。

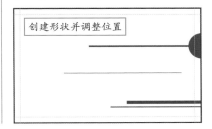

12.1.3 创建并设置文本格式

扫码看视频

▶▶▶ 名片的主体内容就是文字，使用文字可以简单直观地展示出需要表达的信息，对文字进行一定的排布，可以使版面填充得更加充实，内容详略更加得当，具体操作方法如下。

Step 01 在"图层"面板中单击"创建新组"按钮❶，创建两个新的图层组，并分别命名为

"信息"❷和"文字"❸，如下图所示。

Step 02 在工具箱中选择横排文字工具，在画布上单击，输入"虚拟商贸有限公司"文本，选择相应的文字图层，设置字体为"思源宋体"、字体样式为Bold、字体大小为8点、字距为100，并移动到合适的位置，如下图所示。

Step 03 根据相同的方法，创建"吴明市"文字图层，设置字体为"思源黑体"、字体样式为Regular、字体大小为14点、字距为200。创建"|市场营销部（此处换行)|营销经理"图层，设置字体为"思源黑体"、字体样式为Normal、字体大小为6点、行距为8点、字距为200。创建Virtual commerce Co., Ltd文字图层，设置字体为"思源宋体"、字体样式为Bold、字体大小为4点、字距为100，并分别移到合适的位置，如下图所示。

Step 04 将之前所创建的文字全部收入"文字"图层组中，选择"信息"图层组，在画布上创建"150000000000（此处换行）1234567@gmail.com（此处换行）XX省XX市XX路XX号"文字图层，设置字体为"思源黑体"、字体样式为Normal、字体大小为5点、行距为9点、字距为100，并将其移动到合适的位置，如下图所示。

Step 05 在菜单栏中执行"文件>置入嵌入对象"命令，置入"地址"、"电话"和"邮件"图像文件，并缩放置入文件的大小为20%，拖曳到合适的位置，如下图所示。

12.1.4 创建渐变叠加和剪贴蒙版

▶▶▶ 为文字添加渐变叠加效果，可以让文字的色彩层次显得更加丰富。也可以为形状创建剪贴蒙版，增强其表现力，具体操作方法如下。

扫码看视频

Step 01 在菜单栏中执行"文件>置入嵌入对象"命令，置入LOGO图像文件，并缩放其大小为2.3%；置入"二维码"图像文件，并缩放其大小为5%，将其移动到合适的位置，如下图所示。

Step 02 双击"文字"图层组，在弹出的"图层样式"对话框中勾选"渐变叠加"复选框，在打开的区域中单击"渐变"右侧的色条，在弹出的"渐变编辑器"对话框中设置左侧的色标颜色为#305a56❶，设置右侧的色标颜色为#082839❷，单击"确定"按钮，如下图所示。

Step 03 在"图层样式"对话框中设置"混合模式"为"正常"、"样式"为"线性"、"角度"为120度、"缩放"为50%❶，单击"确定"按钮❷，如下图所示。

Step 04 在"图层"面板中选中"形状"图层组，在菜单栏中执行"文件>置入嵌入对象"命令，置入"图形"图像文件，并缩放其大小为15%，将其拖曳到合适的位置，如下图所示。

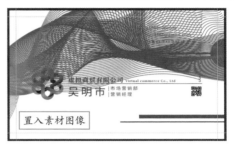

Step 05 按住Alt键，将光标移动到"图形"图层和"形状"图层组之间，单击鼠标左键，即可将"图形"图层设置为"形状"图层组的剪贴蒙版，如下图所示。

Step 06 在"图层"面板中选中"背景"图层，在菜单栏中执行"文件>置入嵌入对象"命令，置入"底纹❶"图像文件，并按Enter键进行确定，如下图所示。

12.2 制作婚礼邀请函

婚礼邀请函又称结婚喜帖，是即将步入婚姻殿堂的新人为邀请宾客而制作的邀请函，通常包括了婚礼举行的日期、地点和举行方式，并包含伴侣双方的一些信息。婚礼邀请函制作完成后的效果如右图所示。

思 / 路 / 分 / 析

婚礼邀请函一般包括4项内容，分别为说明性文字、点缀性文字、背景图像和点缀元素。其中说明性文字应该占据最醒目的位置，其它无论点缀性文字、背景图像还是点缀元素都是为说明性文字而服务的。婚礼邀请函的制作流程如下图所示。

制作婚礼邀请函	从路径建立选区	创建钢笔路径
		将路径转换为选区
	使用拾色器更改颜色	添加文字
		设置文字的颜色
	图层的分布与对齐	垂直分布
		水平居中对齐

12.2.1　从路径建立选区

▶▶▶ 路径是一种可以创建出任意形状的轮廓线，使用钢笔工具可以在Photoshop中绘制路径，并对路径进行修改。路径绘制完成后，从路径建立选区，可以对图像进行较为精准的抠取，具体操作方法如下。

扫码看视频

Step 01 在菜单栏中执行"文件>新建"命令，在弹出的"新建文档"对话框中设置文件名为"婚礼邀请函"、"宽度"为14.8厘米、"高度"为21厘米、分辨率为300、"颜色模式"为RGB颜色❶，单击"创建"按钮❷创建文档，如下图所示。

Step 02 在菜单栏中执行"文件>打开"命令，在文件夹中选择"素材"图像文件❶，单击"打开"按钮❷，如下图所示。

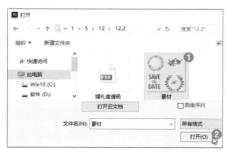

Step 03 在工具箱中选择钢笔工具，在画布上围绕环形的叶子，通过多次单击创建锚点，并最终将锚点闭合，如下图所示。

创建钢笔路径

Step 04 在"路径"面板中选择"工作路径"，单击鼠标右键，在打开的快捷菜单中选择"建立选区"命令，在弹出的"建立选区"对话框中单击"确定"按钮，如下图所示。

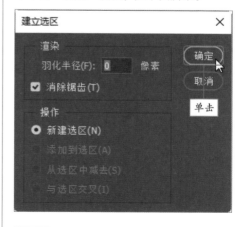

Step 05 在工具箱中选择移动工具，按住选区内的图像并将其拖曳到新建的"婚礼邀请函"文档窗口中，按Ctrl+T组合键对图像进行缩放，并将其放在画布上方合适的位置，效果如下图所示。

复制并调整图像

Step 06 根据相同的方法，使用钢笔工具建立选区，抠取爱情鸟元素，并使用移动工具复制到

"婚礼邀请函"文档中，使用Ctrl+T组合键进行缩放，并将其移至环形叶子的下方合适的位置，如下图所示。

复制并调整图像

12.2.2　使用拾色器更改颜色

▶▶▶ 在对作品进行配色的时候，尽量精简图像上的颜色数量、使用背景图像上的色彩对画布上其它元素的色彩进行搭配，能够使图像的色彩更加协调。拾色器可以方便快捷地更改文本的色彩，具体操作方法如下。

扫码看视频

Step 01 在"图层"面板中选中"背景"图层，在菜单栏中执行"文件>置入嵌入对象"命令，置入"花"图像文件，并缩放其大小，拖曳到合适的位置，如下图所示。

置入并调整图像

Step 02 在工具箱中选择横排文字工具，在属性栏中单击"居中对齐文本"按钮，分别创建"The（此处换行）Big Day"、"2019.12.12"、"Welcome to our wedding."文本，如下图所示。

Step 03 设置The Big Day的字体为Edwardian Script ITC、大小为60点、行距为48点；设置2019.12.12的字体为Sitka、字体样式为Bannner、大小为24点；设置Welcome to our wedding.的字体为"思源黑体"、字体样式为Light、大小为12点，并分别调整各文本的位置，效果如下图所示。

Step 04 在工具箱中选择直线工具，在画布上单击创建一条“宽度”为590像素、“高度”为1像素的直线，并拖曳到合适的位置，如下图所示。

Step 05 在工具箱中选择横排文字工具，创建Li&Han文本，设置字体为“思源黑体”、字体样式为ExtraLight、大小为90点，并拖曳到合适的位置，如下图所示。

Step 06 创建“百年好合·白头偕老（此处换行）2019年12月12日中午12:00 希尔顿酒店三楼宴会厅（此处换行）欢迎参加我们的婚礼”文本，设置字体为“思源黑体”、行距为30点。选中“百年好合·白头偕老”文本设置字体样式为Light、大小为14点、字距为400；选中“2019年12月12日中午12:00 希尔顿酒店三楼宴会厅”文本，设置字体样式为Light、大小为12点、字距为100；选中“欢迎参加我们的婚礼”文本，设置字体样式为Heavy、大小为12点、字距为1000，并对其位置进行调整，效果如下图所示。

Step 07 选中The Big Day、2019.12.12、Welcome to our wedding.文字图层，单击“字符”面板中“颜色”右侧的色条，使用弹出的“拾色器（文本颜色）”对话框提供的吸管工具，在画布上单击吸取树枝的棕色❶，单击“确定”按钮❷，如下图所示。

Step 08 在“图层”面板中选中Li&Han和“百年好合·白…们的婚礼”图层，在“字符”面板中单击“颜色”右侧的色条，使用弹出的“拾

色器（文本颜色）"对话框提供的吸管工具，在画布上单击吸取爱情鸟的紫红色❶，单击"确定"按钮❷，如下图所示。

Step 09 在工具箱中选择横排文字工具，选中"2019年12月12日中午12:00　希尔顿酒店三楼宴会厅"，在字符面板中单击"颜色"右侧的色条，在弹出的"拾色器（文本颜色）"对话框中设置颜色为#673319❶，单击"确定"按钮❷，如下图所示。

Step 10 在菜单栏中执行"文件>置入嵌入对象"命令，置入"底纹"图像文件，按Enter键进行确定，并将"底纹"图层拖曳到"背景"图层的上方，如下图所示。

12.2.3　图层的分布与对齐

▶▶▶ 当需要对齐多个图层或组中的图像内容时，使用移动工具可以便捷地完成对齐操作，具体操作方法如下。

扫码看视频

Step 01 在图层面板中选中"形状1"、2019.12.12、Welcome to our wedding.图层，在工具箱中选择移动工具，单击属性栏中的"垂直分布"按钮，如下图所示。

单击

Step 02 在"图层"面板中选中除"花"图层外的所有图层，在工具箱中选择移动工具，单击属性栏中的"水平居中对齐"按钮，即可完成对图像整体的居中对齐，如下图所示。

单击

制作拼贴照片艺术效果

人们常常会在旅行时拍摄一些旅行照片，用于留作纪念。对旅行照片进行后期处理，可以让旅行照片的效果更加出色，纪念意义更加强烈。拼贴照片艺术效果制作完成后的效果如下图所示。

思/路/分/析

拼贴照片艺术效果一般包含3项内容，分别为照片中主要展示的部分、进行艺术效果处理的部分和让照片效果更加出色的装饰性细节。制作拼贴照片艺术效果的流程如下图所示。

照片艺术效果 制作拼贴	调整版面	调整图像大小
		裁剪图像
	模糊图像	复制图层
		应用"高斯模糊"滤镜
	设置图层样式	创建矩形
		混合选项
		"描边"样式
		"投影"样式

12.3.1 调整版面

▶▶▶ 将照片制作成拼贴照片艺术效果，首先需要对图片的尺寸进行处理。使用裁剪工具可以对图像的比例进行调整，具体操作方法如下。

扫码看视频

Step 01 在菜单栏中执行"文件>打开"命令，从文件夹中选择"旅行"图像文件❶，单击"打开"按钮❷，如下图所示。

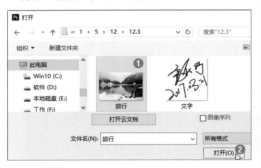

Step 02 在菜单栏中执行"图像>图像大小"，在弹出的"图像大小"对话框中设置"高度"为8厘米、"宽度"为12厘米❶，单击"确定"按钮❷，如下图所示。

Step 03 在工具箱中选择裁剪工具，在属性栏中单击"比例"右侧的下三角按钮❶，在下拉列

表中选择16：9选项❷，如下图所示。

Step 04 在画布上拖曳裁剪框内的图像，调整裁剪的范围，然后按Enter键确定裁剪，如下图所示。

12.3.2 模糊图像

▶▶▶ 在Photoshop中，使用滤镜可以对图片添加特殊的艺术效果，让图像更符合我们的需求。使用"高斯模糊"滤镜可以对图像进行模糊处理，从而得到需要的特殊模糊效果，具体操作方法如下。

扫码看视频

Step 01 在菜单栏中执行"图层>复制图层"命令，复制"背景"图层，如下图所示。

Step 02 在菜单栏中执行"滤镜❶>模糊❷>高斯模糊❸"命令,如下图所示。

Step 03 在弹出的"高斯模糊"对话框中设置"半径"为20像素❶,单击"确定"按钮❷,如下图所示。

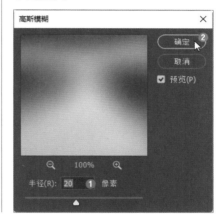

12.3.3 设置图层样式

▶▶▶ 在Photoshop的"图层样式"面板中,可以对"混合选项"进行设置,以产生特殊的颜色混合效果,具体操作方法如下。

扫码看视频

Step 01 按Ctrl+G组合键,在"图层"面板中创建一个图层组,如下图所示。

Step 02 在工具箱中选择矩形工具,在画布上绘制一个矩形,如下图所示。

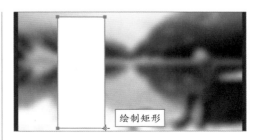
绘制矩形

Step 03 双击"组1"图层组,在弹出的"图层样式"对话框中切换至"混合选项"选项卡,如下图所示。

Step 04 在右侧展开的区域中设置"填充不透明度"为0%❶，单击"挖空"右侧的折叠按钮❷，在打开的列表中选择"浅"选项❸，如下图所示。

Step 07 设置"投影"的"混合模式"为"正常"、"不透明度"为70%、"角度"为120度、"距离"为8像素、"扩展"为0%、"大小"为27像素❶，单击"确定"按钮❷，如下图所示。

Step 05 勾选"描边"复选框，在右侧展开的区域中设置"大小"为7像素、"位置"为"内部"、"颜色"为白色，如下图所示。

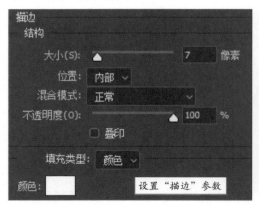

Step 08 在"图层"面板中选中"矩形1"图层，在工具箱中选择移动工具，按住Alt键进行拖曳，对"矩形1"图层进行复制，效果如下图所示。

Step 06 勾选"投影"复选框，在右侧展开的区域中单击"混合模式"右侧的色条，在弹出的"拾色器（投影颜色）"对话框中设置投影颜色为#03353b❶，然后单击"确定"按钮❷，如下图所示。

Step 09 再次对矩形进行复制，对三个矩形的位置进行调整，并按Ctrl+T组合键执行自由变换，对矩形的大小进行调整，如下图所示。

调整大小和位置

Step 10 在菜单栏中执行"文件>置入嵌入对象"命令，在文件夹中选择"文字"图像文件❶，单击"置入"按钮❷，如下图所示。

知识充电站

在菜单栏中执行"视图 > 显示 > 智能参考线"命令，在对图像进行移动时，可以依照图像上自动出现的参考线对图像进行对齐。

Step 11 缩放图像的大小为8%，并按Enter键确定，如下图所示。

缩放图像大小

知/识/大/迁/移

Photoshop中的钢笔工具

1. 钢笔工具

Photoshop中的钢笔工具拥有强大的功能，使用钢笔工具，可以精确地绘制出直线线段和曲线。在使用钢笔工具时，按住Ctrl键选择锚点，可以对所选的锚点进行移动；按住Alt键单击锚点，可以删除所选锚点的控制柄，如右图所示。

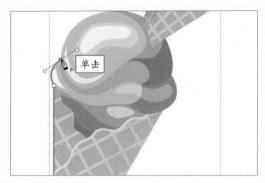

2. 自由钢笔工具

自由钢笔工具可以像使用画笔或铅笔在纸上绘图一样，在画布上自由地绘制路径，如右图所示。

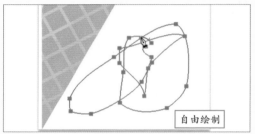

3. 弯度钢笔工具

弯度钢笔工具可以更直观地绘制出曲线和直线，通过在直线或曲线中添加锚点，并对锚点进行调整，可以使路径呈现出平滑的弯度，如右图所示。

4. 转换点工具

转换点工具可以删除所选锚点的控制柄，将平滑点转换为角点；也可以用于选中一个或同时选中多个锚点，如右图所示。

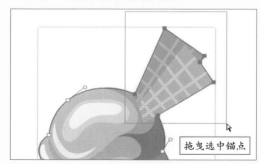

13

图像的美化

本章导读

    Photoshop拥有强大的图像处理功能,可以便捷地对图像进行美化和修饰。本章从实用角度出发,结合修饰美化人像、修饰照片颜色、制作下雪效果、制作手绘场景效果图和制作水彩动漫图像五个案例,介绍Photoshop滤镜、图像调整命令和图层的混合模式的应用。

    本章涉及到的知识主要包括修复画笔工具、照片滤镜、滤镜库、去色、反向、混合模式和最小值滤镜等。

本章要点

1. 修饰美化人像

▶ 污点修复画笔工具

▶ 混合器画笔工具

▶ 历史记录画笔工具

2. 修饰照片颜色

▶ 图像模式

▶ 自动调整命令

▶ 照片滤镜命令

▶ 删除背景

▶ Camera Raw滤镜

3. 制作下雪效果

▶ 颜色调整命令

▶ 杂色命令

▶ 阈值命令

▶ 滤色混合模式

▶ 变亮混合模式

4. 制作手绘场景效果图

▶ 去色命令

▶ 反相命令

▶ 最小值滤镜

▶ 色阶命令

▶ 粗糙蜡笔滤镜

5. 制作动漫风格图像

▶ 油画滤镜

▶ 干画笔滤镜

▶ 混合颜色带

▶ 栅格化图层

13.1 修饰美化人像

案 / 例 / 简 / 介

　　对人像进行美化和修饰，可以弥补摄影中的不足，例如修饰人物面部的瑕疵，使图像色彩更加鲜明，人物更加美观自然。使用Photoshop可以便捷地对人像进行美化和修饰。人像修饰美化完成后的效果如右图所示。

思 / 路 / 分 / 析

　　修饰美化人像一般包括3项内容，分别为对较为明显的瑕疵进行修饰、对人物的皮肤进行修饰和对人像的色彩进行调节。修饰美化人像的流程如下图所示。

修饰美化人像	污点修复画笔工具的应用	
	混合器画笔工具的应用	设置前景色
		设置混合器画笔工具参数
	历史记录画笔工具的应用	高斯模糊
		使用历史记录画笔工具
		设置"柔光"混合模式
		使用橡皮擦工具

13.1.1　污点修复画笔工具的应用

▶▶▶ 污点修复画笔工具是Photoshop处理图像时最为常用的工具之一。使用污点修复画笔工具，可以快速去除照片中的污点或斑痕，具体操作方法如下。

扫码看视频

Step 01 在菜单栏中执行"文件>打开"命令，在文件夹中选择"女孩"图像文件❶，单击"打开"按钮❷，如下图所示。

Step 02 在菜单栏中执行"图层>复制图层"命令，复制背景图层，如下图所示。

复制图层

> **Tips**
> **操作解迷**
> ....
> 在对图像进行修饰的时候，为了方便随时查看修饰前后的对比效果，尽可能不要在原图像上直接进行修饰，而是每当一个步骤进行完毕，都对该步骤所操作的图层进行一次复制，在所复制的图层上进行一步一步的操作。

Step 03 在工具箱中选择污点修复画笔工具，在画布上单击鼠标右键，在打开的面板中设置污点修复画笔工具的"大小"为25像素，如下图所示。

设置画笔大小

Step 04 在画布上女孩面部的雀斑部分上单击去除鼻梁和右脸的部分雀斑，如下图所示。

去除部分雀斑

Chapter 13

图像的美化

317

13.1.2 混合器画笔工具的应用

▶▶▶ 混合器画笔工具可以模拟真实的绘画方式，对画布上的色彩和画笔上的颜色进行混合，使颜色变得均衡自然。使用混合器画笔工具可以修饰人物面部大面积的瑕疵，具体操作方法如下。

扫码看视频

Step 01 在"图层"面板中选中"背景 拷贝"图层❶，按下Ctrl+J组合键复制图层❷，如下图所示。

Step 02 在工具箱中的画笔工具组上单击鼠标右键❶，在打开的列表中选择"混合器画笔工具"❷，如下图所示。

Step 03 在画布上单击鼠标右键，在弹出的面板中设置"大小"为200像素、"硬度"为0%，如下图所示。

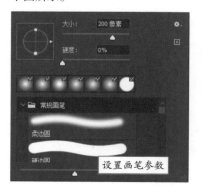
设置画笔参数

Step 04 在工具箱中单击"设置前景色"按钮，在弹出的"拾色器（前景色）"对话框中设置颜色为#ba887d❶，单击"确定"按钮❷，如下图所示。

Step 05 在属性栏中设置"潮湿"为50%、"载入"为30%、"混合"为30%、"流量"为40%、描边平滑度为80%，如下图所示。

设置参数

Step 06 使用混合器画笔工具，在画布上对人物左侧面颊上的瑕疵进行色彩混合，如下图所示。

混合面部颜色

Step 07 在工具箱中设置前景色为#d3b5b6，单击鼠标右键，在弹出的面板中设置"大小"为70像素，在画布上对人物鼻子上的瑕疵进行色彩混合，如下图所示。

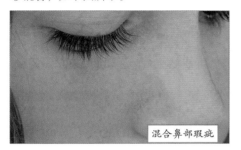

混合鼻部瑕疵

Step 08 在工具箱中设置前景色为#baa1a6，在画布上对人物眼窝的颜色进行色彩混合，如下图所示。

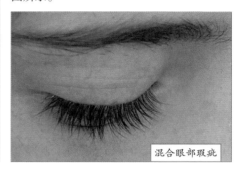

混合眼部瑕疵

13.1.3　历史记录画笔工具的应用

▶▶▶ 历史记录画笔工具可以指定画笔使用历史记录状态中的源数据，将图像编辑中的某种状态进行部分还原，具体操作方法如下。

扫码看视频

Step 01 按Ctrl+J组合键复制"图层 拷贝2"图层，并在菜单栏中执行"滤镜>模糊>高斯模糊"命令，在弹出的"高斯模糊"对话框中设置"半径"为4像素❶，单击"确定"按钮❷，如下图所示。

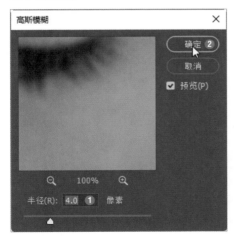

Step 02 在菜单栏中执行"窗口>历史记录"命令，在"历史记录"面板中单击"高斯模糊"左列的按钮❶，并选择"通过拷贝的图层"选项❷，如下图所示。

Step 03 在工具箱中选择历史记录画笔工具，在画布上单击鼠标右键，在弹出的面板中设置"大小"为200像素、"硬度"为0%，如下图所示。

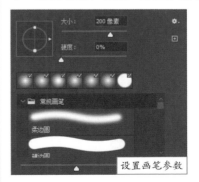

设置画笔参数

Step 04 在"图层"面板中设置"背景 拷贝3"图层的不透明度为50%，如下图所示。

Step 05 使用历史记录画笔工具，在画布上遮盖人物面部的瑕疵，如下图所示。

遮盖面部瑕疵

Step 06 在工具箱中选择橡皮擦工具，在画布上单击鼠标右键，在弹出的面板中设置"大小"为400像素、"硬度"为0%，如下图所示。

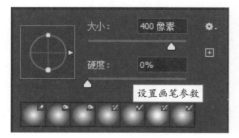

设置画笔参数

Step 07 按Shift+Ctrl+Alt+E组合键，盖印所有图层上的图像，如下图所示。

盖印图层

Step 08 单击混合模式下三角按钮，在下拉列表中选择"柔光"选项，如下图所示。

"柔光"混合模式

Step 09 使用橡皮擦工具，擦除画布上人物面部的部分，并保留嘴唇部分的颜色，如下图所示。

擦除多余图像

13.2 修饰照片颜色

案/例/简/介

　　无论是使用相机摄影还是手机摄影，所拍摄出的照片通常都会在色彩上有所偏差。使用
Photoshop可以对照片的颜色进行修饰，尽可能还原图像原有的色彩或将色彩调整为所需要的效
果。使用Photoshop对照片颜色进行修饰的效果如下图所示。

思/路/分/析

　　修饰照片颜色通常需要明确照片的调色方向、把握照片的明暗关系，并注意突出照片的主题。
使用Photoshop的颜色调整命令和滤镜可以综合地对照片的细节进行调整。修饰照片颜色的流程如
下图所示。

		更改图像模式
修饰照片颜色	自动调整图像	自动颜色
		自动色调
	照片滤镜与删除背景	照片滤镜
		删除背景
	Camera Raw滤镜	

13.2.1 自动调整图像

▶▶▶ 对图像模式进行更改，可以使图像更加多样化；使用自动调整命令，则可以让图像的色彩、对比度等得到Photoshop的自动调整，具体操作方法如下。

扫码看视频

Step 01 在菜单栏中执行"文件>打开"命令，在文件夹中选择"向日葵"图像文件并打开，如下图所示。

Step 02 在菜单栏中执行"图像❶>模式❷>RGB颜色❸"命令，将图像由CMYK颜色转换为RGB颜色，如下图所示。

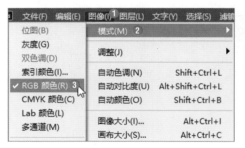

Step 03 在菜单栏中执行"图像>自动颜色"命令，如下图所示。

"自动颜色"命令

Step 04 在菜单栏中执行"图像>自动色调"命令，如下图所示。

"自动色调"命令

Step 05 再次在菜单栏中执行"图像>自动颜色"命令，如下图所示。

"自动颜色"命令

知识充电站!!

Photoshop中共有三种用于校正图像色彩的自动调整命令，分别为"自动颜色""自动对比度"和"自动色调"命令，使用这些命令可以快速对图像的色彩进行调整。

"自动颜色"命令可以自动寻找图像上的深色与浅色，对图像的对比度和颜色同时进行调整。

"自动对比度"命令可以增强颜色之间的对比度，对图像的高光和阴影部分进行调整，以提高图像的清晰程度。

"自动色调"命令可以增强图像的对比度，对图像中的黑场和白场自动调整。

13.2.2 照片滤镜与删除背景

▶▶▶ 使用照片滤镜，可以对图像的色温进行快捷调整；使用Photoshop中的删除背景功能，可以快速将图像主体之外的背景删除，具体操作方法如下。

扫码看视频

Step 01 在"图层"面板中单击"创建新的填充或调整图层"按钮①，在打开的列表中选择"照片滤镜"命令②，如下图所示。

Step 02 在"属性"面板中选择"滤镜"单选按钮①，单击"滤镜"右侧的下三角按钮，在下拉列表中选择"冷却滤镜（82）"选项②，并设置"密度"为50%③，勾选"保留明度"复选框④，如下图所示。

Step 03 选中"背景"图层，按Ctrl+J快捷键复制图层，并将所复制的"背景 拷贝"图层移动到"照片滤镜1"调整图层的上方，如下图所示。

Step 04 在"属性"面板中展开"快速操作"①，在展开的区域中单击"删除背景"按钮②，如下图所示。

Step 05 在"图层"面板中选择"背景 拷贝"图层的图层蒙版缩略图，如下图所示。

Step 06 在工具箱中选择快速选择工具，使用快速选择工具在画布上大致选择向日葵散落的花朵和花瓣，如下图所示。

建立选区

Step 07 在工具箱中设置背景色为黑色，按Delete键，对选区部分的颜色进行填充，按Ctrl+D组合键取消选区，如下图所示。

填充选区

13.2.3 Camera Raw滤镜

扫码看视频

▶▶▶ Camera Raw是Photoshop内置的一款专业图像处理工具，使用Camera Raw滤镜可以对图像同时进行多方位的处理，并实时显示参数调整后的效果，具体操作方法如下。

Step 01 在"图层"面板中选中"照片滤镜"图层❶，按Shift+Ctrl+Alt+E组合键盖印图层❷，如下图所示。

Step 02 在菜单栏中执行"滤镜❶>Camera Raw滤镜❷"命令，如下图所示。

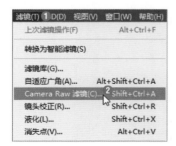

Step 03 在弹出的Camera Raw对话框中设置"色温"为-10、"高光"为-20、"阴影"为+50、"白色"为+20、"黑色"为-10、"自然饱和度"为+10❶，单击"确定"按钮❷，如下图所示，即可完成修饰照片操作。

13.3 制作下雪效果

在对图像进行最基础的调色和修饰之余，有时还需要为图像添加一些额外的效果，让图像更具有表现力。使用滤镜和混合模式可以为图像添加下雪的效果。下雪效果制作完成后的效果如下图所示。

思／路／分／析

制作下雪效果一般包括2项内容，分别为底图和效果。其中底图主要进行调色等基本操作，效果则是在底图的基础上添加的图像特效。制作下雪效果的流程如下图所示。

制作下雪效果	调整图像的色彩	调整"曝光度"
		调整"自然饱和度"
		照片滤镜
	制造雪花效果	填充图层
		"杂色"滤镜
		"高斯模糊"滤镜
		"阈值"调整命令
	设置混合模式	"滤色"混合模式
		"变亮"混合模式

13.3.1　调整图像的色彩

扫码看视频

▶▶▶ 在为图像制作下雪效果之前，首先应该对图像的色调等进行基本的调整。使用颜色调整命令可以对图像的色彩进行调整，具体操作方法如下。

Step 01 在菜单栏中执行"文件>打开"命令，在文件夹中选择"人物"图像文件并打开，如下图所示。

人物.jpg @ 25% (照片滤镜 1, 图层蒙版/8) * ×

打开"人物"图像

25%　　文档:3.83M/3.83M

Step 02 在"图层"面板中单击"创建新的填充或调整图层"按钮，在打开的列表中选择"曝光度"选项，在"属性"面板中设置"位移"为+0.02、"灰度系数校正"为1，如下图所示。

设置"曝光度"参数

Step 03 在"图层"面板中单击"创建新的填充或调整图层"按钮，在打开的列表中选择"自然饱和度"选项，在"属性"面板中设置"自然饱和度"为-12、"饱和度"为+18，如下图所示。

设置"自然饱和度"参数

Step 04 在"图层"面板中单击"创建新的填充或调整图层"按钮，在打开的列表中选择"照片滤镜"选项，在"属性"面板中单击"滤镜"右侧的下三角按钮，在下拉列表中选择"冷却滤镜（82）"选项❶，设置"密度"为30%❷，如下图所示。

知识充电站‼

单击"图层"面板中的"创建新的填充或调整图层"按钮，在打开的列表中共有19种调整图层选项。为图层新建调整图层，所建立的调整图层的参数可以在"属性"面板中进行调整，并可以通过蒙版图层调节调整图层所作用的范围。

13.3.2 制造雪花效果

▶▶▶ 使用杂色滤镜，可以为图层添加杂色；使用阈值命令，可以调整杂色的像素差异。综合使用杂色滤镜、阈值命令和模糊滤镜，可以在Photoshop中制造雪花效果，具体操作方法如下。

扫码看视频

Step 01 在"图层"面板中新建一个图层❶，在工具箱中单击"默认前景色和背景色（D）"按钮❷，将前景色还原为黑色，并按Alt+Delete组合键，将图层填充为黑色❸，如下图所示。

Step 02 在菜单栏中执行"滤镜❶>杂色❷>添加杂色❸"命令，如下图所示。

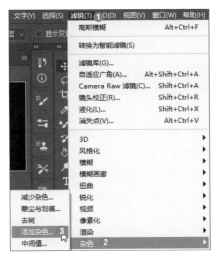

Step 03 在弹出的"添加杂色"对话框中设置"数量"为60%❶，选择"平均分布"单选按钮❷，勾选"单色"复选框❸，单击"确定"按钮❹，如下图所示。

Step 04 在菜单栏中执行"滤镜>模糊>高斯模糊"命令，在弹出的"高斯模糊"对话框中设置"半径"为1.8像素❶，单击"确定"按钮❷，如下图所示。

Step 05 在菜单栏中执行"图像>调整>阈值"命令，在"阈值色阶"数值框中输入62❶，单击"确定"按钮❷，如下图所示。

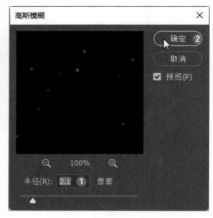

Step 06 在菜单栏中执行"滤镜>模糊>高斯模糊"命令，在弹出的"高斯模糊"对话框中设置"半径"为2.1像素❶，单击"确定"按钮❷，如下图所示。

13.3.3　设置混合模式

▶▶▶　"滤色"与"变亮"混合模式同属于混合模式中的变亮系。使用"滤色"和"变亮"混合模式可以让下雪的效果融入到图像中，具体操作方法如下。

扫码看视频

Step 01 在"图层"面板中单击混合模式下三角按钮，在下拉列表中选择"滤色"选项，如下图所示。

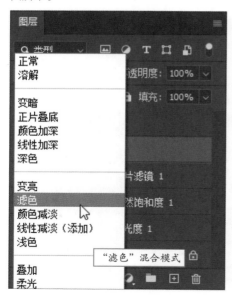

缩放并移动图像

Step 03 按Ctrl+J组合键，复制"图层1"图层，设置"图层1 拷贝"的混合模式为"变亮"，并移动图像的位置，效果如下图所示。

复制图层并设置混合模式

Step 02 按Ctrl+T组合键，对"图层1"上的图像进行缩放，并移动到合适的位置，按Enter键进行确定，如下图所示。

13.4 制作手绘场景效果图

案／例／简／介

　　有时候需要对图像进行一些特殊的效果处理，使拍摄的照片能够体现出某些艺术效果。本案例综合使用滤镜和调整命令可以将照片制作为手绘的效果，手绘场景效果图制作完成后的效果如下图所示。

思／路／分／析

　　手绘场景效果图一般是将实际拍摄的照片转换为素描线稿风格，图像整体的风格都将综合地发生改变。制作手绘场景效果图的流程如下图所示。

制作手绘场景效果图	提取照片中线条	"去色"命令
		"反相"命令
	"最小值"滤镜与"色阶"命令	"最小值"滤镜
		"色阶"命令
	"粗糙蜡笔"滤镜	

13.4.1　调整图像的颜色

▶▶▶ "去色"命令可以消除图像的饱和度，而保留色彩原本的亮度，将彩色的图片改变为黑白图片；"反相"命令则可以将颜色替换为相应的补色。结合使用"去色"命令和"反相"命令，可以从照片中提取线条，具体操作方法如下。

扫码看视频

Step 01 在菜单栏中执行"文件>打开"命令，在文件夹中选择"场景"图像文件并打开，如下图所示。

打开"场景"图像

Step 02 按Ctrl+J组合键，在"图层"面板中将"背景"图层复制为新图层，如下图所示。

复制图像为新图层

Step 03 在菜单栏中执行"图像❶>调整❷>去色❸"命令，如下图所示。

Step 04 按Ctrl+J组合键，复制"图层1"图层，如下图所示。

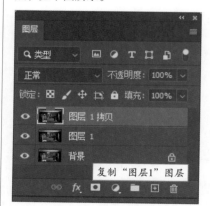
复制"图层1"图层

Tips 操作解迷

在菜单栏中执行"图像>调整>黑白"命令，同样可以快速去除图像上的色彩，将图像转换为黑白，并且可以在转换的时候对图像上原本色彩的显示范围进行调整。但相对而言，"去色"命令的操作更加简便，因此我们选择使用"去色"命令达到效果。

Tips 操作解迷

对图层进行复制，可以在复制的图层上进行不同的操作，达到叠加图层的效果。

Step 05 在菜单栏中执行"图像❶>调整❷>反相❸"命令，如下图所示。

Step 06 在"图层"面板中单击混合模式下三角按钮，在下拉列表中选择"颜色减淡"选项，如下图所示。

"颜色减淡"混合模式

13.4.2 提取图像的线条

▶▶▶ "最小值"滤镜可以向外拓展图像中的黑色区域，并对白色区域进行收缩；"色阶"命令可以用于调整图像中颜色的明暗程度和颜色的强度，具体操作方法如下。

扫码看视频

Step 01 在"图层"面板中选中"图层1 拷贝"图层，在菜单栏中执行"滤镜❶>其他❷>最小值❸"命令，如下图所示。

按钮，在下拉列表中选择"圆度"选项❷，单击"确定"按钮❸，如下图所示。

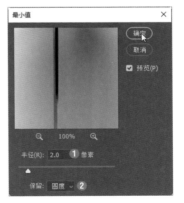

Step 03 按Shift+Ctrl+Alt+E组合键，在所有图层上方盖印一个新图层，如下图所示。

盖印图像

Step 02 在弹出的"最小值"对话框中设置"半径"为2像素❶，单击"保留"右侧的下三角

Step 04 在菜单栏中执行"图像❶>调整❷>色阶❸"命令，如下图所示。

按钮❶，在图像中柜子的纹路部分单击❷，并单击"确定"按钮❸，如下图所示。

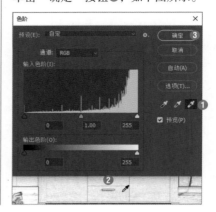

Step 05 在弹出的"色阶"对话框中单击"选项"按钮下方的"在图像中取样以设置白场"

13.4.3 调整线条

▶▶▶ "粗糙蜡笔"滤镜可以在带纹理的背景上应用粉笔描边，在亮色区域，粉笔效果会较为明显，在深色区域则会显现纹理，具体操作方法如下。

扫码看视频

Step 01 按Ctrl+J组合键，将"图层2"图层复制为新图层，如下图所示。

Step 02 在菜单栏中执行"滤镜❶>滤镜库❷"命令，如下图所示。

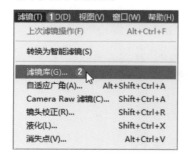

Step 03 在打开的"滤镜库"对话框中单击"艺术效果"折叠按钮❶，在展开的区域中选择"粗糙蜡笔"选项❷，如下图所示。

Step 04 在对话框右侧打开的区域中设置"粗糙蜡笔"的参数，设置"描边长度"为25、"描边细节"为15、"纹理"为"画布"、"缩放"为50%、"凸现"为25、"光照"为"下"❶，并单击"确定"按钮❷，如下图所示。

Step 05 在工具箱中选择橡皮擦工具，在画布上单击鼠标右键，在弹出的面板中设置橡皮擦工具的"大小"为220像素、"硬度"为0%，如下图所示。

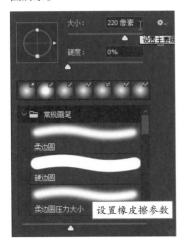

Step 06 在属性栏中设置橡皮擦工具的"流量"为60%，如下图所示。

Step 07 使用橡皮擦工具，在画布上擦除多余的线条，如下图所示。

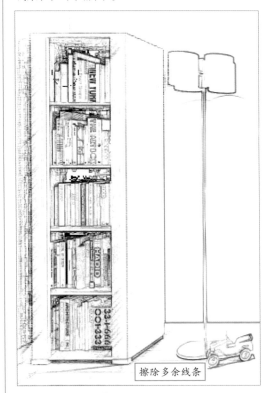

擦除多余线条

知识充电站‼

Photoshop中的"滤镜库"是一个包含了多个滤镜组的对话框，每个滤镜组中又整合了多个滤镜，用于为图像添加特殊的艺术效果。Photoshop中的滤镜库共包含6个滤镜组，分别是"风格化"滤镜组、"画笔描边"滤镜组、"扭曲"滤镜组、"素描"滤镜组、"纹理"滤镜组和"艺术效果"滤镜组。单击某一滤镜组的折叠按钮，在打开的区域中选择所需使用的滤镜，当前对话框的名称也会更改为相应滤镜的名称。选择滤镜后，右侧将打开相应的参数设置区域。在"滤镜库"对话框中，可以同时建立多个效果图层。

13.5 制作动漫风格图像

案/例/简/介

　　使用Photoshop可以将照片处理成许多风格，例如将照片转换为动漫风格。综合使用滤镜和图层的混合模式可以让图像表现出特殊的风格。动漫风格图像制作完成后的效果如下图所示。

思/路/分/析

　　动漫风格图像一般是将实际拍摄的照片转换为类似动漫的平面化图像风格，图像整体色彩表现更加鲜艳，线条更加明确。制作动漫风格图像的流程如下图所示。

制作动漫风格图像	调整图像颜色	"油画"滤镜
		Camera Raw滤镜
	制作绘画风格	"干画笔"滤镜
		混合选项
	栅格化图层	

13.5.1　调整图像颜色

扫码看视频

1. "油画"滤镜

使用"油画"滤镜，可以轻松地将照片转换为具有油画般笔触和效果的图像，具体操作方法如下。

Step 01 在菜单栏中执行"文件>打开"命令，在文件夹中选择"房屋"图像文件并打开，如下图所示。

打开"房屋"图像

Step 02 在菜单栏中执行"滤镜❶>风格化❷>油画❸"命令，如下图所示。

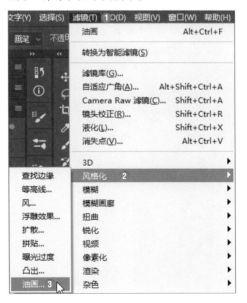

Step 03 在弹出的"油画"对话框中设置"描边样式"为0.1、"描边清洁度"为5、"缩放"为5、"硬毛刷细节"为0❶，并取消对"光照"复选框的勾选❷，单击"确定"按钮❸，如下图所示。

2. Camera Raw滤镜

使用Camera Raw滤镜可以快速且全面地对图像的色彩、对比度、曝光等进行调整，具体操作方法如下。

Step 01 在菜单栏中执行"滤镜❶>Camera Raw滤镜❷"命令，如下图所示。

Step 02 在弹出的"Camera Raw(房屋.jpg)"对话框中设置"色温"为-36、"色调"为-75，设置"曝光"为+0.6、"高光"为-100、"阴影"为+100、"黑色"为+100、"自然饱和度"为+20、"饱和度"为+15，如下图所示。

设置参数

Step 03 单击"HSL调整"标签❶，在打开的区域中切换至"色相"选项卡❷，设置"绿色"为-40❸，如下图所示。

Step 04 切换至"饱和度"选项卡❶，在打开的区域中设置"绿色"为-50、"浅绿色"为+60、"洋红"为+20❷，如下图所示。

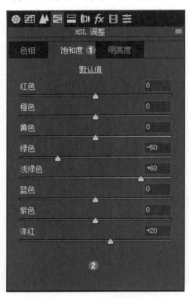

Step 05 切换至"明亮度"选项卡❶，在打开的区域中设置"蓝色"为-30、"紫色"为-100❷，单击"确定"按钮❸，如下图所示。

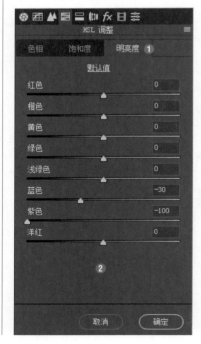

13.5.2 制作绘画风格

▶▶▶ 使用"干画笔"滤镜可以为图像添加特殊的绘画风格，使用图层样式中的"混合选项"能够让两幅图像进行更好的融合，具体操作方法如下。

扫码看视频

1. "干画笔"滤镜

"干画笔"滤镜能够通过降低图像的颜色范围简化图像，并为图像添加细节纹理。使用"干画笔"滤镜能够为图像增加手绘水彩风格，具体操作方法如下。

Step 01 按Ctrl+J组合键，将"背景"图层复制为新图层，如下图所示。

复制图像为新图层

Step 02 在菜单栏中执行"滤镜>滤镜库"命令，在打开的"滤镜库"对话框中单击"艺术效果"折叠按钮❶，在打开的区域中选择"干画笔"❷，如下图所示。

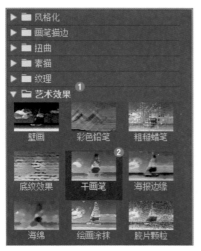

Step 03 在右侧打开的区域中设置"干画笔"的参数，设置"画笔大小"为0、"画笔细节"为10、"纹理"为2❶，单击"确定"按钮❷，如下图所示。

Step 04 在"图层"面板中设置"图层1"图层的"不透明度"为50%，设置混合模式为"柔光"，如下图所示。

"柔光"混合模式

2. 混合选项

在Photoshop中，使用"图层样式"中的"混合选项"可以对图层的混合方式进行更改，而"混合选项"中的"混合颜色带"可以针对性地让图层上的一部分显示或隐藏，具体操作方法如下。

Step 01 在菜单栏中执行"文件>置入嵌入对象"命令，从文件夹中选择"云"图像文件置入，如下图所示。

Step 02 双击"云"图层，在弹出的"图层样式"对话框中切换至"混合选项"选项卡，如下图所示。

Step 03 在右侧打开的区域中单击"混合颜色带"右侧的下三角按钮❶，在下拉列表中选择"灰色"选项❷，如下图所示。

Step 04 将光标移动到"下一图层"色条的左侧，按住Alt键单击，如下图所示。

Step 05 将光标移动到色条的右侧，按住Alt键单击，如下图所示。

Step 06 拖曳被分开的滑块，将左1滑块的数值设置为60、左2滑块的数值为175，设置右1滑块的数值为95、右2滑块的数值为255，如下图所示。

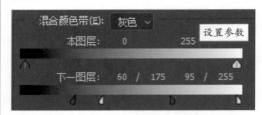

Step 07 单击"确定"按钮，可以看到"云"图层和"图层1"图层上的图像内容已经混合，如下图所示。

混合图像内容

13.5.3 栅格化图层

▶▶▶ 在Photoshop中当需要对智能对象或矢量图层执行像素化操作时，需要将图层转化为栅格化图层，具体操作方法如下。

扫码看视频

Step 01 在"图层"面板中选中"云"图层❶，单击鼠标右键，在弹出的快捷菜单中选择"栅格化图层"命令❷，如下图所示。

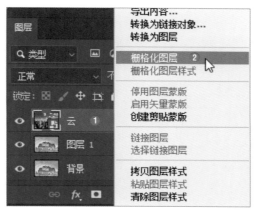

Step 02 在工具箱中选择橡皮擦工具，在画布上单击鼠标右键，在弹出的面板中设置"大小"为500像素、"硬度"为20%，如下图所示。

Step 03 使用橡皮擦工具，在画布上擦除和房屋、景物重叠的部分，如下图所示。

Step 04 在"图层"面板中单击"创建新的填充或调整图层"按钮，在打开的列表中选择"色彩平衡"选项，在"属性"面板中设置"青色-红色"为+50、"洋红-绿色"为-40、"黄色-蓝色"为+100❶，取消对"保留明度"复选框的勾选❷，如下图所示。

Step 05 在"图层"面板中单击"创建新的填充或调整图层"按钮，在打开的列表中选择"亮度/对比度"选项，在"属性"面板中设置"对比度"为-50，如下图所示。

知/识/大/迁/移
液化滤镜

在Photoshop中，"液化"滤镜可以称之为最神奇的滤镜，它可以对图像的任意部分进行推、拉、旋转、反射、折叠或膨胀等操作，制造出各种神奇的变形效果。

从Photoshop CC 2015.5版本开始，"液化"滤镜引入了高级人脸识别功能，能够轻松对人脸进行各种调整。在Photoshop的菜单栏中执行"滤镜>液化"命令，即可在打开的"液化"对话框中对图像进行各种调整，如下图所示。

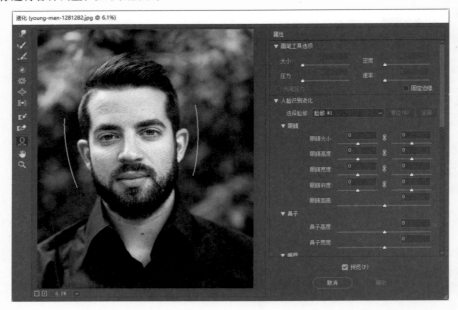

在"液化"对话框右侧的"属性"区域，单击"人脸识别液化"折叠按钮❶，即可在打开的区域中对人物的眼睛、鼻子、嘴唇、脸型等部位进行参数调整❷。在对人物的眼睛进行调整时，用户还可以选择是否关联左眼和右眼的调整，如下图所示。

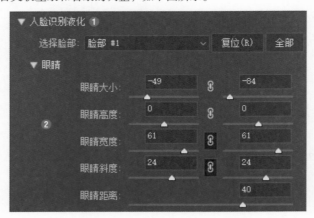

在"液化"对话框左侧的工具栏中单击"向前变形工具"按钮，在"属性"区域中单击"画笔工具选项"折叠按钮❶，在打开的区域中即可对画笔的"大小"、"压力"等进行设置❷，如下图所示。

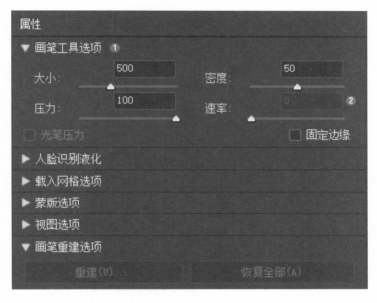

对同一图像，可以多次进行液化调整，直到效果达到满意的程度为止。使用"液化"滤镜对图像进行调整变形时，需要注意图像的变形程度不能过大，以免色彩因放大或缩小而变得模糊。

对人物的面部进行液化调整，调整前的效果如下左图所示。调整之后的效果如下右图所示。

Chapter

14

图像的合成

本章导读

　　使用Photoshop可以轻松制作出各种流行的合成图像效果，包括拼贴图像、3D图像等效果。本章从实用角度出发，结合合成3D视觉效果、制作马赛克人像拼图、合成创意双重曝光效果和合成创意多层空间重叠效果四个案例，综合介绍蒙版工具、图案、动作、批处理、变形等工具和命令的具体应用。

　　本章涉及到的知识主要包括剪贴蒙版、快速蒙版、对象选择工具、批处理、联系表II、匹配颜色和操控命令等。

本章要点

1. 合成3D视觉效果
▶ 快速选择工具
▶ 剪贴蒙版
▶ 魔棒工具

2. 合成创意双重曝光效果
▶ 快速蒙版
▶ "色相/饱和度"命令
▶ 画笔工具
▶ 对象选择工具
▶ 填充

3. 制作马赛克人像拼图
▶ 重新采样
▶ 动作
▶ 批处理
▶ 联系表II
▶ 定义图案

4. 合成创意多层空间层叠效果
▶ 水平翻转
▶ 匹配颜色
▶ 操控变形

14.1 合成3D视觉效果

案/例/简/介

3D视觉效果图像打造出一种打破空间的超现实感，营造出特别的视觉享受。使用Photoshop可以轻松合成3D效果，让图像表现得更加立体，并增添趣味性。合成3D视觉效果如下图所示。

思/路/分/析

3D视觉效果一般包括多项内容，在底层素材的基础上加以空间上的突破，丰富图像的层次。制作3D视觉效果时，需要注意空间上的远近，以及素材的相互融合。制作3D效果的流程如下图所示。

合成3D视觉效果	使用图层蒙版抠取图像		
	抠选素材	快速选择工具	
		多边形套索工具	
	添加并调整素材	色彩平衡剪贴蒙版图层蒙版	
	透视变形		

14.1.1 使用图层蒙版抠取图像

▶▶▶ 对当前图层创建图层蒙版，可以利用图层蒙版对当前图层上的内容进行部分隐藏。使用图层蒙版对图像内容进行修改，图层上原有的像素不会被破坏，具体操作方法如下。

扫码看视频

Step 01 在菜单栏中执行"文件>新建"命令，在弹出的"新建文档"对话框中设置文件名为3D、"宽度"为1920像素、"高度"为1080像素、"分辨率"为72、颜色模式为RGB颜色❶，单击"创建"按钮❷，如下图所示。

Step 02 在菜单栏中执行"视图❶>清除参考线❷"命令，清除画布上的参考线，如下图所示。

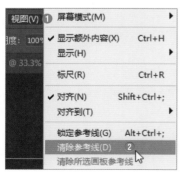

Step 03 在菜单栏中执行"文件>置入嵌入对象"命令，从文件夹中选择"手机"图像文件置入，并缩放其大小，如下图所示。

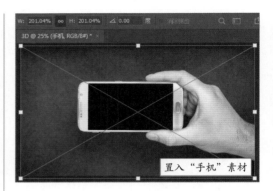

置入"手机"素材

Step 04 按Ctrl+A组合键全选图层，并按Ctrl+J组合键将选区内的图像复制为新图层，如下图所示。

图像复制为新图层

Step 05 在"属性"面板中单击"快速操作"折叠按钮❶，在打开的区域中单击"删除背景"按钮❷，如下图所示。

Step 06 在"图层"面板中选中"手机"图层
❶，单击"删除图层"按钮❷，如下图所示。

Step 07 选择"图层1"图层的蒙版缩略图，在
工具箱中选择钢笔工具，在画布上绘制路径，
如下图所示。

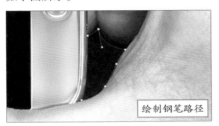

绘制钢笔路径

Step 08 在画布上单击鼠标右键，在打开的快捷
菜单中选择"建立选区"命令，在弹出的"建
立选区"对话框中设置"羽化半径"为2像素
❶，单击"确定"按钮❷，如下图所示。

Step 09 在工具箱中设置当前的背景色为黑色，
按Delete键对选区内的图像进行隐藏，并按
Ctrl+D组合键取消选择，如下图所示。

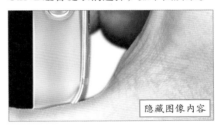

隐藏图像内容

14.1.2 抠选素材

▶▶▶ 快速选择工具可以根据光标的移动而扩大选择的范围，同时自动查找和跟随图
像中定义的边缘，多边形套索工具可以绘制由直线线段构成的多边形选区，具体操
作方法如下。

扫码看视频

1. 快速选择工具

使用快速选择工具可以快速对图像内容进
行选择，具体操作方法如下。

Step 01 在工具箱中选择快速选择工具，在属性
栏中设置"大小"为5像素、"硬度"为100%，
如下图所示。

Step 02 在"图层"面板中选中"图层1"图层
❶，在画布上拖曳选取手机屏幕❷，并按Ctrl+J
组合键将选区内的图像复制为新图层❸，如下
图所示。

Step 03 在菜单栏中执行"文件>打开"命令，
从文件夹中选择"书"图像文件并打开，如下
图所示。

打开"书"素材

Step 04 在工具箱中选择快速选择工具，在画布上为打开的书页创建选区，如下图所示。

创建选区

2. 多边形套索工具

使用多边形套索工具可以轻松绘制由直边线段组成的多边形选区，具体操作方法如下。

Step 01 在工具箱中选择多边形套索工具，在属性栏中单击"从选区减去"按钮，如下图所示。

Step 02 使用多边形套索工具在画布上绘制选区，减去原本选区上的内容，如下图所示。

修改选区

Step 03 按Ctrl+J组合键将选区内的图像复制为新图层，并在"图层"面板中同时选中"图层1"图层和"图层2"图层❶，单击"链接图层"按钮❷，如下图所示。

Step 04 在工具箱中选择移动工具，拖曳图像到3D文档中，并按Ctrl+T组合键，对图像进行一定的缩放，然后按Enter键进行确定，效果如下图所示。

移动并缩放图像

14.1.3 添加并调整素材

▶▶▶ "色彩平衡"命令可以更改图像的总体颜色混合，快速对图像的色彩进行调整，具体操作方法如下。

扫码看视频

Step 01 在菜单栏中执行"文件>置入嵌入对象"命令，从文件夹中选择"背景1"图像文件并置入，调整图像的大小和位置，完成后按Enter键进行确定，如下图所示。

置入图像素材

Step 02 在"图层"面板中单击"创建新的填充或调整图层"按钮，在打开的列表中选择"色彩平衡"选项，在"属性"面板中设置"青色-红色"为+28、"黄色-蓝色"为+20，如下图所示。

设置参数

Step 03 在菜单栏中执行"文件>置入嵌入对象"命令，选择"背景2"图像文件并置入，调整图像的位置，完成后按Enter键进行确定，如下图所示。

置入图像素材

Step 04 在"图层"面板中单击"添加图层蒙版"按钮，并选中所添加的"背景2"图层的图层蒙版。在工具箱中选择画笔工具，在画布上单击鼠标右键，设置"大小"为800、"硬度"为0%，并在属性栏中设置"流量"为20%，如下图所示。

设置画笔参数

Step 05 保持前景色为黑色，在画布最上方擦除一部分图像，如下图所示。

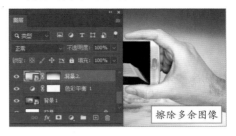
擦除多余图像

Step 06 在"图层"面板中选中"图层2"图层，在菜单栏中执行"文件>置入嵌入对象"命令，从文件夹中选择"风景"图像文件并置入，调整图像的大小和位置，完成后按Enter键进行确定，如下图所示。

置入图像素材

Step 07 按住Alt键，将"风景"图层设置为"图层2"图层的剪贴蒙版，如下图所示。

设置剪贴蒙版

Step 08 按Ctrl+J组合键复制"风景"图层，单击"添加图层蒙版"按钮为"风景 拷贝"图层添加图层蒙版，保持前景色为黑色，擦除烟雾之外的部分，如下图所示。

擦除多余图像

擦除多余图像

Step 09 在菜单栏中执行"文件>置入嵌入对象"命令，从文件夹中选择"烟雾"图像文件并置入，调整其位置，如下图所示。

置入"烟雾"图像

Step 10 在"图层"面板中选择"图层4"图层，在菜单栏中执行"文件>置入嵌入对象"命令，从文件夹中选择"素材2"图像文件并置入，调整其大小和位置，如下图所示。

置入图像素材

Step 11 在"图层"面板中单击"添加图层蒙版"按钮，为"素材2"图层添加图层蒙版。保持前景色为黑色，在工具箱中选择画笔工具，设置"硬度"为40%，灵活变化画笔工具的大小，擦除建筑主体之外的部分，如下图所示。

Step 12 在"图层"面板中单击"创建新的填充或调整图层"按钮，在打开的列表中选择"色彩平衡"选项，在"属性"面板中设置"青色-红色"为-100、"洋红-绿色"为-63❶，并勾选"保留明度"复选框❷，单击"此调整剪切到此图层"按钮❸，如下图所示。

Step 13 单击"色彩平衡 2"的图层蒙版，保持前景色为黑色，擦除建筑物所在的部分，如下图所示。

擦除多余图像

Step 14 在菜单栏中执行"文件>置入嵌入对象"命令，置入"素材1"图像文件，并调整其大小和位置，如下图所示。

Step 15 在"图层"面板中单击"添加图层蒙版"按钮，为"素材1"图层添加图层蒙版。保持前景色为黑色，使用画笔工具擦除图像上多余的部分，如下图所示。

擦除多余图像

Step 16 在"图层"面板中新建"组1"图层组，在菜单栏中执行"文件>置入嵌入对象"命令，从文件夹中选择"瀑布"图像文件并置入，调整其大小和位置，如下图所示。

置入"瀑布"图像

Step 17 在"图层"面板中单击混合模式下三角按钮❶，在下拉列表中选择"变亮"选项❷，如下图所示。

Step 18 单击"添加图层蒙版"按钮，为"瀑布"图层添加图层蒙版，保持前景色为黑色，使用画笔工具擦除图像上多余的部分，如下图所示。

擦除多余图像

Step 19 按Ctrl+J组合键复制"瀑布"图层，将混合模式更改为"正常"，灵活切换白色与黑色，并根据实际需要变换画笔工具的大小，对瀑布的显示范围进行擦除，如下图所示。

擦除多余图像

Step 20 在"图层"面板中选中"组1"图层组，单击"创建新的填充或调整图层"按钮，在打开的列表中选择"色彩平衡"选项，在"属性"面板中设置"青色-红色"为-40、"洋红-绿色"为+5、"黄色-蓝色"为+12❶，单击"此调整剪切到此图层"按钮❷，如下图所示。

扫码看视频

知识充电站!!

在图层蒙版中，白色代表被蒙版的图层所显示的图像范围，黑色代表被蒙版的图层所被遮盖的图像范围。使用灰色在图层蒙版上进行绘制，图像将会根据颜色的灰度值呈现出不同层次的透明效果。

当需要在蒙版上进行大范围的图像处理时，可以先对需要处理的部分建立选区，使用 Delete 键删除或使用油漆桶工具填充选区，再使用画笔工具对选区进行细化。

渐变工具同样可以应用在图层蒙版上，使用渐变工具在图层蒙版上绘制渐变填充，图像将呈现出渐隐的透明效果。

14.1.4　透视变形图像

▶▶▶ "透视变形"命令可以调整图像的透视，让图像整体的透视更加规范，并营造出特殊的突破画面的效果，具体操作方法如下。

Step 01 在"图层"面板中选择"色彩平衡3"图层，在菜单栏中执行"文件>置入嵌入对象"命令，从文件夹中选择"桥"图像文件并置入，调整其大小和位置，如下图所示。

置入"桥"素材

Step 02 使用快速选择工具，选择桥梁的主体，如下图所示。

创建选区

Step 03 按Ctrl+J组合键复制选区为新图层❶，选择"桥"图层❷，在"图层"面板中单击"删除图层"按钮❸进行删除，如下图所示。

Step 04 选中"图层5"图层，单击"添加图层蒙版"按钮，为"图层5"图层添加图层蒙版，并使用画笔工具在画布上擦除多余的部分，使桥梁主体融合更加自然，如下图所示。

擦除多余图像

Step 05 在菜单栏中执行"文件>置入嵌入对象"命令，从文件夹中选择"鸟群"图像文件并置入，如下图所示。

置入"鸟群"素材

Step 06 在菜单栏中执行"编辑❶>透视变形❷"命令，如下图所示。

Step 07 在画布上单击创建版面，如下图所示。

创建版面

Step 08 拖曳版面的边框，框选所需变形的图像，如下图所示。

调整范围

Step 09 在属性栏中单击"变形"按钮，如下图所示。

Step 10 拖曳变形图钉，使图像的透视改变，并按Enter键进行确定，如下图所示。

拖曳变形

Step 11 按Ctrl+J组合键复制"鸟群"图层，并按Ctrl+T组合键对"鸟群 拷贝"图层进行缩放和移动，如下图所示。

移动和缩放

Step 12 在"图层"面板中双击"鸟群 拷贝"图层的"透视变形"滤镜，如下图所示。

Step 13 拖曳版面的图钉，对变形的范围进行修改，并按Enter键进行确定，如下图所示。

Step 14 在菜单栏中执行"文件>置入嵌入对象"命令，从文件夹中选择"鸟"图像文件并置入，调整其位置，如下图所示。

修改范围

Step 15 按Shift+Ctrl+Alt+E组合键，将所有图像内容盖印为一个新图层，如下图所示。

Step 16 在菜单栏中执行"滤镜❶>Camera Raw滤镜❷"命令，如下图所示。

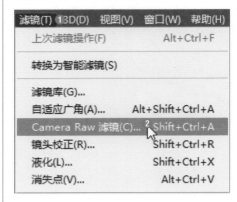

滤镜(T) 13D(D) 视图(V) 窗口(W) 帮助(H)

上次滤镜操作(F)　　　　　　　Alt+Ctrl+F

转换为智能滤镜(S)

滤镜库(G)...
自适应广角(A)...　　　　Alt+Shift+Ctrl+A
Camera Raw 滤镜(C)... ² Shift+Ctrl+A
镜头校正(R)...　　　　　　　Shift+Ctrl+R
液化(L)...　　　　　　　　　Shift+Ctrl+X
消失点(V)...　　　　　　　　Alt+Ctrl+V

Step 17 在打开的Camera Raw对话框中设置"色温"为-4、"色调"为+8、"曝光"为+0.25、"对比度"为-25❶，单击"确定"按钮❷，如下图所示，即可完成3D效果的制作。

14.2 合成创意双重曝光效果

案 / 例 / 简 / 介

　　双重曝光指的是以同一个图像为基准进行多次曝光，是一种Photoshop创意合成技巧。使用双重曝光合成创意图像，能够较为轻松地将多张图片融合在同一个图像中，并创造出特殊的视觉风格。创意双重曝光效果图像合成完成后的效果如右图所示。

思 / 路 / 分 / 析

　　创意双重曝光效果一般包括多种图像内容，多个素材在既定的图像基础上相互叠加，制造出丰富的图像层次和内容。合成创意双重曝光效果时，需要注意素材颜色的搭配和相互之间的融合。合成创意双重曝光效果图像的流程如下图所示。

合成创意双重曝光效果	抠取图像主体	选择主体
		快速蒙版
	置入曝光素材	图层蒙版和剪贴蒙版
		"色相/饱和度"命令
	修饰图像	画笔工具
		对象选择工具
		"填充"命令

14.2.1 抠取图像主体

▶▶▶ 使用Photoshop的"选择主体"功能可以快速选择图像中最为突出的主体，使用"快速蒙版"模式可以对所创建的选区进行编辑修改，具体操作方法如下。

扫码看视频

1. 选择主体

在Photoshop中，使用"选择主体"功能可以快速对图像中最为突出的主体进行选择，具体操作方法如下。

Step 01 在菜单栏中执行"文件>新建"命令，在弹出的"新建文档"对话框中设置文件名为"双重曝光"、"宽度"为40厘米、"高度"为60厘米、"分辨率"为300、颜色模式为CMYK颜色❶，单击"创建"按钮❷，如下图所示。

Step 02 在菜单栏中执行"文件>置入嵌入对象"命令，从文件夹中选择"人物"图像文件并置入，如下图所示。

置入"人物"图像

Step 03 按Ctrl+J组合键复制"人物"图层，打开"属性"面板，在"属性"面板中单击"转换为图层"按钮，如下图所示

单击

Step 04 在"属性"面板中单击"快速操作"折叠按钮❶，在打开的区域中单击"选择主体"按钮❷，如下图所示。

知识充电站!!!

在工具箱中选择"魔棒工具"或"快速选择工具"，单击属性栏中的"选择主体"按钮，同样可以对所选中的图层进行选择主体图像的操作。

2. 快速蒙版

"快速蒙版"是一种临时的蒙版工具，使用"快速蒙版"可以对所创建的选区进行编辑修改，具体操作方法如下。

Step 01 按Q快捷键进入快速蒙版模式，如下图所示。

进入快速蒙版

Step 02 在工具箱中选择画笔工具，在画布上单击鼠标右键，在弹出的面板中设置"大小"为10像素、"硬度"为80%，如下图所示。

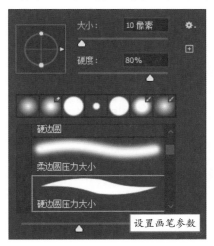

大小： 10 像素

硬度： 80%

硬边圆

柔边圆压力大小

硬边圆压力大小

设置画笔参数

Tips

操作解迷

在"快速蒙版"模式中，受保护的区域和未受保护的区域分别以不同的颜色进行区分，选择画笔工具，使用黑色可以对选区进行擦除，使用白色可以对选区进行扩充。当离开"快速蒙版"模式时，未受保护的图像区域将恢复为选区。

Step 03 设置前景色为白色，涂抹图像主体上未被选中的部分；设置前景色为黑色，涂抹图像主体上多余的部分，如下图所示。

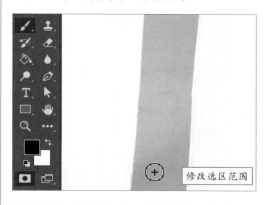

修改选区范围

Step 04 按Q快捷键退出"快速蒙版"模式，按Ctrl+J组合键将选区内的图像复制为新图层，如下图所示。

选区内的图像复制为新图层

知识充电站

使用 Photoshop 对图像内容进行抠取，通常有多种方式，如使用钢笔工具绘制路径、使用图层蒙版对图像上多余的部分进行擦除、结合使用"色阶"命令和通道对图像进行抠取等。根据图像的实际情况，可以选择不同的抠图方式，也可以结合多种方法对图像内容进行抠取。

14.2.2　置入曝光素材

▶▶▶ 在Photoshop中，使用"剪贴蒙版"和"图层蒙版"功能能够更好地控制图像的显示范围，使用"色相/饱和度"调整图层能够对图像的色相和饱和度进行调整，具体操作方法如下。

扫码看视频

1. 图层蒙版和剪贴蒙版

使用图层蒙版可以在不损伤图像原本内容的同时对图像的显示范围进行修改。剪贴蒙版可以使用底部图层的形状决定上层图层所显示的图像内容，具体操作方法如下。

Step 01 在"图层"面板中单击"人物"图层和"人物 拷贝"图层左列的眼睛图标，取消两个图层的可见性，如下图所示。

取消图层可见性

Step 02 在菜单栏中执行"文件>置入嵌入对象"命令，从文件夹中选择"素材1"图像文件并置入，调整其位置和大小，完成后按Enter键进行确定，如下图所示。

置入"素材1"图像

Step 03 按住Alt键，在图层面板中将"素材1"图层设置为"图层1"图层的剪贴蒙版，如下图所示。

设置剪贴蒙版

Step 04 单击"图层"面板中的"添加图层蒙版"按钮❶，分别为"素材1"图层❷和"图层1"图层❸添加图层蒙版，如下图所示。

Step 05 在工具箱中设置背景色为黑色，选择快速选择工具，在属性栏中设置快速选择工具的"大小"为5，如下图所示。

设置参数

Step 06 在"图层"面板中选中"素材1"图层，结合使用属性栏中的"添加到选区"和"从选区减去"按钮，使用快速选择工具选中图像中的天空部分，如下图所示。

修改选区范围

Step 07 在"图层"面板中选中"素材1"图层的图层蒙版，按Delete键对选区内的图像进行遮盖。并在"图层1"图层的图层蒙版上进行同样的操作，如下图所示。

擦除多余图像

Step 08 在工具箱中选择画笔工具，在画布上单击鼠标右键，在弹出的面板中设置"大小"为300像素、"硬度"为100%，如下图所示。

设置画笔参数

Step 09 在工具箱中设置前景色为黑色，使用画笔工具，擦除图像上多余的部分，如下图所示。

擦除多余图像

Step 10 在菜单栏中执行"文件>置入嵌入对象"命令，从文件夹中选择"素材2"素材并置入。将"素材2"图层设置为"图层1"图层的剪贴蒙版，并调整其大小和位置，完成后按Enter键进行确定，如下图所示。

置入并设置"素材2"图像

Step 11 在"图层"面板中设置"素材2"❶的混合模式为"线性加深"❷，如下图所示。

Step 12 单击"添加图层蒙版"按钮❶，为"素材2"图层添加图层蒙版，选中图层蒙版❷。在工具箱中设置前景色为黑色，选择画笔工具，在画布上单击鼠标右键，在弹出的面板中设置画笔工具的"大小"为3500像素、"硬度"为0%❸，如下图所示。

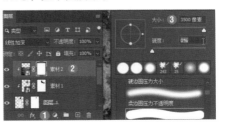

Step 13 使用画笔工具，在画布上对多余的图像部分进行擦除，如下图所示。

擦除多余图像

Step 14 在菜单栏中执行"文件>置入嵌入对象"命令，从文件夹中选择"素材3"图像文件并置入。将"素材3"图层设置为"图层1"图层的剪贴蒙版，并调整其位置和大小，如下图所示。

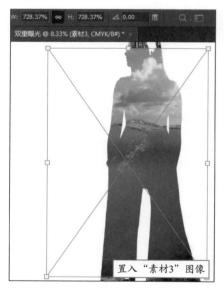

置入"素材3"图像

Step 15 在"图层"面板中设置"素材3"图像的混合模式为"线性加深"❶，并单击"添加图层蒙版"按钮❷，为"素材3"图层添加图层蒙版❸，如下图所示。

Step 16 在工具箱中选择画笔工具，灵活设置画笔工具的参数，对图像上多余的部分进行擦除，如下图所示。

擦除多余图像

Step 17 在菜单栏中执行"文件>置入嵌入对象"命令，从文件夹中选择"素材5"图像文件并置入，调整其位置和大小，完成后按Enter键进行确定，如下图所示。

置入"素材5"图像

Step 18 在"图层"面板中单击"添加图层蒙版"按钮，为"素材5"图层添加图层蒙版，使用画笔工具，在蒙版上擦除多余的图像，如下图所示。

擦除多余图像

2."色相/饱和度"命令

在Photoshop中，使用"色相/饱和度"命令可以对图像上特定颜色范围内的色相、饱和度和亮度进行调整，从而使颜色的表现更符合需求，具体操作方法如下。

Step 01 在"图层"面板中选中"图层1"图层❶，单击"创建新的填充或调整图层"按钮❷，在打开的列表中选择"色相/饱和度"选项❸，如下图所示。

Step 02 在"属性"面板中设置"色相"为+40、"饱和度"为-55，如下图所示。

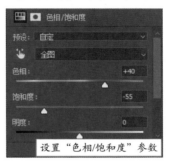

设置"色相/饱和度"参数

Tips 操作解迷

在使用 Photoshop 设计并制作合成图像的时候，除了需要注重对素材的选择，还需要注意图像整体风格和色调上的一致。

"色相/饱和度"命令中还包含一些应用广泛的预设。在"属性"面板中单击"预设"下三角按钮，在下拉列表中可以选择"色相/饱和度"的预设参数。

14.2.3　修饰图像

▶▶▶ 使用画笔工具能够在画布上绘制颜色；使用对象选择工具能够轻松对需要选择的具体对象创建选区；使用"填充"命令能够对选区内的图像进行色彩或图像的填充，具体操作方法如下。

扫码看视频

1. 画笔工具

在Photoshop中，画笔工具可以在图像上绘制出当前的前景色，并显示为柔边线条。使用画笔工具可以绘制图像，或者对当前的图像进行修改，具体操作方法如下。

Step 01 在"图层"面板中单击"人物 拷贝"图层左侧的眼睛图标❶，显示"人物 拷贝"图层上的图像内容，并取消"素材5"图层的可见性❷，如下图所示。

Step 02 在工具箱中选择画笔工具，单击"设置前景色"按钮，在弹出的"拾色器（前景色）"对话框中设置前景色为#8e9db5❶，单击"确定"按钮❷，如下图所示。

Step 03 在画布上单击鼠标右键，在弹出的面板中设置画笔工具的"大小"为500像素、"硬度"为80%，如下图所示。

Step 04 使用画笔工具在画布上进行绘制，遮盖人物头发部分，如下图所示。

Step 05 在菜单栏中执行"文件>置入嵌入对象"命令，从文件夹中选择"素材6"图像文件并置入，调整其位置和大小，完成后按Enter键进行确定，如下图所示。

置入"素材6"图像

Step 06 在"图层"面板中设置"素材6"图层的混合模式为"柔光"❶。单击"添加图层蒙版"按钮❷，为"素材6"图层添加图层蒙版，并选中所添加的图层蒙版❸，保持前景色为黑色，选择画笔工具，设置"大小"为3000、"硬度"为0%，在画布上擦除部分图像❹，如下图所示。

Step 07 在"图层"面板中单击"素材5"图层左侧的眼睛图标，设置"素材5"图层的可见性，如下图所示。

2. 对象选择工具

对象选择工具是Photoshop 2020新增的一项工具，使用对象选择工具可以在画布上轻松对所需选择的对象创建选区，具体操作方法如下。

Step 01 在菜单栏中执行"文件>打开"命令，从文件夹中选择"素材4"图像文件并打开，如下图所示。

置入"素材4"图像

Step 02 在工具箱中的选择工具组上单击鼠标右键❶，在打开的列表中选择对象选择工具❷，如下图所示。

Step 03 按住鼠标左键，在画布上拖曳绘制一个选框，框选腾跃的人物部分，如下图所示。

框选图像

Step 04 释放鼠标左键，人物已被自动选中，如下图所示。

创建选区

Step 05 在工具箱中选择快速选择工具，在属性栏中单击"添加到选区"按钮，并设置"大小"为3像素，如下图所示。

设置参数

Step 06 使用快速选择工具，在画布上扩大选区未被选中的部分，如下图所示。

修改选区范围

Step 07 使用移动工具，拖曳选区内的图像至"双重曝光"文件窗口中，如下图所示。

移动图像

Step 08 按Ctrl+T组合键缩放人物的大小，并拖曳到合适的位置，完成后按Enter键进行确定，如下图所示。

缩放并移动图像

3. "填充"命令

"填充"命令可以使用前景色、背景色、内容识别、图案或历史记录对选区或图层进行填充。使用"填充"命令可以对图像进行修补和修改，具体操作方法如下。

Step 01 在"图层"面板中选中所有图层，按Ctrl+G组合键将所有图层收入组中，效果如下图所示。

创建图层组

Step 02 按Shift+Ctrl+Alt+E组合键，在"组1"图层组上方将当前图像盖印为新图层❶，并取消"组1"图层组的可见性❷，效果如下图所示。

Step 03 在工具箱中选择移动工具，按住Shift键，向左移动"图层3"图层上的图像，如下图所示。

移动图像

Step 04 在工具箱中选择矩形选框工具，在画布上绘制选区，框选出画布右侧空白的部分，如下图所示。

创建选区

Step 05 在画布上单击鼠标右键，在快捷菜单中选择"填充"命令，如下图所示。

单击

Step 06 在弹出的"填充"对话框中单击"内容"下三角按钮❶，在下拉菜单中选择"内容识别"选项❷，单击"确定"按钮❸，如下图所示。

Step 07 在"图层"面板中单击"创建新的填充或调整图层"按钮❶，在打开的列表中选择"亮度/对比度"选项❷，如下图所示。

Step 08 在"属性"面板中设置"对比度"为24❶，并单击"此调整剪切到此图层"按钮❷，如右图所示。

知识充电站

在菜单栏中执行"编辑>填充"命令，或按Shift+F5组合键，也可以打开"填充"对话框，对图像进行填充。"填充"对话框中的"内容识别"选项能够使用选区附近的相似图像对选区进行智能填充。"颜色适应"选项能够通过特殊算法将填充区域的颜色与周围的颜色进行混合，让色彩呈现更加自然。

除了"内容识别"选项之外，还可以使用"图案""历史记录"和"颜色"对选区或图像进行填充。"历史记录"选项能够将所选区域恢复为历史记录中的源状态。在画面上所需填充的部分创建选区，在菜单栏中执行"编辑>内容识别填充"命令，在打开的"内容识别填充"区域中使用取样画笔工具或套索工具指定图像填充的取样范围，在右侧的区域中对"颜色适应"和"旋转适应"等选项进行设置，即可对图像进行更加细致和精准填充。调整时还可以通过"预览"面板查看图像的结果，从而更好地控制填充的效果。

14.3 制作马赛克人像拼图

案 / 例 / 简 / 介

马赛克人像拼图是一种流行的拼贴合成图像风格，能够将多张照片拼贴融合到一张照片中，既保留了原本的图像内容，又增加了其他图像的细节。使用Photoshop可以轻松制作马赛克人像拼图，马赛克人像拼图的效果如下图所示。

思 / 路 / 分 / 析

马赛克人像拼图一般包括2项内容，分别为底图素材和拼贴素材。其中底图素材是图像叠加的基础，拼贴素材是用于丰富图像内容的细节。制作马赛克人像拼图时，需要注意对各种参数的调整设置。制作马赛克人像拼图的流程如下图所示。

制作马赛克人像拼图	重新采样	
	处理素材	动作
		批处理
	合成图像	联系表II
		定义图案

14.3.1　重新采样

扫码看视频

▶▶▶ 当使用Photoshop对图像进行放大时，图像会因为像素的损失而显得模糊。对"重新采样"进行设置，可以减少像素的损失，使所处理的图像能够保留原本的精度，具体操作方法如下。

Step 01 在菜单栏中执行"文件>打开"命令，在文件夹中选择"孩子"图像文件❶，单击"打开"按钮❷，如下图所示。

Step 02 在"属性"面板中单击"快速操作"折叠按钮❶，在打开的区域中单击"图像大小"按钮❷，如下图所示。

Step 03 在弹出的"图像大小"对话框中单击"调整为"下三角按钮❶，在下拉列表中选择

"4×6英寸 300dpi"选项❷，如下图所示。

Step 04 单击"重新采样"下三角按钮❶，在下拉列表中选择"两次立方（平滑渐变）"选项❷，单击"确定"按钮❸，如下图所示。

14.3.2　处理素材

扫码看视频

▶▶▶ 使用"动作"能够记录并重现处理图像的步骤，使用"批处理"能够通过动作批量对图像进行处理，具体操作方法如下。

1. 动作

　　在Photoshop中，对于重复执行的任务，可以使用动作记录重复操作的具体步骤，以便于对图像进行快捷处理，具体操作方法如下。

Step 01 在菜单栏中执行"文件>打开"命令，从文件夹中选择"婴儿（1）"图像文件并打开，如下图所示。

打开"婴儿（1）"图像

Step 02 在菜单栏中执行"窗口>动作"命令，打开"动作"面板，如下图所示。

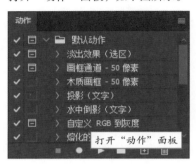

打开"动作"面板

Step 03 在"动作"面板中单击"创建新动作"按钮❶，在打开的"新建动作"对话框中设置"名称"为"修改大小"❷，单击"记录"按钮❸，如下图所示。

Step 04 在菜单栏中执行"图像>图像大小"命令，在弹出的"图像大小"对话框中设置"宽度"为6厘米、分辨率为150❶，勾选"重新采样"复选框❷，设置"重新采样"的选项为"保留细节（扩大）"选项❸，并单击"确定"按钮❹，如下图所示。

Step 05 在菜单栏中执行"图像>画布大小"命令，在弹出的"画布大小"对话框中设置"宽度"为6厘米❶，并单击"确定"按钮❷，如下图所示。

Step 06 在弹出的Adobe Photoshop提示对话框中单击"继续"按钮，如下图所示。

单击

Step 07 在菜单栏中执行"文件❶>存储❷"命令，如下图所示。

Step 08 关闭"婴儿（1）"图像文件，并在"动作"面板中单击"停止播放/记录"按钮，如下图所示。

2. 批处理

在Photoshop中，使用"批处理"命令，可以通过"动作"自动处理多个图像文件，具体操作方法如下。

Step 01 在菜单栏中执行"文件❶>自动❷>批处理❸"命令，如下图所示。

Step 02 在打开的"批处理"对话框中单击"动作"右侧的下三角按钮❶，在下拉列表中选择"修改大小"选项❷，如下图所示。

Step 03 单击"选择"按钮，在打开的"选取批处理文件夹"对话框中选择"婴儿"文件夹❶，单击"选择文件夹"按钮❷，如下图所示。

Step 04 单击"目标"下三角按钮❶，在下拉列表中选择"存储并关闭"选项❷，并勾选"覆盖动作中的'存储为'命令"复选框❸，单击"确定"按钮，图像将自动开始处理，如下图所示。

Chapter 14
图像的合成

14.3.3 合成图像

▶▶▶ 联系表 II功能可以将一个文件夹中的图像集中在一个画布上进行排版，定义图案功能可以将指定的内容定义为图案，具体操作方法如下。

扫码看视频

1. 联系表 II

Photoshop中的联系表II拥有着强大的自动排版功能，能够将多张图片集中在一幅图像上展示，具体操作方法如下。

Step 01 在菜单栏中执行"文件❶>自动❷>联系表II❸"命令，如下图所示。

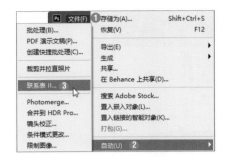

Step 02 在打开的"联系表II"对话框中单击"使用"下三角按钮❶，在下拉列表中选择"文件夹"选项❷，如下图所示。

Step 03 单击"选取"按钮，在打开的"浏览文件夹"对话框中选择"婴儿"文件夹❶，并单击"确定"按钮❷，如下图所示。

Step 04 在"文档"区域中单击"单位"下三角按钮❶，在下拉列表选择"厘米"选项❷，如下图所示。

Step 05 设置文档的"宽度"为30、"高度"为16、"分辨率"为150❶，单击"分辨率"下三角按钮❷，在下拉列表中选择"像素/英寸"选项❸，如下图所示。

Step 06 在"缩览图"区域中取消对"使用自动间距"复选框的勾选❶，并设置"垂直"为0cm、"水平"为0cm❷，如下图所示。

Step 07 在"缩览图"区域中设置"列数"为5、"行数"为4，如下图所示。

Step 08 在"将文件名用作题注"区域中取消对"字体"复选框的勾选，如下图所示。

Step 09 单击"确定"按钮，"婴儿"文件夹中的图像将自动新建为文档并排列图像，如下图所示。

2. 定义图案

在Photoshop中，图案是一种被预存的图像，使用所存储的图案填充图层或选区，可以大量重复并拼贴图案内容。除了Photoshop自带的预设图案之外，用户也可以自行对图案进行定义，具体操作方法如下。

Step 01 在菜单栏中执行"编辑❶>定义图案❷"命令，如下图所示。

Step 02 在弹出的"图案名称"对话框中设置"名称"为"马赛克"❶，单击"确定"按钮❷，如下图所示。

Step 03 回到"孩子"文档窗口，在"图层"面板中单击"创建新的填充或调整图层"按钮❶，在打开的列表中选择"图案"选项❷，如下图所示。

Step 04 在弹出的"图案填充"对话框中设置"缩放"为20%❶，单击"确定"按钮❷，如下图所示。

Step 05 在"图层"面板中将"图案填充1"图层的"混合模式"设置为"柔光"，如下图所示。

Step 06 设置"图案填充1"图层的"不透明度"为75%，如下图所示。即可完成马赛克人像拼图的制作。

14.4 合成创意多层空间层叠效果

案/例/简/介

多层空间重叠图像是一种近年来十分流行的特效图像效果，能够制作出倒错挤压的城市空间，让图像具备超现实的科幻感。利用蒙版和滤镜可以轻松合成多层空间重叠特效图像，创意多层空间层叠效果图像合成后的效果如下图所示。

思/路/分/析

创意多层空间层叠效果一般包括2项内容，分别为重叠特效图像和空间突破素材。其中重叠特效图像主要用于制作重叠挤压的城市空间重叠效果，而空间突破素材主要用于突破平面空间的限制，使图像表现得更加立体。合成创意多层空间重叠效果的流程如下图所示。

合成创意多层空间层叠效果	制作倒错的城市空间	水平翻转
		图层蒙板
	匹配图像颜色	匹配颜色
		高斯模糊
	修改透视	透视变形
		操控变形

14.4.1　制作倒错的城市空间

▶▶▶ 在Photoshop中，"水平翻转"命令能够将图层上或选区内的图像进行水平方向的翻转。使用"水平翻转"命令能够快速得到在水平方向上镜像对称的图像效果，具体操作方法如下。

扫码看视频

Step 01 在菜单栏中执行"文件>新建"命令，在弹出的"新建文档"对话框中设置文档名称为"多层空间"、"宽度"为1920像素、"高度"为1080像素、"分辨率"为72、"颜色模式"为RGB颜色❶，单击"创建"按钮❷，如下图所示。

Step 02 在菜单栏中执行"视图>新建参考线版面"命令，在弹出的"新建参考线版面"对话框中勾选"列"复选框❶，设置"数字"为2、"装订线"为0厘米❷；勾选"行数"复选框❸，设置"数字"为1、"装订线"为0厘米❹，取消对"边距"复选框的勾选❺，单击"确定"按钮❻，如下图所示。

Step 03 在菜单栏中执行"文件>置入嵌入对象"命令，置入"纽约"图像文件，并调整其大小

和位置，完成后按Enter键进行确定，如下图所示。

置入"纽约"图像

Step 04 按Ctrl+J组合键复制图层，按Ctrl+T组合键对图层执行自由变换，单击鼠标右键，在弹出的快捷菜单中选择"顺时针旋转90度"命令，如下图所示。

选择

Step 05 单击鼠标右键，在弹出的快捷菜单中选择"水平翻转"命令，按Enter键确定变形，如下图所示。

选择

Step 06 在工具箱中选择矩形工具，在画布上单击，在弹出的"创建矩形"对话框中设置长和宽，单击"确定"按钮，如下图所示。

Step 07 按Ctrl+T组合键，在属性栏中设置缩放倍率为1359.60%❶，并设置角度为45度❷，按Enter键确定，如下图所示。

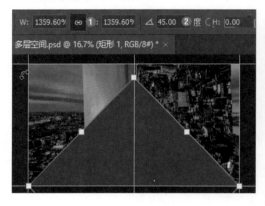

Step 08 按住Ctrl键，在"图层"面板中单击"矩形1"图层的缩略图，为"矩形1"图层上的图像创建选区，如下图所示。

Step 09 单击"矩形1"图层左侧的眼睛图标❶，选中"纽约 拷贝"图层❷，单击"添加图层蒙版"按钮❸，如下图所示。

Step 10 选中"纽约 拷贝"图层的图层蒙版，在工具箱中选择矩形选框工具在画布上绘制一个矩形选区，如下图所示。

创建选区

Step 11 保持背景色为黑色，按Delete键对选区内的图像进行擦除，如下图所示。

删除图像

Step 12 按Ctrl+D组合键取消选区，单击"纽约拷贝"图层和其图层蒙版间的链接图标❶，断开链接，并选择"纽约 拷贝"图层的缩略图❷，如下图所示。

Step 13 将图像移动到合适的位置，使边缘贴合整齐，如下图所示。

移动图像

Step 14 在"图层"面板中选中"纽约"图层，按Ctrl+J组合键复制两次，并将"纽约 拷贝2"图层移动到"纽约 拷贝"图层的上方，如下图所示。

复制并移动图层

Step 15 选中"纽约 拷贝2"图层，按Ctrl+T组合键，对图像执行自由变换，并在画布上单击鼠标右键，在快捷菜单中选择"垂直翻转"命令，将图像移动到合适的位置，按Enter键进行确定，如下图所示。

变换并移动图像

Step 16 在工具箱中设置前景色为黑色，选择画笔工具，在画布上单击鼠标右键，在弹出的面板中设置"大小"为500像素、"硬度"为80%，如下图所示。

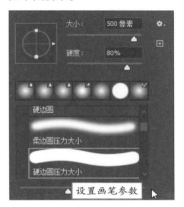

设置画笔参数

Step 17 在"图层"面板中单击"添加图层蒙版"按钮为"纽约 拷贝2"和"纽约 拷贝3"图层添加图层蒙版，使用画笔工具，擦除图像上多余的部分，效果如下图所示。

擦除多余图像

Step 18 在"纽约"拷贝图层上方新建一个图层 ❶，将"图层1"图层设置为"纽约 拷贝"图层的剪贴蒙版 ❷，并设置混合模式为柔光 ❸，如下图所示。

Step 19 在工具箱中设置前景色为黑色，使用画笔工具加深图像的颜色，如下图所示。

加深颜色

Step 20 在菜单栏中执行"文件>置入嵌入对象"命令，从文件夹中选择"城市"图像文件并置入，调整其大小、位置，完成后按Enter键进行确定，如下图所示。

置入并变换图像

Step 21 在工具箱中选择多边形套索工具，使用多边形套索工具绘制选区，如下图所示。

绘制选区

Step 22 按Ctrl+J组合键，复制选区为新图层❶，取消"城市"图层的显示❷，如下图所示。

Step 23 在"图层"面板中为"图层2"图层添加图层蒙版，使用画笔工具擦除多余的部分，如下图所示。

擦除多余图像

14.4.2 匹配图像颜色

▶▶▶ "匹配颜色"命令能够将所选中的图层或图像上的颜色与所指定的目标图像中的颜色进行匹配，具体操作方法如下。

扫码看视频

Step 01 在"图层"面板中选中"图层2"图层，在菜单栏中执行"图像>调整>匹配颜色"命令，在打开的"匹配颜色"对话框中单击"源"下三角按钮❶，选择"多层空间.psd"选项❷，如下图所示。

Step 02 在"图像选项"区域设置"明亮度"为60、"颜色强度"为100，并单击"确定"按钮，如下图所示。

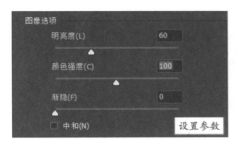

Step 03 在菜单栏中执行"滤镜❶>模糊❷>高斯模糊❸"命令，如下图所示。

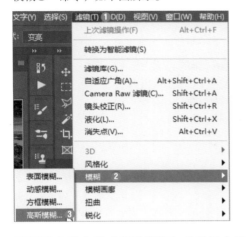

Step 04 在弹出的"高斯模糊"对话框中设置"半径"为2.1像素❶，单击"确定"按钮❷，如下图所示。

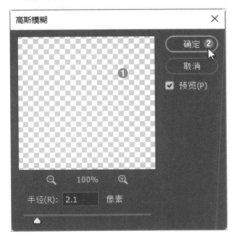

Step 05 将"图层2"图层移动到合适的位置，如下图所示。

移动图像位置

Step 06 按Ctrl+J组合键，复制"图层2"图层，并使用移动工具，将"图层2 拷贝"图层上的图像移动到合适的位置，如下图所示。

复制并移动图像

Step 07 在"图层"面板中选中"纽约"图层，在菜单栏中执行"滤镜>模糊>高斯模糊"命令，在弹出的"高斯模糊"对话框中设置"半径"为3.1像素❶，单击"确定"按钮❷，如下图所示。

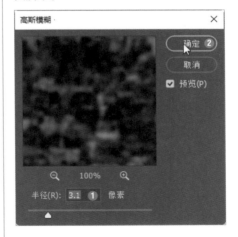

Step 08 在"图层"面板中选中"纽约"图层的"智能滤镜"图层蒙版，在工具箱中选择矩形选框工具，在画布上绘制选区，设置背景色为黑色，按Delete键对选区内图像进行擦除，如下图所示。

删除多余图像

Step 09 在"图层"面板中选中"纽约 拷贝3"图层,在菜单栏中执行"滤镜>模糊>高斯模糊"滤镜,设置"半径"为2.1像素❶,单击"确定"按钮❷,如下图所示。

Step 10 选中"纽约 拷贝2"图层,在菜单栏中执行"滤镜>模糊>高斯模糊"滤镜,设置"半径"为1.9像素❶,单击"确定"按钮❷,如下图所示。

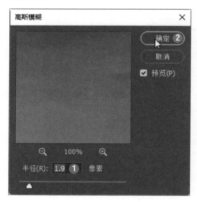

Step 11 选中"图层2 拷贝"图层❶,按Shift+Ctrl+Alt+E组合键,在所有图层上方盖印一个图层❷,如下图所示。

Step 12 在菜单栏中执行"滤镜❶>Camera Raw滤镜"命令❷,如下图所示。

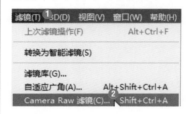

Step 13 在打开的Camera Raw滤镜对话框中设置"色温"为-8、"色调"为-8、"曝光"为0.5、"对比度"为-20、"自然饱和度"为+8、"饱和度"为-8❶,单击"确定"按钮❸,如下图所示。

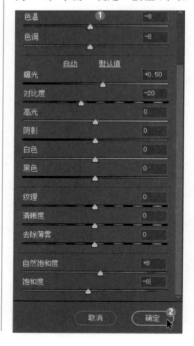

Step 14 在"图层"面板中单击"创建新图层"按钮❶，在"图层3"图层上方新建一个图层❷，并设置混合模式为"柔光"❸，如下图所示。

Step 15 在工具箱中设置前景色为黑色，选择画笔工具，在画布上单击鼠标右键，在弹出的面板中设置"大小"为500像素、"硬度"为0%，如下图所示。

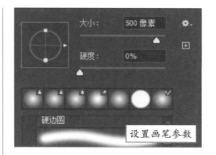

设置画笔参数

Step 16 使用画笔工具，加深画布上方边缘的图像颜色，如下图所示。

加深图像颜色

14.4.3　修改透视

▶▶▶ "透视变形"功能可以修改图像的透视，"操控变形"功能可以改变物体的形状，具体操作方法如下。

扫码看视频

1. 透视变形

使用Photoshop中的"透视变形"功能能够便捷地调整图像的透视，具体操作方法如下。

Step 01 在菜单栏中执行"文件>打开"命令，从文件夹中选择"鱼"图像文件并打开，如下图所示。

打开"鱼"图像

Step 02 在工具箱中选择对象选择工具，在画布上框选鲨鱼的身体，创建一个选区，如下图所示。

创建选区

Step 03 在工具箱中选择移动工具，使用移动工具将选区内的图像移动到"多层空间"文件窗口中，如下图所示。

移动图像

Step 04 在菜单栏中执行"编辑❶>透视变形❷"命令，如下图所示。

Step 05 创建变形版面，对图像进行变形，并按Enter键进行确定，如下图所示。

变形图像

2. 操控变形

"操控变形"命令可以用于操控图像上的某一具体位置，对图像进行较为精准的变形，具体操作方法如下。

Step 01 在菜单栏中执行"编辑❶>操控变形❷"命令，如下图所示。

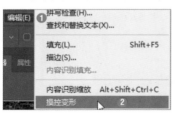

Step 02 在鲨鱼身上单击打下图钉，效果如下图所示。

定位图钉

Step 03 单击选中所打下的图钉，拖曳即可对形状进行改变，并按Enter进行确定，如下图所示。

变形图像

Step 04 在"图层"面板中双击"图层5"图层，在弹出的"图层样式"对话中勾选"投影"复选框，设置"混合模式"为"正片叠底"、颜色为黑色、"不透明度"为55%、"角度"为65度、"距离"为600像素、"扩展"为0%、"大小"为152像素，并单击"确定"按钮，如下图所示。

设置"投影"参数

Step 05 在菜单栏中执行"文件>置入嵌入对象"命令，从文件夹中选择"鸟"图像文件并置入，调整其大小和位置，如下图所示。

复制并移动图像

Step 06 在菜单栏中执行"滤镜>模糊>高斯模糊"滤镜，在弹出的"高斯模糊"对话框中设置"半径"为1.9像素❶，单击"确定"按钮❷，如下图所示。

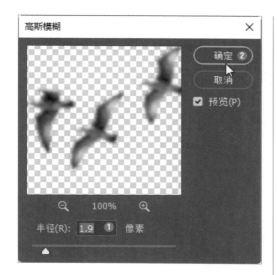

缩放并移动图像

Step 08 按Ctrl+J组合键复制"鸟 拷贝"图层，并使用移动工具移动"鸟 拷贝2"图层上图像的位置，如下图所示。至此，合成创意多层空间层叠效果制作完成。

置入"鸟"图像

Step 07 按Ctrl+J组合键复制"鸟"图层，并按Ctrl+T组合键对"鸟 拷贝"图层上的图像进行缩放和移动，完成后按Enter键进行确定，如下图所示。

知/识/大/迁/移

图像修饰工具

在Photoshop中，用户可以使用工具箱中的一些图像修饰工具便捷地对所需修改的图像进行修改。图像修饰工具有模糊工具、锐化工具、涂抹工具、减淡工具、加深工具和海绵工具等，如右图所示。

1. 模糊工具

在Photoshop中，用户可以使用模糊工具对图像的硬边缘进行柔和化处理，使图像产生模糊的效果。

在工具箱中选择模糊工具，如右图所示。在画布上单击鼠标右键，在弹出的面板中可以像设置画笔工具一样地对模糊工具的画笔参数进行设置，如右图所示。

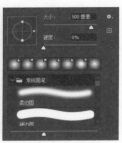

在属性栏中设置模糊工具的"模式"为"变暗"、"强度"为50%，如下图所示。

使用模糊工具在画布上进行涂抹，涂抹前的图像效果如下左图所示，涂抹之后的图像效果如下右图所示。

2. 锐化工具

锐化工具与模糊工具相反，能够锐化图像中较为柔和的边缘，增加像素边缘的对比度和相邻像素之间的色彩反差，提高图像的清晰程度。

在工具箱中选择锐化工具，在属性栏中设置锐化工具的"模式"为"变亮"、"强度"为50%，勾选"保护细节"复选框，如下图所示。

在画布上对图像进行涂抹，可以看到雪花明显得到了锐化和增强。对图像进行涂抹前的效果如下左图所示。对图像进行涂抹后的效果如下右图所示。

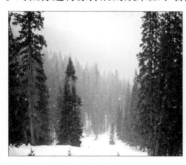

3. 涂抹工具

涂抹工具能够涂抹图像中的数据，提取最先单击处的颜色并根据光标的拖曳对所经过的颜色进行更新。

在工具箱中选择涂抹工具，在属性栏中设置涂抹工具的"模式"为"色相"、"强度"为50%，勾选"手指绘画"复选框，如下图所示。

在画布上对图像上的花朵部分进行涂抹，可以看到花朵的色相明显得到了改变。对图像进行涂抹之前的效果如下左图所示，对图像进行涂抹之后的效果如下右图所示。

4. 减淡工具

减淡工具能够使图像中被涂抹部分的颜色变亮。

在工具箱中选择减淡工具，在属性栏中设置减淡工具的"范围"为"中间调"、"曝光度"为20%，勾选"保护色调"复选框，如下图所示。

在画布上对图像进行涂抹，可以看到被涂抹的部分颜色明显提亮。对图像进行涂抹前的效果如下左图所示，对图像进行涂抹后的效果如下右图所示。

5. 加深工具

加深工具与减淡工具的作用相反，能够使图像中被涂抹的部分颜色变暗。

在工具箱中选择加深工具，在属性栏中设置加深工具的"范围"为"高光"、"曝光度"为20%，勾选"保护色调"复选框，如下图所示。

在画布上对图像进行涂抹，可以看到被涂抹的部分颜色明显变得黯淡。对图像的颜色进行加深前的效果如下左图所示，对图像的颜色进行加深后的效果如下右图所示。

6. 海绵工具

海绵工具能够更改所涂抹区域的颜色饱和度，对图像的色彩进行调整。

在工具箱中选择海绵工具，在属性栏中设置海绵工具的"模式"为"去色"、"流量"为50%，勾选"自然饱和度"复选框，如下图所示。

在画布上对图像进行涂抹，可以看到被涂抹的颜色随着涂抹次数的增加逐渐向灰度靠近。对图像进行涂抹前的效果如下左图所示，对图像进行涂抹后的效果如下右图所示。

Chapter

15

移动办公

本章导读

　　"移动办公"也称为"3A办公",也叫移动OA,即办公人员可在任何时间(Anytime)、任何地点(Anywhere)处理与业务相关的任何事情(Anything)。当今高速发展的通信业与IT业,要求在沟通上更便捷、业务内容更丰富,因此移动办公已经成为一种新的办公模式。

　　本章结合钉钉和移动Office两款软件介绍移动办公的相关知识。通过日程管理和文件的处理两节介绍在移动办公中如何管理客户、分配任务、视频会议以及使用办公软件制作文档、表格,以及演示文稿的制作方法。通过本章学习用户能够掌握移动办公的基本操作,要掌握更专业的技术操作还需要在以后工作中多学习。

本章要点

1. 日程管理

▶ 添加外部联系人

▶ 添加拜访记录

▶ 创建日程

▶ 分配任务

▶ 保存文档

▶ 发起视频会议

2. 文件的处理

▶ 新建文档

▶ 设置文本和段落格式

▶ 添加批注

▶ 插入图片

▶ 设置表格边框

▶ 计算数据

▶ 创建图表

 日程管理

案 / 例 / 简 / 介

　　在日常工作中只有制定合理、有效的计划才能让工作事半功倍。在日程管理中需要查看日历、安排待办项、提醒备忘事项或共享他人日程安排等内容。本案例以阿里钉钉软件为例介绍移动办公中日程管理的操作。制作完成后的效果，如下图所示。

思 / 路 / 分 / 析

　　在制作日程安排时，首先对客户进行管理，如添加外部联系人和拜访记录，其次添加日程，如添加会议日程和分配会议的任务，最后进行远程会议，可以视频会议也可以电话会议。制作日程管理的流程如下：

日程管理	客户管理	添加外部联系人
		添加拜访记录
	添加日程	添加会议日程
		分配任务
	远程会议	

15.1.1 客户管理

▶▶▶ 客户管理就是通过对客户详细资料的深入分析，来提高客户满意程度，从而提高企业竞争力的一种手段。下面介绍使用钉钉添加外部联系人和客户管理等操作。

扫码看视频

1. 添加外部联系人

钉钉外部联系人功能可以帮我们对客户统一进行管理，就算员工离职了对应的接手人员直接转移即可。外部联系人的管理比较严格，删除、修改等只能管理员操作。下面介绍添加外部联系人的方法。

Step 01 在手机屏幕中单击"钉钉"图标，选择右下角"通讯录"选项①，在上方选择"外部联系人"选项②，如下图所示。

Step 02 切换至"我负责的"选项卡中①，单击右上角"添加"按钮②，在选项中选择"手动输入添加"选项③，如下图所示。

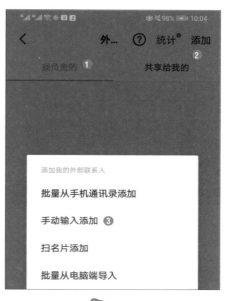

知识充电站！！

在"添加"列表中还包含"批量从手机通讯录添加""扫名片添加"和"批量从电脑端导入"3个选项，用户根据实际需要选择添加客户的方式。

Step 03 进入"添加外部联系人"界面，输入客户的信息，其中带星号的选项是必填的，选中文本框时自动打开输入的软键盘输入信息即可，如下图所示。

Chapter 15

移动办公

Step 04 选择"标签"选项,在"选择标签"界面中设置外部联系人的类型❶、级别❷、状态❸,单击"确定"按钮❹,如下图所示。

Step 05 返回"添加外部联系人"界面中单击"保存"按钮,即可完成外部联系人的添加,如下图所示。

2. 添加拜访记录

通过拜访客户记录可以具体了解此次拜访的目的、内容和结果,下面介绍添加拜访记录的具体操作方法。

Step 01 单击"工作"按钮❶,在"客户管理"选项区域中单击"客户管理"按钮❷,如下图所示。

Step 02 在"我负责的"选项卡中选择拜访的客户,在打开界面中单击"填写拜访记录"按钮,如下图所示。

Step 03 在"拜访记录"界面中对应的文本框中输入内容❶，输入完成后单击"提交日志"按钮❷，如下图所示。

Step 04 切换至"日志"界面，显示添加的日志，如下图所示。

添加日志的效果

知识充电站❗❗

用户除了上述介绍添加拜访记录外，还可以通过"日志"功能添加。在"工作"界面中单击"日志"按钮，在"日志"界面中单击"写日志"按钮，即可打开"拜访记录"界面输入拜访内容。

15.1.2 添加日程

▶▶▶ 钉钉日程是为提升企业时间管理效率而生的解决方案，提升企业整体在组织会议、培训等方面的工作效率。本节将介绍使用钉钉日程的方法。

扫码看视频

1. 添加会议日程

在工作中将待办的事情添加在日程中，可以有效地提高工作效率。下面介绍使用钉钉添加会议日程的方法。

Step 01 选择下方DING选项，单击右下角加号，在列表中选择"日程"选项，如下图所示。

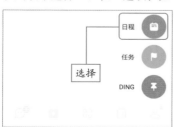

Step 02 在"新建日程"界面中输入会议的内容，单击开始时间，设置会议的开始时间，如下图所示。

设置日期和时间

Step 03 根据相同的方法设置会议结束时间，邀请参加会议的同事❶，设置通知的方式和通知的时间❷，单击"完成"按钮❸，如下图所示。

Step 04 在"日程详情"中显示会议的相关内容，如下图所示。

Step 05 被邀请的同事会收到信息，可以根据情况选择"稍后提醒""拒绝"或"接受"，如下图所示。

2. 分配任务

口头分配任务，无法跟踪而且容易忘，使用DING任务，可以实时跟踪，而且逾期会自动提醒。下面介绍具体操作方法。

Step 01 选择下方DING选项，单击右下角加号，在列表中选择"日程"选项，在"新建任务"界面设置任务内容❶、执行人❷、抄送人等❸，单击"发送"按钮❹，如下图所示。

Step 02 在DING界面的上方选中"任务"选项，查看分配的任务，如下图所示。

15.1.3 远程会议

▶▶▶ 在移动办公中可以随时随地进行会议交流，可以使用钉钉的视频会议和电话会议功能。下面介绍具体操作方法。

Step 01 打开钉钉，单击下方"工作"按钮，单击"视频会议"按钮，如下图所示。

Step 02 在"视频会议"界面，单击"发起会议"按钮，如下图所示。

Step 03 接着选择邀请参加视频会议的人员❶，单击"确定"按钮❷，如下图所示。

Step 04 进入视频会议界面，单击"开始会议"按钮，即可开始视频会议通话并显示画面，如下图所示。

知识充电站!!!

用户可以预约会议，在"视频会议"界面中单击"预约会议"按钮，在"预约会议"界面中设置参会人员、会议主题、会议时间等。

Chapter 15

移动办公

15.2 文件的处理

案 / 例 / 简 / 介

目前移动办公已经是一种全新的工作方式，只需要通过移动电话即可随时随地办公。针对移动办公一族来说处理文件，如文本文件、表格文件等，是必须掌握的技能。本节制作完成的文件效果，如下图所示。

第一季度销售金额统计				
				单位：万
月份	PC机	笔记本	一体机	合计
1月	33	42	48	123
2月	43	50	34	127
3月	47	43	49	139
合计	123	135	131	389

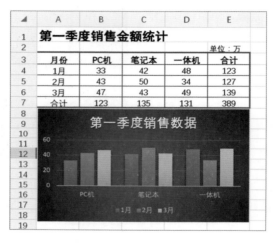

思 / 路 / 分 / 析

首先介绍文本的处理，分别介绍创建文档、输入文本、设置文本和段落格式、插入图片以及图片处理等。接着介绍表格的处理，分别介绍数据输入、边框设计、行高调整、数据计算、图表的应用等。文件处理的流程如下图所示。

文件的处理	文字的处理	新建文档并输入文本
		插入图片
		添加批注
		保存文档
	表格的处理	输入表格数据
		计算数据
	使用图表展示数据	创建柱形图
		编辑柱形图

15.2.1 文字的处理

扫码看视频

▶▶▶在移动办公中经常需要对文字进行处理，制作各种文档等。首先安装移动版的办公软件，例如Microsoft Office或者WPS Office，本案例以Microsoft Office软件为例介绍。

1. 新建文档并输入文本

对文本进行处理时，还是从新建文档开始，并且介绍输入文本和设置文本格式的方法。下面介绍具体操作方法。

Step 01 打开移动办公软件，单击下方加号按钮，在列表中选择"文档"选项，如下图所示。

Step 02 在打开界面的Word区域单击"空白文档"按钮，如下图所示。

Step 03 即可创建空白文档，光标定位在最顶端，设置字体为黑体、字号为16、颜色为蓝色并居中对齐，如下图所示。

知识充电站!!!

用户也可以使用软件自带的模板创建文档，单击"从模板创建"按钮，在"新建"界面中显示模板，选择需要的模板并创建即可，如下图所示。

Chapter 15

移动办公

Step 04 然后打开软键盘输入"移动办公"文本，可见文本应用设置的格式，如下图所示。

知识充电站

用户也可以输入文本后双击文本，在浮动工具栏中选择"全选"选项，即可选中输入的文本，然后再设置文本格式。

Step 05 按换行键，切换至下一行，然后设置字体格式，对齐为左对齐，如下图所示。

Step 06 单击"段落格式"下三角按钮，在打开面板中单击"特殊缩进"下三角按钮，在列表中选择"首行"选项，如下图所示。

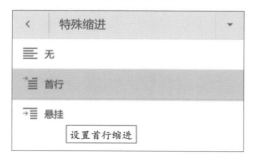

Step 07 设置行距为1.15倍，然后输入正文内容，如下图所示。

知识充电站

在移动办公中用户也可以设置样式，清晰地展示文档的结构。

2. 插入图片

在文档中经常需要图文并茂，在移动办公中可以从相册中或使用相机拍照获取图片。下面介绍具体操作方法。

Step 01 将光标定位在需要插入图片的位置，单击"开始"下三角按钮，在列表中选择"插入"选项，如下图所示。

Step 02 在"插入"列表中选择"图片"选项，在子列表中选择"照片"选项，如下图所示。

Step 03 打开手机中的相册，选择需要插入的图片，如下图所示。

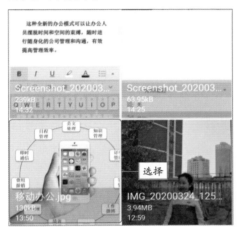

Step 04 在手机屏幕上显示图片，单击"完成"按钮，如下图所示。

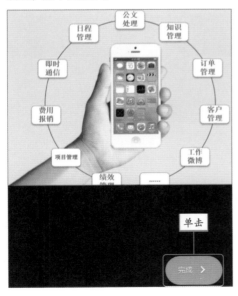

Step 05 选中的图片即可插入在文档指定的位置，拖动图片的角控制点调整图片的大小，如下图所示。

Step 06 在"图片"列表中选择"裁剪图片"选项，在文档中对图片进行裁剪，如下图所示。

知识充电站！

用户也可以根据图片位置和裁剪位置对图片进行裁剪，单击"裁剪图片"下三角按钮，在列表中选择相应的选项，设置裁剪的位置。下图为"图片位置"参数。

Step 07 在"图片效果"列表中选择"阴影"选项，在列表中选择阴影效果，如下图所示。

3.添加批注

在移动办公中处理文档时也可以添加批注进一步说明或解释。下面介绍具体操作方法。

Step 01 在需要添加批注的文本上双击，拖曳控制柄选中文本❶。单击浮动工具栏中"新建批注"按钮❷，如下图所示。

Step 02 打开批注文本框，并输入批注内容❶，单击右侧 ➢ 按钮❷，如下图所示。

Step 03 添加批注的文本显示底色填充，在下方显示批注的内容和时间，如下图所示。

4.保存文档

文档编辑完成后需要保存，以便下次使用。下面介绍具体操作方法。

Step 01 单击右上角三点按钮，在列表中选择"另存为"选项，如下图所示。

Step 02 在"另存为"页面中选择保存的位置❶，设置名称❷，单击"保存"按钮❸，如下图所示。

15.2.2 表格的处理

▶▶▶相信很多工作人员在制作文件时，最多的就是数据，那么就需要表格、图表等清晰地展示数据。下面介绍在移动办公中处理表格文件。

扫码看视频

1. 输入表格数据

新建工作表然后输入相关数据。下面介绍具体操作方法。

Step 01 新建空白工作表，选中A1单元格输入"第一季度销售金额统计"文本，设置字体格式。选中A1:E1单元格区域❶，设置合并后居中❷和左对齐❸，如下图所示。

Step 02 然后根据统计的数据在不同的单元格中输入内容，如下图所示。

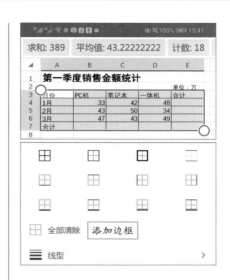

Step 03 选择A3:E7单元格区域，在"开始"选项区域中选中"边框"选项，选择合适的选项，如下图所示。

Step 04 保持该区域为选中状态，设置居中对齐。选择第3行并设置加粗❶，在"开始"选项区域中选择"设置单元格大小格式"选项，设置行高为15❷，如下图所示。

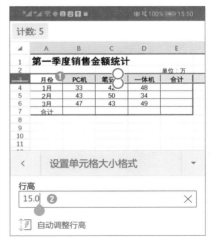

用户在"设置单元格大小格式"区域中也可以单击"自动调整行高"按钮。

2. 计算数据

输入数据后，用户可以使用办公软件的计算功能计算数据，下面介绍具体操作方法。

Step 01 选择E4单元格，在编辑栏中输入"=SUM(B4:D4)"公式❶，单击右侧对号按钮❷，如下图所示。

Step 02 即可计算出1月份所有的销售金额，在编辑栏中显示计算公式，如下图所示。

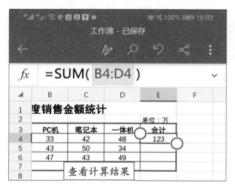

Step 03 选中E5单元格❶，单击编辑栏中"插入函数"按钮 fx ❷，如下图所示。

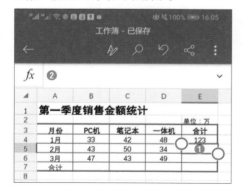

Step 04 在列表中选择"数学与三角函数"选项❶，在列表中选择SUM函数❷，如下图所示。

Step 05 然后在SUM函数的括号内输入求和单元格区域❶，单击对号按钮❷即可计算出2月份的销售总金额，如下图所示。

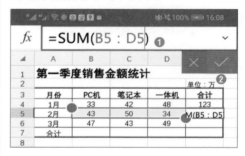

Step 06 使用自动求和快速计算，删除E4和E5单元格中数据，选中B4:E7单元格区域，在"开始"选项中选择"自动求和"选项，在列表中选择"求和"选项，如下图所示。

Step 07 即可快速计算按月和各产品的合计数量，如下图所示。

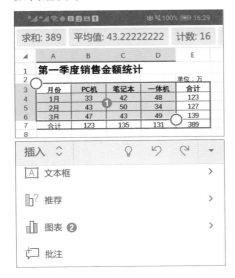

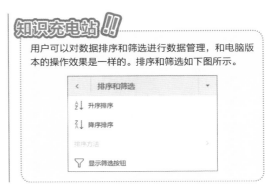
15.2.3 使用图表展示数据

▶▶▶ 对数据计算完成后，用户可以使用图表形象地展示数据，让数据更加直观。下面介绍使用图表展示数据的方法。

扫码看视频

1. 创建柱形图

图表的类型很多，本案例使用柱形图展示各月份各产品的销售数量，下面介绍具体操作方法。

Step 01 选中A3:D6单元格区域①，切换至"插入"选项卡，在列表中选择"图表"选项②，如下图所示。

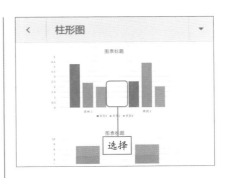

Step 03 即可在页面中插入柱形图，如下图所示。

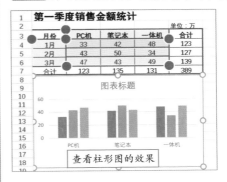

2. 编辑柱形图

柱形图创建完成后，用户根据需要设置标题格式，更改数据系列的颜色等。下面介绍具体操作方法。

Step 02 在列表中选择"柱形图"选项，再选择合适的柱形图类型，如下图所示。

Step 01 选中图表的标题并清除标题框中的文本，然后输入标题内容，如下图所示。

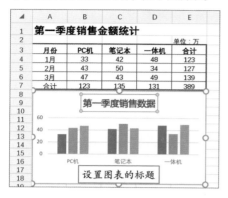

Step 02 在"图表"选项中单击"样式"下三角按钮，在列表中选择合适的样式，如下图所示。

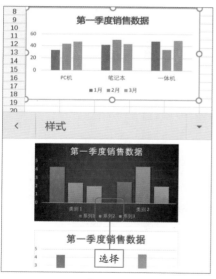

知识充电站

在"图表"选项卡中单击"元素"下三角按钮，用户可以设置坐标轴、数据标签、数据表和图例等元素。

Step 03 单击"颜色"下三角按钮，在列表中的"单色"选项区域中选择合适的颜色，图表的数据系列即可应用选中的颜色，如下图所示。

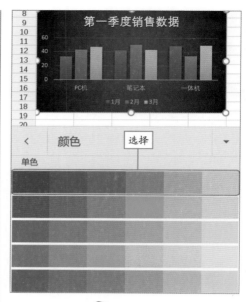

知识充电站

在"图表"选项卡中单击"类型"下三角按钮，在列表中选择合适的图表类型，即可将柱形图更改为其他类型。

Step 04 至此，图表制作完成。最终效果如下图所示。

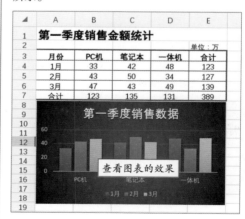

知识充电站

在"绘图"选项卡中可以使用笔、荧光笔等工具绘制形状，用户也可以设置宽度和颜色。

移动办公发邮件和演示文稿处理

本章介绍了移动办公的相关知识，用户了解钉钉软件的基本操作以及移动Office软件的应用。

1. 移动办公发邮件

下面介绍使用钉钉软件发送邮件的操作方法。

Step 01 打开钉钉软件，单击下方"工作"按钮❶，然后单击"钉邮"按钮❷，如下左图所示。

Step 02 进入收件箱界面，单击右下角的"编辑"图标⬚，进入邮件编辑页面，填写收件人钉邮的账号❶，输入主题❷和邮件内容❸，单击"发送"按钮❹，即可完成，如下右图所示。

2. 演示文稿的制作

在正文中介绍文字和表格的制作，接下来介绍演示文稿的制作方法。演示文稿的制作很复杂，建议还是在电脑上操作。下面以年度工作总结报告的封面为例介绍具体的操作方法。

Step 01 打开移动版Office软件，新建空白的演示文稿，切换至"插入"选项卡，选择"图片"选项，在子列表中选择"照片"选项，如下左图所示。

Step 02 在打开的相册中选择需要插入演示文稿的照片，单击"完成"按钮，即可完插入图片，效果如下右图所示。

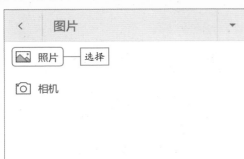

插入图片的效果

Step 03 切换至"插入"选项卡，单击"文本框"下三角按钮，在列表中选择"绘制横排文本框"选项，如下左图所示。

Step 04 在页面中显示文本框，设置文本字体、颜色、大小等，输入2020文本，设置文本对齐方式为两端对齐，效果如下右图所示。

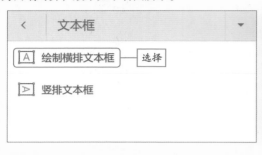

Step 05 根据相同的方法在2020下方绘制文本框并设置文本格式，输入"年度工作总结报告"文本，效果如下左图所示。

Step 06 在"插入"选项卡中选择"形状"选项，选择圆角矩形形状，设置无边框、橙色填充，适当调整大小和位置，如下右图所示。

Step 07 再创建文本框，输入汇报人的信息并设置文本格式，至此年度工作总结报告的封面制作完成，最终效果如下图所示。